水利部公益性行业科研专项经费项目（201301033）
南京水利科学研究院出版基金
资助

山洪易发区水库致灾预警与减灾技术研究丛书

# 山洪易发区水库致灾预警与减灾关键技术

李宏恩 何勇军 刘晓青 黄海燕 李铮 徐海峰 著

中国水利水电出版社
www.waterpub.com.cn
·北京·

## 内 容 简 介

本书是在水利部公益性行业科研专项经费项目（201301033）与国家自然科学基金项目（51309164、51579154）等研究工作基础上编写的。本书主要介绍了山洪易发区水库致灾因素挖掘与致灾模式、水库大坝脆弱性分析方法、小流域突发洪水监测技术与预报方法、水库灾变特征与仿真分析方法、水库大坝近坝岸坡安全监控与预警技术、水库致灾预警指标体系与安全评价技术、水库致灾快速响应与减灾对策、水库致灾预警及减灾决策支持系统集成技术，并给出了应用实例。

本书可作为有关设计院、水库工程管理单位和从事水库大坝安全监控与预警工作的技术人员提供参考，也可作为水利水电工程和安全工程等专业的学生参考用书。

图书在版编目（CIP）数据

山洪易发区水库致灾预警与减灾关键技术 / 李宏恩等著. -- 北京 : 中国水利水电出版社, 2016.12
（山洪易发区水库致灾预警与减灾技术研究丛书）
ISBN 978-7-5170-4920-3

Ⅰ. ①山… Ⅱ. ①李… Ⅲ. ①水库－防洪－预警系统 ②水库－防洪－灾害防治 Ⅳ. ①TV697.1

中国版本图书馆CIP数据核字(2016)第294115号

| | |
|---|---|
| 书　　名 | 山洪易发区水库致灾预警与减灾技术研究丛书<br>**山洪易发区水库致灾预警与减灾关键技术**<br>SHANHONG YIFAQU SHUIKU ZHIZAI YUJING YU JIANZAI GUANJIAN JISHU |
| 作　　者 | 李宏恩　何勇军　刘晓青　黄海燕　李铮　徐海峰　著 |
| 出版发行 | 中国水利水电出版社<br>（北京市海淀区玉渊潭南路1号D座　100038）<br>网址：www.waterpub.com.cn<br>E-mail：sales@waterpub.com.cn<br>电话：(010) 68367658（营销中心） |
| 经　　售 | 北京科水图书销售中心（零售）<br>电话：(010) 88383994、63202643、68545874<br>全国各地新华书店和相关出版物销售网点 |
| 排　　版 | 中国水利水电出版社微机排版中心 |
| 印　　刷 | 三河市鑫金马印装有限公司 |
| 规　　格 | 170mm×240mm　16开本　14印张　267千字 |
| 版　　次 | 2016年12月第1版　2016年12月第1次印刷 |
| 印　　数 | 0001—2000册 |
| 定　　价 | **58.00**元 |

# 序

我国山洪易发区分布广泛，近年来严重的山洪灾害造成了大量生命财产损失，已成为制约我国社会经济发展的重要瓶颈。针对我国在山洪灾害防治中存在的突出问题和薄弱环节，从2006年国务院正式批复《全国山洪灾害防治规划》开始，在全国范围内大批山洪灾害防治预警系统相继建成投入使用。国家层面大规模的集中投入以期在山洪灾害重点防治区初步建立以监测、预报、预警等非工程措施为主，并与工程措施相结合的防灾减灾体系，减少群死群伤事件和财产损失。

非工程措施与工程措施是山洪灾害防治中相辅相成的两大支撑，山洪易发区内分布了大量的水库工程，作为传统意义上的工程措施，在小流域山洪灾害防治中发挥了重要的防洪保安作用。同时近年来我国通过除险加固、法规建设、管理体制改革等一系列途径，使山洪易发区内的水库大坝工程的水情、雨情、工情监测技术不断完善，水库应对突发事件的能力显著增强，水库大坝工程已具备了相当的非工程措施功能。因此深入开展山洪易发区内水库工程致灾预警与减灾关键技术研究很有必要，将水库重要信息与山洪灾害防治非工程措施实施关键环节的信息共享与融合，可为进一步提高山洪灾害防治系统的防灾减灾效益提供有力保障。

《山洪易发区水库致灾预警与减灾关键技术》一书较为全面系统地介绍了作者及其研究团队近年来在山洪易发区水库致灾因素挖掘与致灾模式分析、水库大坝脆弱性分析、小流域突发洪水监测技术与数据驱动模型预报方法、水库灾变预估与灾害仿真分析方法、水库致灾非确定性监控指标与安全评价体系、水库滑坡致灾确定性预警指标构建、水库大坝的恢复力分析及基于水库“网格化”管理的快速响应与减灾对策等方面的最新研究成果，这些研究成果已成功应用于云南、海南等山洪灾害防治区，为有力提升山洪易发区内水库工程的安全评价、灾害预测与防控水平提供了重要的理论与技术支撑。

我作为南京水利科学研究院院长，对作者及其研究团队有较为全面的了解，该研究团队长期从事水库大坝安全评价、监测预警与防控理论与技术的研究，勤奋工作、严谨治学，在该研究领域积累了深厚的理论基础和丰富的工程实践经验。2016年南京水利科学研究院主持完成的“水库大坝安全保障关键技术研究与应用”成果荣获2015年度国家科学技术进步奖一等奖。该书正是南京水利科学研究院发挥既有成果优势，在山洪灾害防治领域开展的有益探索和尝试，我相信该书的出版必将对我国山洪灾害防治领域的发展将起到积极的推动作用。

**南京水利科学研究院院长**

**中国工程院院士** 张建云

2016年5月1日

# 前　　言

近年来，我国山洪灾害呈现多发、易发、频发、重发的特点，突发局地性极端强降雨引发的山洪灾害频繁发生，山洪致灾死亡人数占全国洪涝灾害死亡人数的比例呈显著递增趋势。严重的山洪灾害造成了大量生命财产损失，集中暴露了我国在山洪灾害防治中存在的突出问题和薄弱环节，2006年国务院正式批复《全国山洪灾害防治规划》，2010—2012年，中央和地方财政累计安排建设资金达110亿元，用于山洪灾害防治非工程措施项目建设，水利部于2012年组织编制了《全国山洪灾害防治项目实施方案（2013—2015年）》，概算投资340亿元。国家大规模的集中投入，旨在山洪灾害重点防治区初步建立以监测、预报、预警等非工程措施为主并与工程措施相结合的防灾减灾体系，减少群死群伤事件和财产损失。

非工程措施与工程措施是山洪灾害防治相辅相成的两大支撑。小流域内大量的中小型水库工程作为重要的工程措施手段，在山洪灾害防治中发挥了重要的防洪保安作用。我国一直高度重视水库大坝安全与管理工作，近年来通过除险加固、法规建设、管理体制改革等一系列途径，已逐步构建了我国水库大坝安全保障体系，同时随着水库工程洪水预报、安全监测、应急预案等非工程措施越来越受到重视，绝大多数大中型水库和部分重要小型水库工程都设置了水情、雨情、工情监测与预报预警设备和系统，编制了水库大坝安全管理应急预案。水库工程的非工程措施作用日益显著，在山洪易发区与县级非工程措施进行协同预警与减灾中具有较大潜力。

本书是作者在水利部公益性行业科研专项经费项目（201301033）及国家自然科学基金项目（51309164、51579154）等研究工作基础上编写的，主要内容包括：山洪易发区水库致灾因素挖掘与致灾模式分析，水库大坝脆弱性分析方法，洪水监测技术与预报方法，水库灾变特征与仿真分析，水库近坝岸坡安全监控与预警技术，水库安全监测指标与安全评价体系，水库致灾快速响应与减灾对策，水库致灾预警及减灾集成与应用等。

全书共分9章，第1章由李宏恩、何勇军编写，第2章由徐海峰、李宏恩、何勇军编写，第3章由黄海燕、李宏恩编写，第4章由何勇军、杨阳、范光亚编写，第5章由刘晓青、牛志伟编写，第6章由李卓、杨阳、李铮编写，第7章由徐海峰、何勇军编写，第8章由李铮、李宏恩编写，第9章李铮、李宏恩、范光亚编写。全书由何勇军、李宏恩统稿。尹志灏、武锐、李天华、吴浩然参加了本书部分内容编写、资料收集与整理工作。

中国工程院院士、英国皇家科学院外籍院士、南京水利科学研究院院长张建云教授在百忙之中审阅了本书，并为本书撰写了序言，作者深受鼓舞，谨表深切的谢意。

本书在水利部国际合作与科技司指导下完成，水利部建设与管理司、国家防汛抗旱总指挥部办公室、水利部大坝安全管理中心等有关司局为本书完善提出了良多建议，云南省水利厅、海南省水务厅、海南松涛水库管理局等单位为本书涉及的技术示范应用提供了大量帮助，在此一并表示感谢！

本书的出版得到了水利部交通运输部国家能源局南京水利科学研究院和中国水利水电出版社的大力支持和资助，谨表深切的谢意。

限于作者水平，书中难免不妥之处，恳请读者批评指正。

**作者**

2016年5月

# 目　录

# 第 1 章　概论

## 1.1　我国山洪灾害防治工作

山洪灾害是指因强降雨在山丘区引发的洪水及其诱发的滑坡、泥石流等对国民经济和人民生命财产造成损失的灾害。我国山丘区面积约占国土面积的2/3，自然条件复杂，降雨时段集中，极端天气频发。广大山丘区山高沟深、河谷纵横、地势起伏大、谷坡稳定性差、地表风化物和松散堆积物厚。同时，山丘区人多地少，生产生活空间狭小，不少城镇或居民点坐落在泥石流沟口、河谷沿岸甚至滑坡体上，加之森林采伐、炸山开矿、削坡修路等人类活动对山体稳定带来影响，决定了我国山洪灾害多发、易发、频发、重发的特点。根据2006 年 10 月国务院批复的《全国山洪灾害防治规划》，全国 29 个省、自治区、直辖市，274 个地级行政区，1836 个县级行政区有山洪灾害防治任务，防治区面积达到 463 万 $km^2$，涉及人口 5.6 亿，其中重点防治区面积 97 万 $km^2$，影响人口 1.3 亿，7400 万人受到直接威胁，防御形势十分严峻、治理任务极为艰巨。

山洪灾害突发性强，破坏力大，预报预警困难，在局部地区引发的灾害经常是毁灭性的，防御难度大。近年来我国突发性、局地性极端强降雨引发的山洪灾害频繁发生，造成死亡人数占全国洪涝灾害死亡人数的比例呈显著递增趋势：1950—1990 年，中国因洪涝灾害死亡 22.5 万人，其中因山洪灾害死亡15.2 万人，占死亡总人数的 67.56%，年均死亡 3707 人；1991—1998 年全国每年因山洪灾害死亡 1900～3700 人，约占全国洪涝灾害死亡人数的 62%～69%；1999—2007 年山洪灾害死亡人数下降为每年 1100～1600 人，但仍占全国洪涝灾害死亡人数的 65%～76%；2006 年后山洪灾害死亡人数占全国洪涝灾害死亡人数的比例逐年上升，在 2010 年达到峰值，超过 90%，近年来山洪灾害因灾死亡人数及占全国洪涝灾害死亡人数比例见图 1.1。

严重的山洪灾害造成了大量生命财产损失，集中暴露了我国在山洪灾害防治中存在的突出问题和薄弱环节，为有效防御山洪灾害，减少群死群伤，2006年国务院正式批复《全国山洪灾害防治规划》，旨在山洪灾害重点防治区初步建立以监测、通信、预报、预警等非工程措施为主，并与工程措施相结合的防

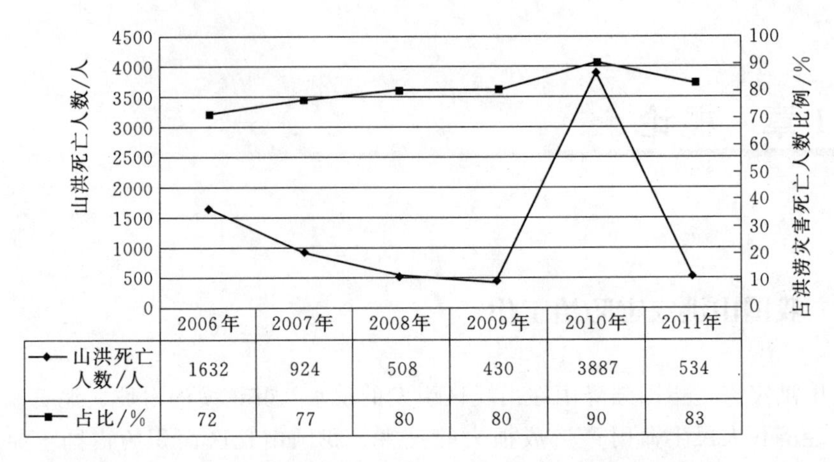


图 1.1 2006—2011 年我国山洪灾害因灾死亡人数及占全国洪涝灾害死亡人数比例

灾减灾体系。舟曲特大山洪泥石流灾害发生后，国家加大了山洪灾害防治的步伐，2010—2012 年，中央和地方财政累计安排建设资金 110 亿元，用于《全国山洪灾害防治规划》确定的 1836 个县和新增 222 个县的山洪灾害防治非工程措施项目建设。2012 年 12 月，水利部组织编制了《全国山洪灾害防治项目实施方案（2013—2015 年)》，对已建的 2058 个县进行补充和完善，概算投资 340 亿元。针对山洪灾害防治，国家投入规模空前，成效显著，已初步建成了覆盖全国 2058 个县的以非工程措施为主的山洪灾害监测预警系统和群测群防体系，在近年汛期中发挥了显著的防洪减灾效益，有效减少了山洪灾害造成的人员伤亡。

## 1.2 山洪易发区内水库工程安全问题

非工程措施与工程措施是山洪灾害防治相辅相成的两大支撑，山洪灾害防治工程措施包括堤防河道整治、山洪沟与滑坡治理、水土流失防治及水库工程防御等。由于我国山洪灾害防治面广量大，任务艰巨，与其他工程措施相比，水库工程在小流域山洪灾害防治中发挥了重要的防洪保安作用，同时在 2058 个山洪灾害防治县中分布了大量水库工程，绝大多数是中小型水库，且以土石坝工程为主。我国一直高度重视水库大坝安全与管理工作，近年来通过除险加固、法规建设、管理体制改革等一系列途径，逐步构建了我国水库大坝安全保障体系，在 2008 年国务院批准《全国病险水库除险加固专项规划》后，我国对 6240 座大中型水库、5400 座重点小（1）型水库以及 4.09 万座小（2）型水库工程进行了除险加固，大幅提高了水库作为工程措施在山洪易发区兴利除害和防洪保安的能力。与此同时，随着水库工程洪水预报、安全监测、应急预案等非工程措施越来越受到重视，在除险加固实施过程中，绝大多数大中型水库和部分重要小型水库工程都设置了水情、雨情、工情监测与预报预警设备和系统，编制了水库大坝安全管理应急预案。水库工程非工程措施在保障水库大坝安全及减少库区与下游公众财产损失方面发挥了日益重要的作用。

在传统意义上水库工程首要功能是防洪保安，是山洪灾害防治的主要工程措施。在所有山洪灾害防治的工程措施中，水库工程的作用最为重要，通过水库工程的防洪库容优化与合理调度，可以充分发挥水库工程的滞洪削峰作用，降低下游河道的排洪压力，是提高小流域山区防洪能力的最有效措施。同时在山洪灾害防治中，水库工程也具备相当的非工程措施功能，近年来我国逐步构建了我国水库大坝安全保障体系，取得显著成效，水库工程的水情、雨情、工情监测技术不断完善，监测预警系统日趋优化，运行管理体制逐步规范，风险管理意识与应急预案的可操作性不断加强，正在逐步从“工程安全管理”向“工程风险管理”转化，水库应对突发事件的能力显著增强。

水库工程安全管理与山洪灾害防治的非工程措施有诸多相似之处，但目前水库安全监测预警系统与山洪灾害防治的监测系统相对独立，自成体系，缺乏必要的信息共享，两套系统同属水利系统，但实际分属不同部门，在具体操作层面仍是多头管理，很难形成合力。已有大量针对山洪灾害防治的研究工作大多侧重于非工程措施的优化与实施，而对于如何更好地将山洪灾害防治非工程措施与水库工程安全管理非工程措施相结合，发挥水库工程水情、工情监测与预警等非工程措施角色的研究较为鲜见。

## 1.3 本书主要内容

本书针对我国山洪灾害防治中存在的主要问题，基于水库大坝安全管理实践经验，以充分发挥山洪易发区水库大坝工程措施与非工程措施功能为目标，在水利部公益性行业科研专项经费项目“山洪易发区水库致灾预警与减灾关键技术”研究基础上完成，主要内容如下：

（1）山洪易发区水库致灾因素挖掘与致灾模式分析。水库工程既是小流域山洪灾害的主要承灾体，又极易因超标洪水、滑坡、渗漏等原因从承灾体转变为致灾体。一方面区域性山区洪水极易引起库区水位骤涨骤落，进而触发库区滑坡等严重地质灾害，同时洪峰通过大坝时，水库的“削峰”作用又可以有效降低山洪灾害对下游地区的影响，降低人员伤亡和经济财产损失，减灾意义重大；另一方面，由于分布于山洪易发区的大量中小型水库工程受制于特殊的历史原因，存在不同程度的病险隐患，在遭遇极端气候产生超标洪水时，水库有溃坝风险，此时水库工程从承灾体转变为致灾体，大坝一旦溃决更将会带来难以预估的人员伤亡及经济财产损失。山洪具有明显的区域特征，突发性强、成灾快是其显著特点。降雨、冰雪消融、地形地势、人类活动都会引起山洪的发生，导致山洪灾害，危及水库大坝安全。水库作为承灾体，起到了滞洪和蓄洪的作用；作为致灾体，山洪、水库淤积、库岸滑坡、坝体失稳、地质等因素都会对水库安全造成影响，引发水库致灾。比较全面系统地分析了山洪易发区水库致灾的机理、致灾因素，水库致灾的模式、溃坝特征和原因，提出了山洪易发区水库致灾的各种模式，以及灾害链的形成、发展和特征。

（2）山洪易发区水库大坝脆弱性分析。在充分研究山洪影响与水库大坝的响应机制、分析和挖掘水库大坝脆弱性驱动力因子的基础上，建立了基于极端事件、水文气象、工程地质与自然地理等原生脆弱性以及技术、管理、人员和社会等外在脆弱性的水库大坝脆弱性分析与评价指标体系。基于突变理论和模糊数学建立模糊突变模型，对大坝工程脆弱性进行评价。

（3）山洪易发区洪水监测技术与预报方法。建立小流域突发洪水监测技术及洪水预报方法，实现对洪水的监测预报，是进行灾害预测预警、制定防灾抢险及救灾方案的重要前提和依据，能够最大限度地发挥减灾系统工程的效益，减少山洪灾害造成的损失。介绍了小流域监测站网布设、水雨情监测系统及监测方法等小流域突发洪水监测技术，针对小流域突发洪水，结合小流域洪水监测数据，基于数据驱动模型，建立了小流域突发性洪水预报方法。

（4）山洪易发区水库灾变特征与仿真分析。根据二维浅水运动方程，考虑不可压缩、恒温流体，并假设加速度垂直分量及流体黏性力和科氏力可以忽略不计，通过对质量守恒方程和动量方程进行水深积分，推导出水库溃坝及下泄洪水演进数值模拟控制方程，采用两步泰勒格林方法对控制方程进行求解。通过三个经典算例对洪水演进计算程序进行方法验证，该程序可以很好地模拟洪水的演进，可用于水库灾变仿真计算。实际应用表明，该方法可模拟不同闸门开度下的下泄洪水演进，以及不同溃坝程度、不同上游水位下的溃坝洪水演进，并得出下游水深和淹没范围与上游水位、闸门开度、溃坝程度之间的关系。

（5）山洪易发区水库近坝岸坡安全监控与预警技术。以某水库工程近坝岸坡为例，进行了近坝库岸在坡脚冲刷作用下的滑坡试验研究，通过模型试验，了解边坡土压力、孔隙水压力、基质吸力、含水率及破坏位置的相互关系，揭示了山洪易发区水库近坝库岸边坡滑坡特性，构建了山洪易发区水库近坝岸坡滑坡致灾确定性预警指标及监控模型。

（6）山洪易发区水库安全监控指标与安全评价体系。山洪易发区水库安全监控指标与安全评价体系的建立有助于对大坝安全进行合理、科学、真实的评价。在深入分析山洪易发区山洪灾害特点、致灾机理及影响因素的基础上，提出了山洪易发区水库大坝安全影响因素综合评价指标的选取原则，并建立了水库大坝安全影响因素的多层次评价指标集；在基于模糊集值统计原理的定性指标量化的基础上，构建了水库大坝安全的多层次模糊综合评价模型。

（7）山洪易发区水库致灾快速响应与减灾对策。针对现有山洪灾害非工程措施管理模式被动，各职能部门分工不明，管理粗放、效率低下，过分依赖突击式和运动式的建设和管理方式等问题，通过省级或地市级水利部门合理组织调配和人员优化，以山洪易发区的水库为“支点”，将县级非工程措施的雨量、水位等测点网格化处理。结合水库险情判别和分类方法，开展了山洪易发区水库险情现场调查，有针对性地采取相应的减灾措施，并应用提供的山洪易发区水库减灾相关业务流程实现水库致灾的快速响应与减灾措施，充分有效利用网格化管理效率降低灾害对山洪易发区造成的影响，实现了山洪易发区水库致灾的快速响应，为后续采取必要合适的减灾手段提供依据。

（8）山洪易发区水库致灾预警及减灾系统集成技术。在上述各关键技术研究的基础上，提出了山洪易发区水库致灾预警及减灾系统的总体架构、功能，以及实现方法，并给出了应用实例。

# 第 2 章　水库致灾因素挖掘与致灾模式分析

## 2.1 概述

突发山洪极易引起库区水位骤涨骤落，以及触发库区滑坡、泥石流等多种灾害，危及水库大坝安全。而这些灾害在水库大坝自身的多种复杂环境综合作用下，易导致大坝渗漏、管涌、过大变形、坝坡滑坡失稳等险情，最终可能导致水库大坝溃决发生，危及到水库下游安全。山洪易发区水库工程与山洪灾害的关系主要体现在两个方面：一方面，水库工程是小流域山洪灾害的主要承灾体，区域性山洪极易引起库区水位骤涨骤落，以及触发库区滑坡、泥石流等严重地质灾害，同时洪峰通过大坝时，水库的“削峰”作用又可以有效降低山洪灾害对下游地区的影响，降低人员伤亡和经济财产损失，减灾意义重大；另一方面，由于分布于山洪易发区的大量中小型水库受制于特殊的地形地势、建造过程及运行维护等原因，存在不同程度的病险隐患，在遭遇极端气候条件下超标暴雨洪水、融雪洪水时，水库就有溃决风险，此时水库工程从承灾体转变为致灾体，大坝一旦溃决，更将会带来难以预估的人员伤亡及经济财产损失。此外，病险水库除险加固是近年来水利中心工作之一，经过除险加固的水库工程一般都建立了相对完善的安全监测系统，使其在山洪灾害预警与减灾过程中发挥更重要的作用。开展山洪灾害特征与水库致灾因素挖掘技术研究，对山洪易发区水库致灾模式与路径进行系统分析和识别，是水库监测与预警研究的出发点和基础。本章从山洪灾害的特征出发，分析了山洪致灾的机理，从承灾体和致灾体两种角色论述了山洪对水库的影响，挖掘了致灾因素，重点分析了我国中小型水库溃坝类型和溃决原因，进一步提出了山洪链式致灾模式。

近年来，强暴雨、强台风等一系列极端天气气候事件严重影响了经济和社会发展。以 2013 年为例，全国洪涝灾害致 1.2 亿人受灾，775 人死亡、374 人失踪，直接经济损失 3146 亿元，占当年 GDP 的 0.55%，致 120 座大中型水库、1149 座小型水库损坏，有 6 座小型水库因超标准洪水垮坝，水利设施损失 446.56 亿元；共有 9 个台风登陆我国，台风引发全国大范围强降水，致使我国遭受自 2006 年以来最为严重的经济损失，其中强台风“尤特”“天兔”“菲特”等造成的直接经济损失高达 1082.32 亿元，占当年全国洪涝灾害直接经济损失的1/3；同时，由强降雨引发局地山洪灾害致560人死亡，占洪涝灾害死亡总人数的72.3%。

我国山洪灾害的研究工作开始于20世纪80年代末。在山洪灾害的成因方面，研究者普遍认为[1-9]，造成山洪灾害的主要原因是暴雨、地形及地质构造，次要原因是人为因素。山洪灾害区划类型与自然灾害区划类型相似，但也有特殊性。在山洪灾害区域特征和区划研究方面，根据研究思路的不同，山洪灾害区划类型有所差异。20世纪90年代后，许多学者对我国山洪灾害区划和识别方法开展了研究。赵士鹏等[10]通过综合分析将我国划分为6个山洪灾害特征一致性区域，并给出了山洪灾害危险程度的排序，依次是中部区、东南区、西北区、青藏区、东部平原区和内蒙区。将我国划分为3个一级区，8个二级区。一级区是指重要经济社会区内高易发降雨区和山洪灾害高灾害区、高易发降雨区和山洪灾害中灾害区、中易发降雨区和山洪灾害高灾害区；二级区是指重要经济社会区内中易发降雨区和山洪灾害中灾害区；一般防治区为除去一级、二级区之外的防治区。张平仓等[11-15]分析了我国山洪灾害的成因和区域分异特征，从降雨、地质地貌和人类社会活动等方面分析了山洪的成因，综合分析了山洪灾害的空间和时间分布特征，提出按各种成因划分不同的类型区，对全国山洪灾害防治区进行区域划分，将全国山洪灾害防治区划分为3个一级区和12个二级区。唐川等[16]利用GIS对地形坡度、暴雨天数、河网缓冲区、标准面积洪峰流量、泥石流分布密度和洪灾历史统计6项因子进行了分析和叠合评价，完成了红河流域的山洪灾害危险评价图；以人口密度、房屋资产、耕地百分比、单位面积工农业产值作为指标进行了易损性分析，将危险评价图与易损性图进行叠加分析，完成了红河流域的山洪灾害风险区划图。管珉等[17]应用地理信息系统技术，以江西省分县小流域地理底图为基础，对影响山洪灾害形成与发展的暴雨气候、地形坡度、河网分布等因子进行分析和叠加，完成了江西省山洪灾害危险性评价图，以人口密度、GDP、耕地面积作为指标进行易损性分析，完成了江西省山洪灾害风险区划研究。张茂省等[18]分析了陕西省山洪灾害相对集中性、成片成带分布的地域特征，多期性和同期群发性的时域特征，根据山洪灾害的分布位置与强度以及承灾体的特征进行山洪灾害的三级防治区划，从北向南，将陕西省划分为18个山洪灾害重点防治区、14个次重点防治区和一般防治区。李永红[19]以陕北风沙高原和黄土高原、陕南秦巴山地为一级区划，以小流域为单元再次划分，形成陕西省山洪灾害二级区划18个区。王仁乔等[20]统计分析了湖北省历史上山洪灾害，分析了山洪灾害的时间和空间分布特征，提出了山洪灾害临界雨量综合计算方法，对山洪灾害临界雨量与不同频率的设计雨量及其他一些暴雨参数值进行综合分析，确定了湖北省山洪灾害降雨区划。黄理军等[21]分析了湖南省山洪灾害的成因，主要考虑降雨、地形地质与社会经济等3方面，根据山洪灾害的分布位置与强度以及承灾体的特征，按重点防治区、次重点防治区和一般防治区3级进行山洪灾害的防治区划。宫清华等[22]应用水文模型和GIS技术相结合的方法，绘制了广东省梅州市松岗河小流域山洪灾害易发区图，结果表明该方法能够快速有效模拟特定降雨量条件下小流域山洪淹没范围的空间信息。

针对水库灾害多种特征，大量学者分析研究了水库的致灾因素。顾淦臣[23-24]较早对板桥水库、石漫滩土坝、沟后面板砂卵石坝、美国提堂坝等土石坝失事和事故的原因进行了详细分析，得到了影响土石坝安全的主要因素，以及设计、施工、验收、运行管理环节对大坝安全的影响。刑林生[25]对1961—1998年国内发生的21起水电站大坝事故进行了回顾与分析，提出设计失误、施工隐患、运行管理的差错都会对大坝安全产生影响。马永峰等[26]对大坝坝基破坏因素进行分析，指出坝基地质缺陷或处理不当是引起坝基破坏的主要原因。汝乃华等[27]通过对国内外各种类型的土石坝事故系统分析和统计，指出土石坝失事破坏的主要原因是漫坝、质量问题、管理不当和其他原因。李宗坤[28]通过对我国水库大坝破坏统计资料整理分析，提出了对大坝结构安全造成影响的因素有地质基础情况、地震强度、超设计洪水、恶劣运行环境等。

在这些研究的基础上，针对主要影响因素，大量学者做出了更进一步的深入研究。在漫顶破坏方面，韩瑞芳[29]通过分析水库设计程序要求以及水库来水过程，得出土石坝漫顶破坏的主要影响因素有入库洪水、库容、风浪因素、泄水能力和溢洪道与闸门故障。在渗流破坏方面，牛运光[30]分析了南城子、西斋堂土石坝的坝基坝身渗漏事故，得出了地质条件差、筑坝材料差、铺盖质量差、基础处理不好是导致水库渗漏的主要原因。姜树海等[31]在众多土石坝渗流破坏原因统计分析基础上，从渗流风险的不确定性出发，得出影响土石坝渗流变形的影响因素有作用水头、降雨、土的物理力学指标、坝基与坝身土层分布和结构尺寸、施工质量等。此外，在大坝的裂缝、滑坡、失稳变形等致灾因素方面也有一些研究成果，多位学者针对土石坝裂缝的产生原因进行了分析，指出应力引起的不均匀沉降、心墙水力劈裂、岸坡坡度过陡、压实质量、含水量与固结程度等都是较为重要的因素[32-34]。古新蕊[35]从外因和内因两个方面对尾矿坝稳定性影响因素进行了分析，讨论了库水位、干滩长度、下游坡比、材料的黏聚力、内摩擦角对坝体安全系数的影响。

国外对山洪的特征和影响因素的研究开始较早，近些年来有关山洪灾害的监测、预警、灾害以及风险评估等方面的研究越来越深入。Azmeri等[36]采用加权叠加技术，通过GIS建立预警模型，提高了在没有测量设备流域的洪水预报能力，同时也分析了洪水的诱发因素，包括洪峰流量、坡度、流域形状、流梯度、筑坝、河网密度、侵蚀、边坡稳定和储层体积等。Catane等[37]研究了菲律宾阿克兰地区的山洪特征，计算了洪峰流量的差异和延迟到达时间对大坝破坏和险情的影响，对山洪风险评估的影响进行了讨论。Modrick 等[38]研究了美国加利福尼亚南部山区的小流域洪水发生的变化，综合气象建模、水文和地貌要素的综合建模方法来分析山洪发生系统，将区域基础上的高空间和时间分辨率应用于山洪灾害的监测预警，研究了降水事件、降雨强度和初始土壤饱和度的不同组合情况，对山洪发生的影响。Ballesteros - Cánovas 等[39]利用历史洪水活动对西班牙瓜达拉马山脉山洪特征进行了分析，研究发现山洪的降雨阈值随降水事件的季节性变化，并受到北大西洋气团的影响，研究结果有助于更好地理解与西班牙中部的水文地貌过程有关的山洪危害特征。Penna 等[40]总结了欧洲山区的山体滑坡、泥石流和山洪灾害的总体情况，介绍了欧洲山区地理灾害管理系统的数据编译策略、数据库的内容，并给出了数据分析结果。Naulin 等[41]提出了一种分布式水文气象预报方法，利用高空间分辨率和时间分辨率的降水估计，对无资料地区进行水文气象预报，建立的预报系统最初用于小区域检测道路淹没风险，后扩展到整个法国南部区域，包括超过 2000 个河流和道路交叉点的洪水事情管理服务。Tao 等[42]介绍了定量山洪的灵敏度估计（QFE）、定量山洪预测（QFFs）、定量降水估计（QPEs）和定量降水预报（降雨）在三水源集水区不同地形地貌特征下的山洪预报技术，适用于短暂的山区强降雨的预报，提出空间分辨率的提高对 QFE、QFFs 和 QPEs 预报技术的发展至关重要。Ruiz - Villanueva 等[43]研究了无资料或缺乏衡量流域的洪水灾害评估的不确定性（MCMC）方法，计算结果中包括无资料流域的洪水频率、严重程度、季节性和触发因素（天气气象情况），研究表明重建的数据系列可以减少不确定性。Mazzorana 等[44]为了解决山洪风险评估大量的不确定性，提出了基于专家方法开展山洪灾害的风险评估分析，作为理论的补充，通过嵌入例子验证方法的适用性。Llasata 等[45]对加泰罗尼亚 1981 年的洪水和降水演变进行了深入的分析，对 219 个洪水事件（主要是山洪事件）进行分级，79 个是普通的，117 个是非凡的，23 个是灾难性的，19%的事件共造成 110 人伤亡，分析了降水、人口密度和经济因素的演变对山洪灾害的影响。Penna 等[46]总结了欧洲地区坡面径流强降雨驱动的水文响应机制发展历程，介绍了集水区坡面径流强降水响应水文机制的概念，分析了欧洲历史上一些极端的山洪事件的径流特性；研究中提出了山洪灾害的气候设置概念，并分析了在前期饱和条件下，径流系数的分布对山洪灾害的影响。Garambois 等[47]深入研究了比利牛斯山麓到奥德地区流域的洪水引发风暴的水文反应，描述了山洪引发不同时间和空间尺度的风暴；研究表明基于特定的空间和时间尺度的降雨发展，雷达监测和雨量站监测是相关的；研究发现土壤初始饱和度的增加会促进更快的流域洪水响应，约缩短 3～10h；研究人员还建立了一个集成了丰富物理基础信息约束的分布式模型，并提出了流域降雨分布网络诊断指标。

综合上述研究可知，大量学者针对山洪灾害及水库大坝致灾因素进行了分析，然而由于水库大坝致灾因素复杂多样，且各种关键因素随水库大坝所处环境及自身特点不同而有所区别。针对山洪易发区水库致灾特点，还需要考虑到降雨、山洪、泥石流及大坝运行性态等多种水库致灾因素，并结合山洪易发区突发洪水的影响，实现水库致灾因素的分析研究；分析水库致灾因素，总结关键致灾因子，是水库致灾预警指标确立和建立指标体系的基础。

## 2.2　山洪灾害特征及成灾机理

### 2.2.1　山洪灾害的一般特点

山洪灾害主要受降雨、地形地貌和人类活动及其相互作用方式的影响，不同的区域也表现出空间、时间分布和危害程度等方面的差异。我国山洪主要是由季风暴雨区特性以及阶梯地形地貌的共同作用而形成的局地短历时强降雨造成的。山洪具有以下特点：

(1) 分布广泛，发生频繁。我国地形地质状况复杂多样，降雨时空分布不均，降雨强度大，经常发生溪河洪水、泥石流、滑坡等自然灾害。我国山洪灾害遍及的广大山丘区，在活动强度、发生规模、经济损失、人员伤亡等方面均居世界前列。山洪及其诱发的泥石流、滑坡常常毁坏和淤埋山丘区城镇，威胁村寨和人民生命财产安全，严重制约了山丘区经济社会的发展。

(2) 突发性强，防灾难度大。由于我国的季风气候和山区地形特征，山洪主要由局部短历时强降雨引起的，范围小、历时短、强度大。因为山区流域面积小，河网调蓄能力差，坡陡流急，汇流速度快，从降雨开始到山洪暴发一般就几个小时甚至几十分钟，洪水暴涨暴落，洪峰高，洪水过程线呈多尖峰型，具有很强的突发性。同时山区的交通不便，监测仪器分布不均匀、监测网覆盖不全面等，致使防灾难度较大。

(3) 成灾快，破坏性大。山丘区因山高坡陡，坡面比降和河床比降都很大，溪河密集，洪水汇流快，且携带大量推移质，具有很强的冲击力和冲刷力，加之人口和财产分布在有限的低平地上，往往在洪水过境的短时间内即可造成大的灾害。因此山洪灾害具有成灾快、破坏性大的特点。

(4) 季节性强，区域性明显。山洪灾害是在暴雨作用下形成的，因此山洪灾害的发生与暴雨的发生在时间上具有高度的一致性。我国的暴雨主要集中在5—9月，此时也是山洪灾害的多发期。据资料统计，我国中南部汛期发生的山洪灾害占全年的95%以上，其中夏季发生的达到80%以上。山洪灾害在不同地域上的分布也呈现出不同的特点，山洪灾害具有区域性明显的特点。

山洪属于小尺度洪水。在时间上，山区洪水历时短、暴涨暴落。在空间上，影响范围也相对较小，但局地影响强烈。山洪灾害一般为局部洪水灾害。

山洪灾害系统是由山区环境内的水沙流体与自然环境、人类社会活动相互作用而形成的有机整体。研究山洪对水库的影响和山洪灾害空间分布规律特征，有针对性地解决区域性防洪减灾的问题非常重要。早在20世纪70年代，日本就开始了山洪灾害全国性规律的研究。我国学者也越来越多地研究我国山洪灾害的发生和分布规律，从区域性和广义范围都做了很多研究。学者们对中国山洪易发区进行了大量研究[48-51]，总结出了我国山洪易发区的特征并根据其危险破坏性进行了危险度划分。我国主要山洪灾害类型分布特征见表2.1。

**表2.1　我国主要山洪灾害类型分布特征表**

| 类型 | | 分布特征 |
|---|---|---|
| 暴雨山洪 | 以饱和产流为主的暴雨山洪 | 主要分布在我国湿润地区。暴雨频繁，且多为饱和产流，径流量大，搬运能力强，河网发达。因此，山洪强度大且频度高 |
| | 以超渗产流为主的暴雨 | 主要分布在我国半湿润、半干旱地区。暴雨变率大，集中度高，土壤侵蚀严重。因此，山洪含沙量大，常在出山口后堆积形成洪积扇。山洪强度大，频度较高 |
| | 岩溶环境下的暴雨山洪 | 与我国南方岩溶山区分布一致。因其特殊的下垫面环境，山洪常沿裂隙、岩溶漏斗和落水洞进入地下河流。因此，山洪强度较弱 |
| 冰雪山洪 | 冰湖溃决山洪 | 主要分布在我国喜马拉雅山地区和叶尔羌河上游的喀喇昆仑山地区。冰湖溃决山洪多发生在暖季的夜间，且来势凶猛，规模巨大，多伴发泥石流 |
| | 冰川消融山洪 | 与海洋冰川分布范围基本一致。海洋性冰川受季风海洋性气候影响，冰内和冰下消融强烈，易发生山洪。且冰川刨蚀和搬运能力强，故常伴发泥石流 |
| | 冰雪融水山洪 | 主要分布在唐古拉山和巴颜喀拉山地区。夏季有一定数量的冰雪融水，山洪强度较弱 |
| 混合山洪 | 冰雪融水低频暴雨混合山洪 | 主要分布于我国西北高山地区。每年夏季，大量冰雪融水补给河流，若遇上暴雨，就能引起山洪灾害。但暴雨出现频率很低。由于蒸发下渗强烈，河流出山口后水量急剧减少，能形成大规模洪积扇 |
| | 高频暴雨冰雪融水混合山洪 | 主要分布于川西高原地区，是我国的多暴雨地区之一。暴雨常引发山洪泥石流，冰雪融水起辅助作用 |
| | 暴雨融雪混合山洪 | 主要分布于我国东北大小兴安岭和长白山地区。山洪主要由暴雨引起，春末夏初的融雪水和冻土层的隔水作用对山洪的强度有加强作用 |

### 2.2.2　山区洪水特性

我国山区洪水大多由短历时的强降雨所致，与江河洪水相比，有其显著的特点。

（1）山区洪水突发性强，难以预测。首先，由于我国处在东南亚季风区，汛期暴雨集中，再加上山区地形作用，极易形成局地短历时强降雨。这种降雨的突出特点是历时短、强度大、范围小，我国山区洪水大多是由此引起的。其次，山区河流因其河网调蓄洪水能力不足，坡陡流急，流域面积小，汇流速度快，从降雨开始迅速形成洪峰，洪水暴涨暴落，所以经常形成多峰尖瘦峰型的洪水过程线，具有很强的突发性，预测困难。

（2）山区洪水在空间和时间尺度都属于小尺度洪水。如上所述，山洪通常是由山区局地短历时强降雨所致，所以，在空间上，影响范围也相对较小；在时间上，山区洪水历时短、暴涨暴落。

（3）山区洪水流速快，携带大量推移质，破坏力极强。山区河床比降比较大，洪水流速快，并且携带枝木、泥沙、卵石等大量推移物质，能量很大，具有很强的冲刷力和冲击力，不仅容易冲走人畜、冲蚀土壤植被、冲毁地面建筑物和基础设施，甚至掩埋于河床底下的设施，如石油天然气管道、通信光纤、输电线路等，也常常因为河床被掏刷而裸露出来并被冲毁，造成严重的经济损失甚至生态环境破坏。因此，山区洪水流速快、破坏力强，防御困难，常规的防洪工程措施效果欠佳。

（4）无水或者枯季少水的山区溪沟有时也会暴发山洪。此类山洪经常不易引起人们的足够重视，经常在溪沟里有人类社会活动，溪沟内房屋、生产、生活等现象时有发生。一旦爆发山洪，人们在毫无防御意识和防御措施的情况下，常常造成巨大人员损亡和社会经济损失。

（5）山区洪水常常伴有其他形式的灾害发生，如山体滑坡、泥石流等灾害，局地影响较强烈。山区洪水和江河洪水的主要区别见表 2.2。

**表 2.2　山区洪水和江河洪水的比较**

| 洪水类型 | 山区洪水 | 江河洪水 |
| --- | --- | --- |
| 成因 | 中小尺度天气系统引起的局地短历时、强降雨所致 | 长时间降水过程形成的，或者是上游不同地区强降雨形成的洪水遭遇而成 |
| 历时 | 从降雨到山洪暴发，一般只有几个小时，预见期短 | 从上游降雨到江河形成洪峰，历时较长，具有较长的预见期 |
| 影响范围 | 对局部地区影响较大 | 对整个流域中下游产生较大范围的影响 |
| 监测预报 | 预测技术发展现状不足，难以进行准确的山洪预报 | 监测、预报等技术相对成熟，预报准确率高 |

续表

| 洪水类型 | 山 区 洪 水 | 江 河 洪 水 |
| --- | --- | --- |
| 工程调度 | 历时短、范围小、影响剧烈，缺少有效的工程调度措施 | 通过防洪工程体系的联合调度，实现防洪目标 |
| 应急响应 | 历时短，暴涨暴落，应急措施有限 | 应急响应时期较长，可以采取多种应急响应措施 |
| 历史资料 | 多数为短缺资料或根本无资料地区 | 水文、气象等各方面观测资料较丰富 |
| 伴生灾害 | 常常伴生有滑坡、泥石流灾害 | 主要是洪水淹没造成的灾害 |

### 2.2.3 山洪成灾机理

我国地质地貌类型复杂多样，且以山地高原为主，由于地处东亚季风区，暴雨频发，地质地貌环境复杂，加之人类活动剧烈，导致我国山洪灾害发生频繁，是世界上山洪灾害最严重的国家之一。导致山洪灾害的原因主要有自然气候的变化、地形地质和人为因素。

#### 2.2.3.1 降雨

降雨是诱发山洪灾害的直接因素之一，其中降雨量、降雨强度和降雨历时与山洪灾害的形成有密切的关系。

(1) 降雨量。我国年降雨量在东南沿海地区最高，逐渐向西北地区递减。降雨的这种分布特点，直接影响山洪灾害区域空间分布，据调查统计，我国山洪灾害大多分布在东部季风区，占全国山洪灾害总数的81%；溪河洪水灾害沟14386条，占全国溪河洪水灾害沟总数的76%；泥石流灾害沟8602条，占全国泥石流沟的77%；滑坡灾害14566处，占全国滑坡总数的88%[52]。

(2) 降雨强度。高强度降雨是引发山洪灾害最重要的原因之一，洪水灾害的发生多为坡高谷深起伏较大的山丘区，再加上高强度降雨迅速汇聚成较大的地表径流所引起的。

(3) 降雨历时。在同等条件下，降雨历时时间越长，降雨量就越多，产生的地表径流量越大，山洪灾害造成的损失也越严重。

我国山洪灾害的形成主要由区域内的短历时强降雨所致。根据气候气象学原理，这种现象由中小尺度天气系统引起，这种天气系统具有生命周期短、强度大、局地性等特征。同时，受到我国三级阶梯的山区地形作用，使得山区极易形成这种中小尺度天气系统。

这种中小尺度天气系统是引发山洪灾害的最直接因素，其主要的特点如下：

(1) 历时短：一般为中小尺度天气系统，历时时间只有几小时至十几小时，一般不超过24h。

（2）尺度小：这种天气系统的水平范围通常在几公里到几百公里。常规的气象站的观测范围一般为几百公里，由于该种天气系统在水平方向的影响范围小，在一般天气图上往往分析不出来，因此，需要建立更稠密的台站网和应用中小尺度天气分析方法，并和雷达、卫星等探测手段结合起来进行分析。

（3）垂直速度大：中小尺度天气系统中的垂直运动速度一般为 1～10m/s，最大观测到 50m/s 以上。这样强烈的垂直运动，构成了强对流性天气的重要特点。

（4）气象要素场的水平梯度很大，天气现象激烈。因此，受到中小尺度天气系统影响一般会形成比较恶劣的天气现象，如特大暴雨、冰雹等天气往往与中小尺度系统相联系。

由于中小天气系统历时短、范围小又有明显的局地性特点，常规的天气图分析方法很难对其作出较为准确的监视和预报，而雷达和卫星云图往往可以发挥较大的作用。

**2.2.3.2　冰雪山洪**

（1）季节性积雪融水洪水。季节性积雪融水洪水是指气温上升时在河面上所积攒的雪迅速融化，使河流流水量猛增形成的洪水；融雪洪水主要是由于在大气环流的影响下大量冰川融化而引发洪水。此类洪水主要发生在高原地区一些山体不高的山地河流和浅山区河流，这些地区没有永久积雪。季节性积雪融水洪水受季节影响较多，多发生在春季和夏初期间。

（2）高山冰雪融水洪水。高山冰雪融水洪水是指在高原山区的河流，上游的冰川和积雪在全球变暖的影响下发生融化，融水进入河流形成的洪水，其根本原因是天气气温的异常升高。我国的昆仑山、天山、帕米尔等高原地区，高山冰川和永久积雪有着极其广泛的发育，因此发源于上述山地的河流，都有发生此类洪水的条件[53]。根据洪水成因的不同，又分为冰湖溃坝型洪水（“溃决型”洪水）和冰川融水型洪水。

1）“溃坝型”洪水。该类型洪水以其形似水库大坝突然倾倒后之泄流过程而命名。特点是危害大、不确定性、无固定发生周期。自 1953 年叶尔羌河卡群水文站建站以来，实测这类突发性洪水 14 次，其中大于 4000$m^3$/s 的洪水发生过 4 次，最大洪峰高达 6270$m^3$/s，4000～2000$m^3$/s 的洪水 4 次，其余为 2000～800$m^3$/s 的洪水。

2）冰川融水型洪水。冰川融水型洪水是指在发生持续高温的情况下，河流上游的冰川发生大面积融化，积雪融水注入河流引发的洪水。冰川融水型洪水的主要特点有：①与气温等热力因素有密切关系。此类洪水发生前提是必须在持续的高温天气下发生，也就是在这种情况下才会发生。②洪峰不高而洪量较大，洪水历时长，一般纯融水洪峰量在年平均流量 10 倍以下。

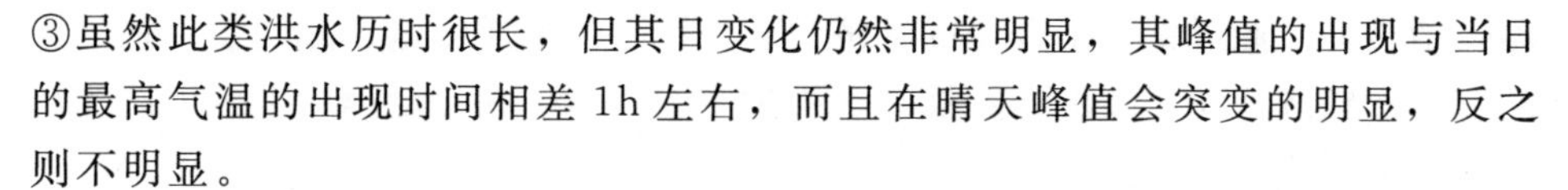

③虽然此类洪水历时很长，但其日变化仍然非常明显，其峰值的出现与当日的最高气温的出现时间相差1h左右，而且在晴天峰值会突变的明显，反之则不明显。

(3) 雨雪混合型洪水。雨雪混合型洪水是高寒山区和纬度较高地区的积雪，因春夏季强烈降雨和雨催雪化而形成的洪水。较为普遍的混合洪水有两种：①季节积雪融水与暴雨混合型洪水；②高山冰雪融水与暴雨混合型洪水。雨雪混合洪水峰高量大，其洪峰流量有时比单纯融雪春汛或暴雨洪水大。雨雪混合洪水形成的条件是：流域积雪、较大的降雨强度和较高的地表气温，积雪和土壤一样有一定的持水能力，较大的降雨能提供融雪所必需的热量，并可使积雪变松，加速融雪出水过程。雨雪混合型洪水是中国西部山区和北方河流的一种较大春汛。

#### 2.2.3.3 地形地质条件

地形地质条件是影响山洪灾害形成和发生的下垫面的重要因素，在降雨因素相同的情况下，地形地质因素对山洪灾害的特性和规模有较大的影响。影响我国山洪灾害的因素有地貌类型、地面起伏、地层岩性和地质构造。

(1) 地貌类型。在山洪灾害成因中，地质条件相对稳定，变化也较为缓慢。我国大部分为坡高谷深起伏较大的山丘，对季风活动有较大的影响。地形对山洪灾害的影响是多方面的，它不仅为山洪灾害的发生提供势能和发育空间，而且对山洪的产生有着促进作用。

(2) 地面起伏。地面起伏对山洪灾害的影响主要体现两个方面：①山洪灾害的发生提供势能条件；②为山洪灾害提供充足的固体物质和滑动条件。

(3) 地层岩性。地层岩性直接影响着山洪灾害的形成和发育。软弱的岩体容易风化并产生大量的松散物质，对泥石流的形成十分有利，坚硬的岩体，由于入渗能力差，有利于地表径流的形成，洪水灾害更容易发生；软硬相间的岩体一般容易产生滑坡灾害。

(4) 地质构造。我国地质构造条件复杂，断裂发育，以纵向构造和歹字形构造最为突出，这些断裂规模大、活动性强。地形和斜坡岩体的破坏受复杂断裂构造活动的作用十分明显，泥石流、滑坡极易发生在沿断裂带岩体破碎、软弱结构面发育等这些地质构造上。

#### 2.2.3.4 人类活动

不合理的人类社会经济活动加速了山洪灾害的发生。新中国成立以来，随着我国经济建设事业的发展，人类经济活动也快速发展，尤其是矿产资源比较丰富的山丘区，矿产的开采，修路开山炸石以及过度的砍伐森林等，往往由于措施不当和开发过度，违背自然规律，使山地局部生态环境遭受到一定程度的影响和破坏，从而改变地表原有结构，扰动土体，造成山坡水土流失，产生崩塌、滑坡。由此可见，不合理的经济活动为泥石流形成创造了有利条件；而人们合理的经济活动，顺应自然规律，维护生态环境，在一定程度上可以防止山洪灾害的形成和加剧。

## 2.3　山洪对水库大坝影响与作用分析

### 2.3.1　山洪对水库大坝影响

2006—2014年，全国因洪涝灾害损坏大中型水库416座，小型水库12587座，水利设施损失达2770.6亿元，死亡10352人，因超标准洪水垮坝43座[54-62]。2006—2014年全国洪涝灾害水利设施受损情况见表2.3。2006—2014年全国各地区洪涝灾害水利设施受损情况，全国洪涝见表2.4。

表2.3　2006—2014年全国洪涝灾害水利设施受损情况

| 年份 | 损失水库 | | | | 公众伤害 | | 直接经济损失/亿元 | |
|---|---|---|---|---|---|---|---|---|
| | 损坏水库/座 | | 垮坝水库/座 | | 受灾人口/万人 | 死亡人口/人 | 总损失 | 水利设施损失 |
| | 大中型 | 小型 | 中型水库 | 小型水库 | | | | |
| 2006 | 61 | 1709 | 0 | 9 | 13881.92 | 2276 | 1332.62 | 208.48 |
| 2007 | 42 | 1492 | 3 | 4 | 17698.45 | 1230 | 1123.30 | 176.86 |
| 2008 | 22 | 1391 | 0 | 1 | 14047.39 | 633 | 955.45 | 172.15 |
| 2009 | 37 | 651 | 0 | 0 | 11101.81 | 538 | 845.96 | 148.34 |
| 2010 | 57 | 3694 | 0 | 11 | 21084.68 | 3222 | 3745.43 | 691.68 |
| 2011 | 12 | 614 | 0 | 3 | 8941.70 | 519 | 1301.27 | 209.52 |
| 2012 | 38 | 1327 | 0 | 2 | 12367.11 | 673 | 2675.32 | 468.33 |
| 2013 | 120 | 1149 | 0 | 6 | 11974.27 | 775 | 3155.74 | 446.56 |
| 2014 | 27 | 560 | 0 | 4 | 7381.82 | 486 | 1573.55 | 248.68 |
| 合计 | 416 | 12587 | 3 | 40 | 118479.15 | 10352 | 16708.64 | 2770.6 |

注　不含香港、澳门特别行政区及台湾省。

表2.4　2006—2014年全国各地区洪涝灾害水利设施受损情况

| 地　区 | 损坏水库/座 | | 水利设施损失/亿元 |
|---|---|---|---|
| | 大　中　型 | 小　　型 | |
| 北京 | 2 | 0 | 39.55 |
| 天津 | 0 | 0 | 6.29 |
| 河北 | 8 | 231 | 79.07 |
| 山西 | 2 | 49 | 13.16 |

续表

| 地　　区 | 损坏水库/座 | | 水利设施损失/亿元 |
|---|---|---|---|
| | 大　中　型 | 小　　型 | |
| 内蒙古 | 2 | 14 | 25.84 |
| 辽宁 | 24 | 214 | 127.82 |
| 吉林 | 47 | 299 | 110.64 |
| 黑龙江 | 60 | 231 | 42.49 |
| 上海 | 0 | 0 | 1.61 |
| 江苏 | 0 | 0 | 22.18 |
| 浙江 | 1 | 87 | 213.64 |
| 安徽 | 23 | 1227 | 90.67 |
| 福建 | 0 | 131 | 161.73 |
| 江西 | 14 | 2046 | 237.24 |
| 山东 | 43 | 162 | 44.42 |
| 河南 | 6 | 344 | 28.51 |
| 湖北 | 4 | 103 | 91.39 |
| 湖南 | 18 | 762 | 254 |
| 广东 | 53 | 1314 | 284.52 |
| 广西 | 40 | 1598 | 109.75 |
| 海南 | 1 | 234 | 50.41 |
| 四川 | 27 | 2533 | 331.27 |
| 重庆 | 13 | 389 | 67.22 |
| 贵州 | 2 | 39 | 35.64 |
| 云南 | 3 | 137 | 54.57 |
| 西藏 | 0 | 13 | 7.74 |
| 陕西 | 8 | 252 | 113.09 |
| 甘肃 | 0 | 30 | 68.46 |
| 青海 | 1 | 21 | 8.61 |
| 宁夏 | 10 | 118 | 10.09 |
| 新疆 | 4 | 9 | 36.44 |
| 合计 | 416 | 12587 | 2770.60 |

**注**　不含香港澳门特别行政区及台湾省。

以2013年为例，全国因洪涝损坏大中型水库120座，为统计年份中损坏最多的一年，占统计年份总数的28.85%，仅黑龙江省就损坏55座，占

13.22%，见图2.1。损坏小型水库12587座，2010年江西省损坏小型水库1458座，占全年总数的39.47%。2006—2014年全国洪涝灾害损坏小型水库分布图见图2.2。

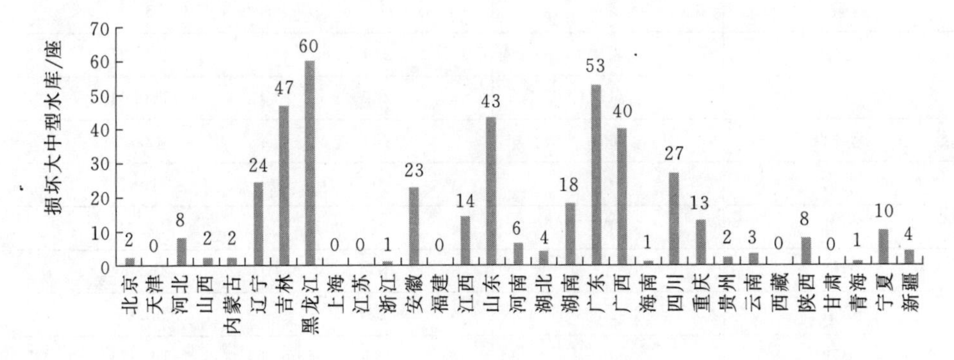


图2.1 2006—2014年全国洪涝灾害损坏大中型水库分布图

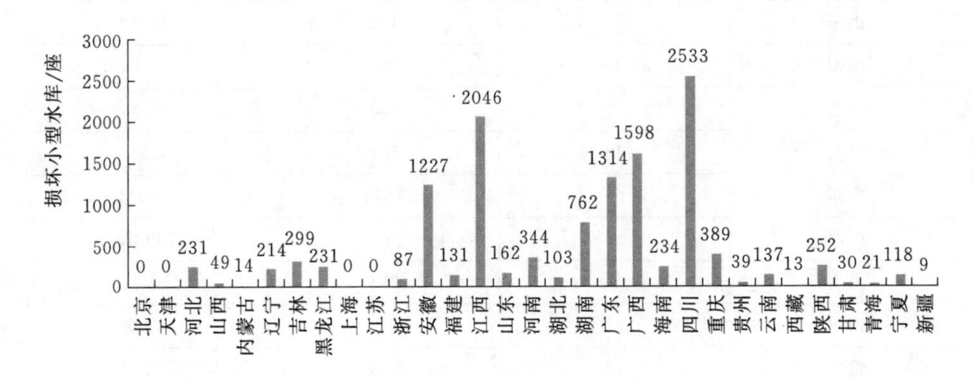


图2.2 2006—2014年全国洪涝灾害损坏小型水库分布图

目前，国内外对水库大坝安全影响因素的研究很多，但是针对山洪易发区的水库大坝安全影响因素的研究较少。由于洪水资料是推求水利工程防洪标准的核心依据，一旦水利工程区域出现超过设计标准的洪水，水利工程的脆弱性将被极大地激发，就可能造成水荷载过大致使水利工程设施损毁、堤防决口甚至是漫坝垮坝等严重事故。由于降水雨量集中、强度大，容易造成突发性洪水，可能致使河流改道，河堤毁坏给我国的城市基础设施造成严重的破坏，给城市居民生命财产安全带来巨大的威胁。此外，突发性洪水极易导致山洪、泥石流等次生自然灾害，其携带的大量泥沙容易致使河流渠道淤堵，将对我国的水利工程，特别是农田水利工程的安全和寿命带来巨大的影响。影响山洪易发区水库大坝安全的因素有很多，主要的影响因素有极端天气、大坝漫顶、大坝结构缺陷、失稳变形、大坝运行及施工质量等。

### 2.3.2 水库“承灾体”角色

水库建成后，其首要作用是防洪保安，此外还有蓄水灌溉、供水、发电、养鱼等兴利作用。由于受河道行洪能力的限制，建设防洪水库成为防治山洪灾害重要的工程措施之一，特别是当无法提高河道的行洪能力时，建设防洪水库则是提高山区防洪能力的最有效措施。防洪水库有蓄洪、削峰、错峰的功能，在一定程度上能控制水库下游的洪水灾害，水库工程扮演着重要的“承灾体”作用。概括起来，水库对洪水的调节作用主要有两种：

（1）滞洪作用。滞洪就是使洪水在水库中暂时停留。当水库的溢洪道上无闸门控制，水库蓄水位与溢洪道堰顶高程平齐时，则水库只能起到暂时滞留洪水的作用。水位继续上升，则水库将失去滞洪作用。

（2）蓄洪作用。在溢洪道未设闸门情况下，在水库管理运用阶段，如果能在汛期前用水，将水库水位降到水库限制水位，且水库限制水位低于溢洪道堰顶高程，则限制水位至溢洪道堰顶高程之间的库容，就能起到蓄洪作用。蓄在水库的一部分洪水可在枯水期有计划地用于兴利需要。

### 2.3.3 水库“致灾体”角色

分布于山洪易发区的大量中小型水库工程由于特殊的历史原因，存在不同程度的病险隐患，在遭遇极端气候产生超标准洪水时，水库有溃决风险，此时水库工程从承灾体转变为致灾体，大坝一旦溃决更将会带来难以预估的人员伤亡及经济财产损失。山洪、水库淤积、库岸滑坡、坝体失稳、地质等因素都会对水库安全造成影响，引发水库致灾。

#### 2.3.3.1 溃坝

山洪是引发山洪易发区内水库致灾最主要的因子，暴雨、融雪、冰川融化导致水库水位快速抬升，产生超标准洪水，由于泄流能力不足往往导致漫坝、溃坝。在我国绝大部分水库失事都是由于漫顶溃坝，历史上发生过很多重大的暴雨洪水导致水库溃坝事件。暴雨山洪导致水库溃坝的典型案例简述如下。

1. 云南昭通七仙湖水库溃坝

七仙湖水库位于云南省昭通市彝良县东北部的小草坝乡大桥村境内的一条山坳中，是一座兼具发电和农业灌溉、人畜饮水功能的塘坝，距离彝良县城约 29km，总库容 8 万 $m^3$。大坝为浆砌石单曲拱坝，最大坝高 17.4m，坝脚高程约 1896.00m，坝顶宽约 1.8m、底宽约 3.5m，坝顶轴线长约 55m。七仙湖水库由彝良县双龙电站业主于 2003 年擅自动工修建，当年建成后即投入使用。

2005 年 7 月上旬，彝良县境内前期持续干旱；7 月 17—20 日，彝良县北部山区连降大到暴雨（降雨量140mm），导致七仙湖水库蓄水量猛增，库水位维持在高水位，库水位持续上涨；7月21日6：20左右，大坝右坝肩及右坝段瞬间发生崩塌，垮塌坝体约占坝体总量的一半（图2.3）；溃坝下泄洪水冲毁了大坝下游1.5～2.0km处的大桥村钻天、蜂子、小岩三个小组。

图2.3　七仙湖水库溃坝

2. 河北刘家台水库溃坝

刘家台水库位于河北省保定市西北满城县刘家台西高士庄村西界河上游，是一座中型水库，该水库始建于1958年，同年汛前完工，后于1963年进行了溢洪道的加深加固。因遭遇超标准洪水，1963年8月8日凌晨4：00大坝漫顶溃决，后无修复。

刘家台水库溃坝，影响范围广，受灾程度严重（图2.4）。水库下游共计68个村庄13996户64941人受灾，67721间房屋被冲毁（其中4个村全部冲毁），造成下游1.0～15km范围内的界河沟谷中居民约948人丧生，10000多头牲畜死亡，2.3万亩农田被冲毁，12万余株果树被冲倒，249辆农用车被冲走。

3. 浙江舟山沈家坑水库溃坝

沈家坑水库位于浙江省舟山市岱山县，集雨面积0.26km²，土坝高28.5m，总库容23.8万m³。2012年8月受台风“海葵”影响，连日暴雨，引发山洪，8月10日沈家坑水库发生垮坝（图2.5），造成11人死亡，27人受伤。

### 2.3.3.2　库岸滑坡

库岸滑坡是影响水库安全的重要因素之一。水库内的滑坡会产生水库的库容损失，造成水库淤积，使得水位骤涨。近坝库岸边坡滑坡除了能直接破坏建筑物外，还有可能堵住放水涵洞，泄洪闸门，造成水库安全事故。此外，滑坡涌浪，会对大坝及下游造成很大破坏，有时可能会导致溃坝。典型案例为意大利瓦伊昂水库事件。

图 2.4 刘家台水库溃坝

图 2.5 舟山沈家坑水库溃坝

瓦依昂大坝位于意大利阿尔卑斯山东部瓦依昂河下游河段，距离最近的城市为瓦依昂市。大坝为混凝土双曲拱坝，最大坝高 262m，水库设计蓄水位 722.50m，有效库容 1.65 亿 $m^3$。1963 年 10 月 9 日 22：00 靠近大坝的山体岸坡发生了大面积整体滑坡（图 2.6），长约 2km、宽约 1.6km、体积达 2.4 亿 $m^3$ 的滑坡体将坝前 1.8km 长的库段全部填满，淤积体高出库水面 150m。滑坡时，涌浪超过坝顶 100 多米，约有 300 万 $m^3$ 水注入深 200 多米的下游河谷，涌浪前锋到达下游距坝 1.4km 的瓦依昂峡谷出口处，下游村庄大部分被冲毁，

图 2.6 瓦伊昂大坝滑坡

共计死亡2000余人。

#### 2.3.3.3 坝体失稳变形

山洪易发区水库大坝失稳变形主要表现形式是滑坡、坍塌、裂缝等。影响大坝稳定的因素大致可分为坝身因素、地质灾害因素、水文及水动力学因素等，其在坝坡形成及稳定性变化的各个阶段所起作用各不相同。地质对水库大坝失稳变形的影响主要体现在地质条件复杂，地基有软弱层，在大坝建成后产生不均匀沉降，产生裂缝；砂砾石基础地质中，若不密实、特别是粒径均匀的砂土，地震时可能发生液化造成大坝滑坡坍塌；滑坡是指在一定自然条件下，边坡部分岩土在重力和渗透压力作用下，由于自然或人为等因素的影响，沿一定的软弱面或者软弱带发生移动的现象。滑坡最终有可能导致水库大坝垮坝。据统计[63]，截至1990年，由于滑坡导致垮坝的总共有143座，占垮坝总数的4.40%，占全部建成土石坝水库的0.17%。

1. 按库容大小分析

在143座滑坡垮坝失事案例中，无一座大型水库，中型水库也只有一座，仅占总垮坝数的0.7%；小（1）型水库27座，占19.0%；小（2）型水库110座，占76.9%；情况不明5座，占3.4%（图2.7）。可见，土石坝垮坝的绝大多数是小型水库，主要由于小型水库在设计、施工和运行管理中更易存在问题造成的。

2. 按坝型分析

滑坡垮坝的土石坝，以均质坝最多，共计124座，占总数的86.7%，其次是心墙坝13座，占9.0%，其他情况不明的6座，占4.3%（图2.8）。这是因为我国土石坝中，以均质土石坝所占的比例最大，均质坝施工也较简便，易被接受。均质坝蓄水后，坝体内浸润线较高，库水位骤降和雨水入浸，坝体排水较差，土体内孔隙水压力增大等原因，都有可能导致溃坝。

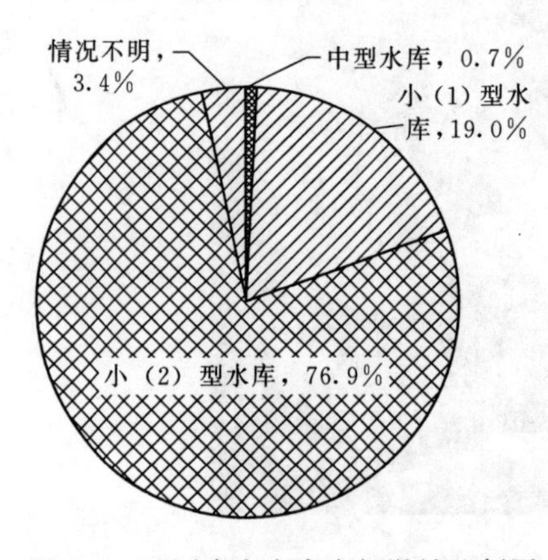


图2.7 不同库容水库大坝滑坡比例图

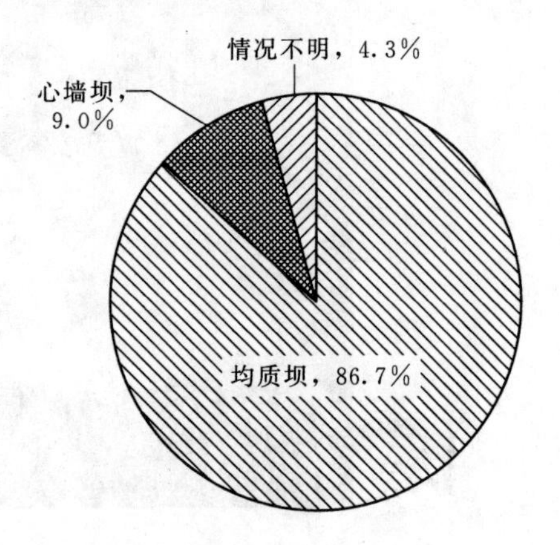


图2.8 不同坝型大坝滑坡比例图

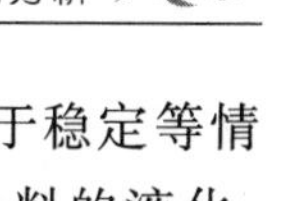

另外，如果坝址或者岸坡岩层有断裂带、褶皱或者倾斜度不利于稳定等情况存在时，也很容易导致坝坡或者岸坡的滑动失稳。坝体和坝基土料的液化，也是导致垮坝或者坝体失稳变形破坏的重要原因之一。地震对大坝失稳的影响主要是使坝基土的孔隙水压力增大，改变坝体内土颗粒的黏聚性，导致大坝失稳的出现。降雨也是很多水库大坝工程失稳的主要因素之一，降雨使地下水位上升，坝体内土的含水量增加，使土体参数发生变化，降低了土体的强度，容易产生失稳。

#### 2.3.3.4 人为因素

上述水库致灾因素绝大部分是自然的，但人类的行为往往也会对水库造成不利影响。工程技术方面的问题也是水库致灾的重要因素，包括设计缺陷、质量问题、设备故障以及安全事故等。管理失误会导致水库病险和灾害的发生，人类的活动影响和破坏也会导致水库的灾害，例如战争毁坏、工业污染等。

1. 设计缺陷

水库的设计是至关重要的，然而历史上出现的很多水库失事事件都是由于勘测设计方面的问题造成的，我国一半以上的水库建于新中国成立初期，大多是“三边”工程，设计防洪标准低，泄流能力不足，很多水库都没有设置可靠的溢洪设施，是导致水库溃坝等灾害发生的主要原因。如 1979 年四川省有 28 座水库溃坝，都是由于没有做勘测设计、防洪标准偏低造成。宁夏 1958—1979 年统计的 21 座小型溃坝水库，都是由于勘测设计不到位，一般都没有泄洪设施，加上水库淤积日益严重，抗洪能力逐年降低。国外也出现过不少设计缺陷或者不足导致溃坝的事故。典型案例如下。

（1）美国圣弗朗西斯重力坝溃坝。美国圣佛朗西斯坝是一座 56m 高的混凝土重力拱坝。1928 年 3 月 12 日发生溃坝，38m 高的水墙沿着圣弗朗西斯基多河谷奔涌而下。当其流到 87km 外的大海时，溃坝洪波依然高达 6m，下游城镇在溃坝中毁于一旦，死亡人数在 600 人以上。大坝在设计及建设过程中存在着问题，但这并没有引起重视。在建设过程中先后两次将大坝各抬高 3m。将混凝土大坝加高 6m 后却未能相应加宽地基，是导致溃坝事故发生的重要因素。

（2）青海沟后水库[64-65]。1993 年 8 月 27 日 23：00 左右。青海省海南藏族自治州共和县境内的沟后水库发生溃坝，库内蓄水近 300 万 $m^3$，冲开坝体超过 60m，从超过 40m 高处跌落，扫荡了恰卜恰河滩地区，冲毁大片农田、房舍、铺面，死亡 300 余人，尚有多人下落不明。溃坝原因是大坝存在严重的设计失误和施工质量问题。砂砾石坝体未设置排水层是坝体结构设计的严重失误；高程 3255.00m 面板的水平缝问题，存在着明显的渗漏通道；坝顶防浪墙及其与面板顶部水平止水连接也存在设计失误。

2. 质量问题

我国很多病险水库是在“大跃进”时期快速建成的，施工质量普遍存在问题。据统计，在1954—2003年的50年中，我国已溃大中型水库中超过半数是在施工期发生的，而绝大部分的施工期是在“大跃进”时期。对全国1954—2003年已溃水库的溃坝原因进行统计，结果表明泄流能力不足和质量问题是导致溃坝发生的主要原因，其中泄洪能力不足导致溃坝的比例超过40%，质量问题导致溃坝的比例超过35%。

1962年7月25日，辽宁省德力吉水库溃坝，水库失事的主要原因是由于工程存在着严重的质量问题。坝端与山体结合部分存在施工质量问题，产生严重渗漏；右坝头出现裂缝，大坝加高部分质量较差[66]。

1979年陕西省有15座小型水库失事，其中土层碾压不实、坝体埋管和岸坡结合等施工问题导致的就有8座。新疆的文洛克水库，自1974年建成，发生垮坝事故5次，都是由于质量问题。甘肃省于家海子水库，由于大坝填土质量差，辗压不实导致无降雨情况下垮坝。新疆第二水库由于闸室处坝体发生管涌，造成闸室周边出现渗水通道，闸室整体沉陷，坝体溃决。湖南省佛光水库因涵洞漏水溃决。福建省莆明水库由于坝体与山坡结合差、夯筑不实垮坝[67]。

3. 设备故障

水库安全需要每一个建筑物正常运行，当然也应该保证所有的机械电气设备工作正常。但是很多水库由于运行时间长、设备老化、管理维护不善，造成水库在遭遇暴雨洪水时，供电系统出现故障，闸门卡滞、启闭设备无法运行、泄洪设施不能工作导致溃坝的事件也经常发生。因此故障事故的发生也是导致水库灾害的因子之一。2010年7月27日吉林省桦甸市大河水库溃坝，水库遭遇超标洪水，因断电原因溢洪道闸门没有全部开启，水库泄流量达不到设计要求，导致溃坝。

4. 管理问题

我国水库一直都有重建设轻管理的问题，水库管理对于水库的安全运行至关重要。很多水库失事都是由于管理不当造成，管理制度不健全，操作运行人员责任不明确，闸门启闭机等设备维护不到位，都给水库运行留下了安全隐患。一旦出现险情，没人发现或发现不及时，设备无法运行，极有可能会造成水库失事。

水库管理问题导致失事的典型案例：1993年2月云南梅子阱水库溃坝，是由于盲目超蓄，水库高水位运行时管理人员不在场导致。1991年8月云南三台城水库溃坝，也是因为长期无人管理。甘肃省党河水库、四川省青龙洞、长田青水库、湖北省古塘水库、江西省环溪水库均因为汛期违规超蓄，造成漫坝。湖南省高岩坝水库、左右冲水库、广东省崖子山水库，都是由坝上扒口放水造成垮坝。

### 2.3.4　我国中小型水库溃坝特征与溃决成因

山洪易发区内水库以中小型工程为主，若失稳溃坝将对下游带来极为严重的生命财产损失。根据1991—2013年23年间发生的289座溃坝案例，统计分析主要从溃坝年份、省份分布、水库规模、大坝类型、坝高、工程状态、溃坝原因等方面进行，并将结果与国外的一些统计资料进行比较研究。

#### 2.3.4.1　我国中小型水库溃坝特征分析

（1）按溃坝年份分析。溃坝是指水库大坝的主体工程的破坏，其中也包括了其附属结构的完全破坏，包括溢洪道设计不当而产生的漫顶或者设计洪水的估算错误而使库水短期大量泄流而产生的结构破坏。虽然大坝的工程设计、施工等设计不断进步，但是水库溃坝并不能够完全杜绝，溃决事件仍然时有发生。根据文献资料记录的内容，我国分别在1962年、1979年和1991年先后三次对溃坝失事案例进行过统计。最新统计资料显示，在1954—2013年全国共有3549座水库溃坝，其中1954—1990年有3260座水库溃坝，年平均溃坝88座；1991—2013年有289座水库溃坝，年均溃坝12座。本书主要对后者进行了全面的统计。1991—2000年，全国共垮坝227座，年均溃坝数约为23座；2001—2006年，共垮坝35座，年均6座；2007—2013年共垮坝27座，年均溃坝4座。根据统计结果，按年份统计的溃坝数与溃坝百分数见图2.9和图2.10。

从图2.9和图2.10可以看出，在1994年出现了1个垮坝高峰，共计垮坝58座，而20世纪90年代后期以来，尤其是2001年以后，年均溃坝数明显减少。

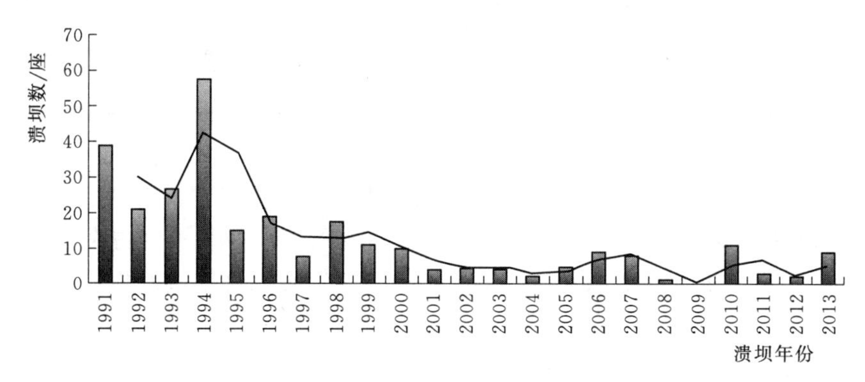


图2.9　按年份统计的溃坝数

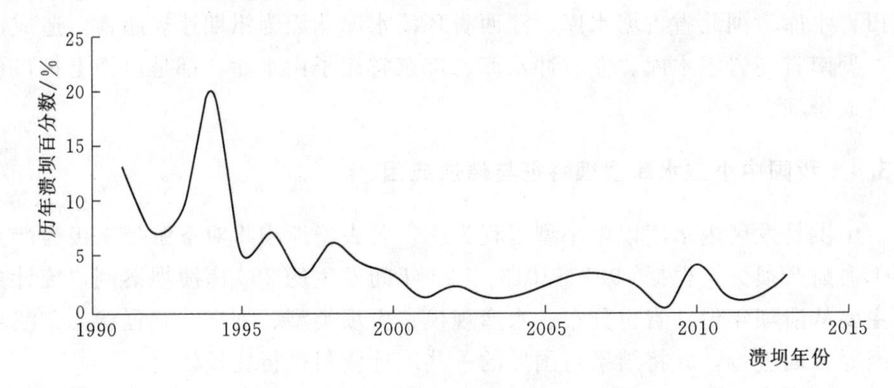


图 2.10 按年份统计的溃坝百分数图

(2) 按各省（自治区、直辖市）分析。表 2.5 列举了 1991—2013 年各省（自治区、直辖市）溃坝数及溃坝百分数。

表 2.5 按省（自治区、直辖市）统计的溃坝数

| 省（自治区、直辖市） | 溃坝数/座 | 百分比/% | 省（自治区、直辖市） | 溃坝数/座 | 百分比/% | 省（自治区、直辖市） | 溃坝数/座 | 百分比/% |
|---|---|---|---|---|---|---|---|---|
| 云南 | 46 | 15.92 | 青海 | 4 | 1.38 | 江苏 | 0 | 0 |
| 吉林 | 26 | 9.00 | 湖北 | 4 | 1.38 | 西藏 | 0 | 0 |
| 广东 | 25 | 8.65 | 福建 | 3 | 1.04 | 台湾 | 0 | 0 |
| 新疆 | 21 | 7.27 | 甘肃 | 3 | 1.04 | 北京 | 0 | 0 |
| 广西 | 20 | 6.92 | 安徽 | 1 | 0.35 | 天津 | 0 | 0 |
| 四川 | 19 | 6.57 | 辽宁 | 1 | 0.35 | 上海 | 0 | 0 |
| 湖南 | 19 | 6.57 | 内蒙古 | 15 | 5.19 | 重庆 | 0 | 0 |
| 贵州 | 16 | 5.54 | 海南 | 12 | 4.15 | 陕西 | 1 | 0.35 |
| 宁夏 | 15 | 5.19 | 黑龙江 | 12 | 4.15 | 河北 | 0 | 0 |
| 山西 | 8 | 2.77 | 江西 | 9 | 3.11 | 河南 | 0 | 0 |
| 山东 | 5 | 1.73 | 浙江 | 4 | 1.38 | | | |

从表 2.5 中可以看出，1991—2013 年，云南省、吉林省、广东省、新疆维吾尔自治区、广西壮族自治区、四川省、湖南省、贵州省、宁夏回族自治区的溃坝数量较多，都在 15 座以上，其中云南省的溃坝数最多，占全国溃坝总数的 15.92%；而北京、天津、江苏、上海等 9 个省（直辖市）均无溃坝事件发生。

(3) 按水库规模分析。按水库规模统计溃坝情况见表 2.6，在掌握的 1991—2013 年的溃坝资料中，小型水库溃坝数占 98%，中型水库占 2%，无大型水库溃坝事件发生。

表 2.6　　按水库规模统计溃坝情况表

| 序　　号 | 溃 坝 类 型 | 溃坝数/座 | 百分比/% |
|---|---|---|---|
| 1 | 大型水库 | 0 | 0 |
| 2 | 中型水库 | 6 | 2 |
| 3 | 小型水库 | 283 | 98 |

（4）按大坝类型分析。表 2.7 为 1991—2013 年 23 年间全国已溃大坝不同坝型的溃坝数与溃坝百分数，从表中可以看出，全国溃坝事故中，有 278 座是土石坝，占溃坝数的 96.19%。表 2.8 为土坝中各种坝型的溃坝数与百分比，从表中可以看出，均质土坝溃坝数最多，共 268 座，占土坝溃坝总数的 96.40%。

表 2.7　　各种坝型的溃坝比例

| 序　　号 | 溃 坝 类 型 | 溃坝数/座 | 百分比/% |
|---|---|---|---|
| 1 | 混凝土坝 | 4 | 1.39 |
| 2 | 浆砌石坝 | 5 | 1.73 |
| 3 | 土石坝 | 278 | 96.19 |
| 4 | 堆石坝 | 2 | 0.69 |
| 5 | 其他 | 0 | 0 |

表 2.8　　土坝中各种坝型的溃坝比例

| 序　　号 | 溃 坝 类 型 | 溃坝数/座 | 百分比/% |
|---|---|---|---|
| 1 | 均质土坝 | 268 | 96.40 |
| 2 | 黏土心墙坝 | 8 | 2.88 |
| 3 | 黏土斜墙坝 | 2 | 0.72 |
| 4 | 其他 | 0 | 0 |

国际大坝委员会（ICOLD）的研究表明：按照溃决的坝型统计，在所有坝型中，土石坝的溃决数量是最多的，占溃决总数的 69%左右。但是若以每种坝型的溃决数与总溃决数的比值，和每种坝型的已建数与总建坝数的比值相比较，两者大致接近。

（5）按坝高分析。图 2.11 为溃坝按坝高分布的比例。从图 2.11 可以看出，坝高在 10～20m 的溃坝数最多，占溃坝总数的 46.37%，几乎占到整个溃坝数的一半；其次是坝高小于 10m 的大坝，占溃坝总数的 25.95%，而坝高大于 50m 的溃坝很少发生，只占溃坝总数的 2.42%。

如果按照 ICOLD 的规定，把坝高为 15～30m 的大坝归类为低坝，30～60m 归类为中坝，大于 60m 归类为高坝，则各类坝的溃坝百分比见图 2.12。

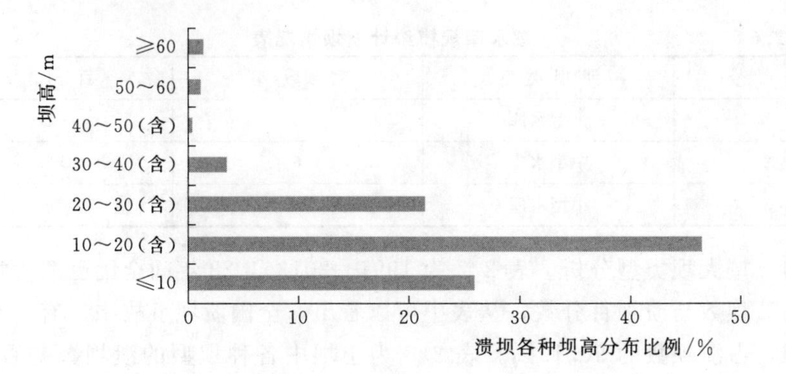


图 2.11 溃坝按坝高分布比例

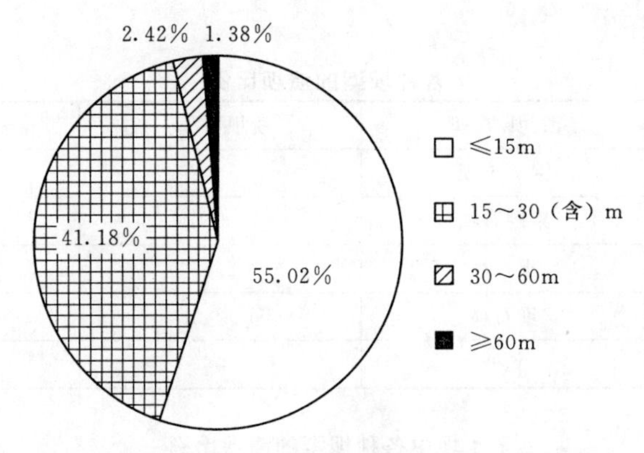


图 2.12 根据 ICOLD 的坝高分类进行的溃坝统计

国际大坝委员会分析得到，在已溃大坝中，低坝所占的比例达到了70%。比较国内外的数据可以得到，在已经溃决的大坝中低坝所占的比例很大，而ICOLD仅把大坝高度高于15m的大坝进行登记注册，由图2.12可以看出，我国已溃坝中坝高低于15m的占55.02%，这是我国比国外溃坝率偏高的主要原因之一。

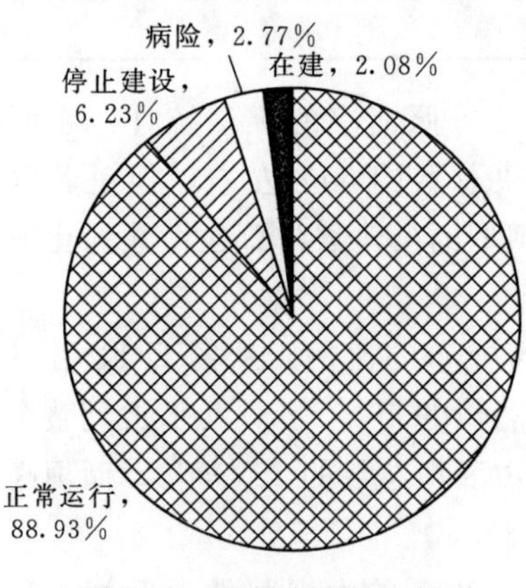


图 2.13 根据大坝的工程状态进行的溃坝统计

（6）按工程状态分析。我国不同时期所建的大坝都有其特殊性，一些水库的建设处于特殊的历史时期，水库大坝的建设技术还处于初步探索的阶段，加上历史水文数据不足，以及经济基础相对薄弱，因此许多大坝或在建设阶段就溃决，或是存在许多遗留问题，还有的大坝因为各种因素而处在停建状态，这些大坝都不完全具备防洪功能，因此溃坝的概率很大。按溃坝水库的状态，统计分析区分为：正常运行、停止建设、病险和在建四种情况，根据大坝的工程状态进行的溃坝统计见图 2.13。

从图 2.13 可以看出，水库大坝处于停建、在建情况下的溃坝数占溃坝总数的 8.31%，这也是我国溃坝率比其他国家偏高的原因之一。

#### 2.3.4.2 溃坝原因分析

表 2.9 列出了不同的溃坝原因导致的溃坝数与其比例。从各种破坏的原因来看，由于漫顶引起的溃坝仍然占最大的比例，为 69.9%，其中由于超标准洪水导致水库漫坝溃决数占总数的 54.67%，由于泄洪能力不足而引起的溃坝数占总数的 15.22%。

**表 2.9　不同的溃坝原因导致的溃坝数与其比例**

| 序号 | 溃坝原因 | 溃坝总数/座 | 百分比/% | 溃坝原因细项 | 溃坝数/座 |
|---|---|---|---|---|---|
| 1 | 漫顶 | 202 | 69.9 | 超标准洪水 | 158 |
| | | | | 泄流能力不足 | 44 |
| 2 | 质量问题 | 64 | 22.15 | 坝体滑坡 | 7 |
| | | | | 坝体渗漏 | 13 |
| | | | | 坝体塌坑 | 5 |
| | | | | 坝体管涌 | 21 |
| | | | | 坝体质量差 | 7 |
| | | | | 涵管渗漏 | 2 |
| | | | | 溢洪道底坎护砌质量差 | 1 |
| | | | | 副坝山体结合部渗漏 | 1 |
| | | | | 坝体绕渗 | 2 |
| | | | | 坝身穿孔 | 1 |
| | | | | 坝基接触带破碎渗透破坏 | 1 |
| | | | | 蚁道贯穿坝体 | 1 |
| | | | | 泄洪闸与土坝结合部发生渗漏 | 1 |
| | | | | 放水直管绕渗 | 1 |
| 3 | 运行管理不当 | 2 | 0.69 | 溢洪道违章筑埝 | 1 |
| | | | | 泄洪洞堵死 | 1 |
| 4 | 其他 | 13 | 4.50 | 维护运用不良 | 3 |
| | | | | 库内山体滑坡 | 3 |
| | | | | 上游溃坝 | 2 |
| | | | | 地震作用 | 1 |
| | | | | 主动破坝 | 2 |
| | | | | 无泄洪措施 | 2 |
| 5 | 原因不详 | 8 | 2.76 | | 8 |
| 合计 | | 289 | 100 | | 289 |

从我国修建水库大坝的历史来看，绝大多数大坝都是新中国成立初期修筑的，由于水文资料不足，同时对水库泄洪能力和防洪库容也没有准确的估算，再加上技术水平受限，没有意识到大坝溃决的严重后果，许多水库大坝的设计和施工标准不够高。在由漫顶而引起的水库大坝的溃决中，处于工程建设期的占 2.08%，处于停建状态的占 6.23%。20 世纪 90 年代后，因漫顶而引起的大溃决比例有所增加，这是由于这一时期全球气候变化，我国发生了几次不同流域的大洪水。从前面的分析可以看出，所有坝型中土坝所占的比例超过了 95%，渗流是土坝溃决的主要原因。均质土坝失事的最主要原因是坝体尺寸不足，还有一些其他的薄弱环节，如溢洪道与坝体接触处、新老坝体接触面、涵洞（管）与坝体接触处等，这些部位的处理不当也是发生渗漏破坏的因素。

## 2.4　山洪易发区水库致灾模式综合分析

灾害系统是孕灾环境、承灾体、致灾因子和灾情共同组成的复杂异变系统，每一个部分又各自组成不同的系统。研究水库致灾的因素、致灾过程不能单纯研究致灾因子，需要研究不同的孕灾环境、致灾过程以及灾情的情况，综合评价灾害系统的整体结构。致灾因子系统由不同的致灾因子组成，致灾因子强度的不同，受灾区的易损度不同，致灾过程和灾情大小也各不一样，综合研究水库致灾不但要分析致灾因子之间相互的联系，还要分析致灾因子的风险值，以及造成灾变行为的严重程度。

某种致灾因子导致的灾害可能是另一个致灾因子，因此分析水库致灾因子要研究因子之间的链式关联。

水库致灾因子有很多，但很多时候致灾因子不是单独发生，而是相互关联的。例如暴雨引发山洪，山洪下泄可能会导致山体滑坡，进而发展成为泥石流，造成水库淤积，也有可能冲击大坝堤防导致水库失事；地震一般也会引起滑坡、泥石流，形成堰塞湖。

水库致灾的致灾模式大致可以分为以下几类：

（1）暴雨引发山洪，造成超泄洪水的致灾模式：①暴雨→山洪→库水位骤升→坝顶高程不足→漫坝→下游淹没；②暴雨→山洪→库水位骤升→无泄洪设施或泄量不足→漫坝→下游淹没；③暴雨→山洪→库水位骤升→闸门故障→坝顶高程不足→漫坝→下游淹没；④暴雨→山洪→库水位骤升→泄洪设施冲毁→库水下泄→下游淹没。

（2）暴雨引发山洪，最终导致溃坝的致灾模式：①暴雨→山洪→库水位骤升→漫坝→冲刷坝体→溃坝；②暴雨→山洪→库水位骤升→大坝失稳→溃坝；

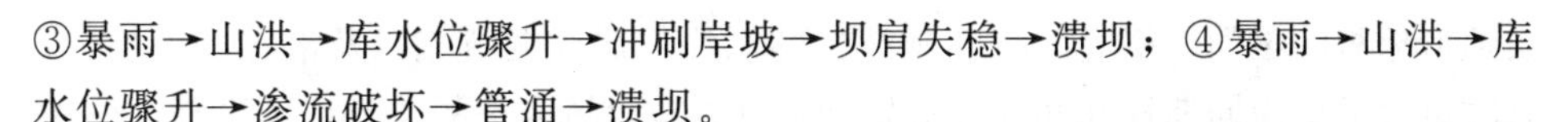

③暴雨→山洪→库水位骤升→冲刷岸坡→坝肩失稳→溃坝；④暴雨→山洪→库水位骤升→渗流破坏→管涌→溃坝。

（3）山洪引发滑坡，水库致灾的致灾模式：①山洪→库区滑坡→库容损失→漫坝→下游淹没；②山洪→近坝库岸滑坡→涌浪→漫顶→溃坝。

（4）山洪引发泥石流，水库致灾的致灾模式：①暴雨→冲刷山体＋山洪→泥石流→冲击坝体→溃坝；②暴雨→冲刷山体＋山洪→泥石流→堰塞湖→溃坝；③暴雨→冲刷山体＋山洪→泥石流→水库淤积。

致灾因子的连锁反应形成了水库致灾的不同灾害链。主要的灾害链有以下几种模式：

（1）暴雨→山洪→漫顶→溃坝。

（2）暴雨→山洪→泥石流→溃坝。

（3）暴雨→山洪→滑坡崩塌→泥石流。

（4）暴雨→滑坡→涌浪→漫顶→溃坝。

（5）山洪→泥石流→水库淤积→漫顶→溃坝。

（6）地震→暴雨→山洪→泥石流→堰塞湖→溃坝。

（7）地震→滑坡、坝体失稳→漫顶→溃坝。

（8）暴雨→山洪→过后干旱。

水库致灾灾害链可以分为串发型灾害链和共发型灾害链。串发型灾害链是指灾害发生后引发一系列的灾害；共发型灾害链是指灾害发生时同时发生一系列的灾害。根据孕灾环境和承灾体的不同，上述水库致灾灾害链中有很多灾害是相继发生或者同时发生的。一般情况下，山洪易发区水库致灾灾害链多为并发型灾害链，某山洪区水库灾害链见图2.14。

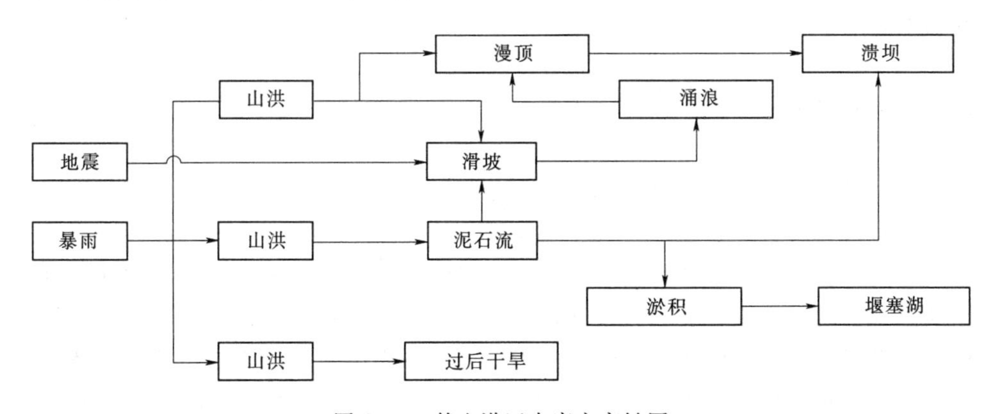


图2.14　某山洪区水库灾害链图

灾害链的演化过程存在性态、量级和时空等演化规律。山洪易发区水库灾害链在演化中主要表现为阶段性、延续性和潜在性，例如降雨引发山洪，随着地质地形地貌的不同，引起阶段性延续性的洪峰，造成泥石流以及潜在的滑坡等。有时也会呈现为周期性和间断性的发展，例如在台风来临的季节，由于降雨的周期性和间断性，引发的水库灾害也会表现出周期性和间断性的特征。水库灾害链的演化规律及过程见图 2.15。

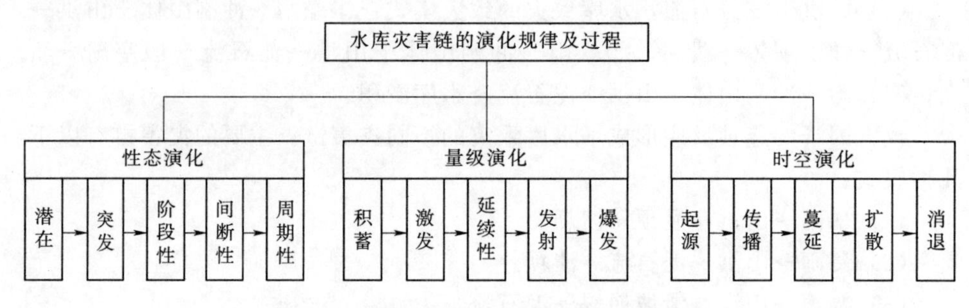


图 2.15　水库灾害链的演化规律及过程图

根据灾害链的产生和发展过程，可以将灾害链分为早期、中期、晚期等阶段。早期是灾害的孕育阶段，占灾害链的主要时间段，是控制灾害发生的关键阶段；中期阶段是灾害的潜在和发生阶段，是灾害链中防御阶段；晚期是灾害链的诱发阶段，是控制灾害链继续发展的阶段。

在特定的环境条件下，使得不同灾害链相互交织，形成水库致灾灾害网。要准确彻底分析水库致灾因子的分类和分布以及各个因子之间的关系，需要研究水库流域内综合环境，包括地形地貌特征、降雨时空分布、水系格局，结合水库本身的特性，包括建筑物的状况、运行管理情况，综合分析，才能对水库致灾因子、灾害链、灾害网有整体的把握，做出及时适当的预警响应，采取相应的措施。

## 2.5　本章小结

山洪易发区水库工程既是承灾体，也是致灾体，研究山洪灾害的特征、致灾机理和致灾因素是首要的。山洪具有明显的区域特征，突发性强、成灾快，降雨、融雪、地质、都会诱发山洪，进而导致水库灾害。水库作为承灾体起到了滞洪和蓄洪的作用，成为致灾体后，会造成山洪、水库淤积、库岸滑坡、坝体失稳等影响。从山洪灾害的特征出发，分析了山洪致灾的机理，从承灾体和致灾体两种角色论述了山洪对水库以及水库对下游的影响，挖掘了致灾因素，重点分析了我国中小型水库溃坝类型和溃决原因，进一步提出了山洪链式致灾模式，以及灾害链的形成、发展和特征。

## 参考文献

[1] 章德武，湛宏伟．山洪灾害致灾因子分析与防治措施 [J]. 中国水运，2011，11 (3)：146-147.

[2] 邹翔，任洪玉．陕西省山洪灾害成因与分布规律研究 [J]. 长江科学院院报，2008，25 (3)：49-52.

[3] 刘红雷．石河子地区山洪灾害类型及成因 [J]. 水利科技与经济，2011，17 (2)：71-73.

[4] 高延超，何杰，陈宁生．四川省山区城镇山洪灾害特征分析 [J]. 成都理工大学学报（自然科学版），2006，33 (1)：84-89.

[5] 任洪玉，邹翔，张平仓．我国山洪灾害成因分析 [J]. 中国水利，2007 (14)：18-20.

[6] 张志彤．我国山洪灾害特点及其防治思路 [J]. 中国水利，2007 (14)：14-15.

[7] 李婷婷，沈彦．湘水流域山洪灾害成因机制分析与防治 [J]. 云南地理环境研究，2006，18 (2)：28-32.

[8] 高煜中，邢俊江，王春丽，等．暴雨山洪灾害成因及预报方法 [J]. 自然灾害学报，2006，15 (4)：65-70.

[9] 王仁乔，王丽，谢明，等．湖北省山洪灾害气象成因研究 [J]. 气象科技，2006，34 (5)：553-557.

[10] 赵士鹏．中国山洪灾害系统的整体特征及其危险度区划的初步研究 [J]. 自然灾害学报，1996，5 (3)：93-98.

[11] 张平仓，任洪玉，胡维忠，等．中国山洪灾害防治区划初探 [J]. 水土保持学报，2006，20 (6)：196-200.

[12] 张平仓，任洪玉，胡维忠，等．中国山洪灾害区域特征及防治对策 [J]. 长江科学院院报，2007，24 (2)：9-12.

[13] 张平仓，任洪玉，胡维忠，等．中国山洪灾害防治区划 [M]. 武汉：长江出版社，2009.

[14] 马建华，张平仓，任洪玉．我国山洪灾害防治区划方法研究 [J]. 中国水利，2007 (14)：21-24.

[15] 任洪玉，张平仓，黄钮玲，等．中国山洪灾害的区域差异性研究——以湖南和陕西为例 [J]. 中国农学通报，2006，22 (8)：569-573.

[16] 唐川，朱静．基于 GIS 的山洪灾害风险区划 [J]. 地理学报，2005，60 (1)：87-94.

[17] 管珉，陈兴旺．江西省山洪灾害风险区划初步研究 [J]. 暴雨灾害，2007，26 (4)：339-343.

[18] 张茂省，薛富平，王晓勇．陕西省山洪灾害防治区划 [J]. 水土保持研究，2005，12 (2)：163-165.

[19] 李永红．基于 ArcGIS 的陕西山洪灾害易发程度区划 [J]. 灾害学，2008，23 (1)：37-42.

[20] 王仁乔，周月华，王丽，等．湖北省山洪灾害临界雨量及降雨区划研究 [J]. 高原气象，2006，25 (2)：330-334.

[21]　黄理军，王辉，张文萍，等．湖南山洪灾害成因及防治区划研究 [J]. 农业现代化研究，2007，28 (4)：483-486.

[22]　宫清华，黄光庆，付淑清．基于GIS的华南沿海小流域地区山洪灾害易发区识别 [J]. 中国农村水利水电，2013 (1)：98-101.

[23]　顾淦臣．土石坝安全问题述评（一）[J]. 大坝与安全，1995 (3)：16-25.

[24]　顾淦臣．土石坝安全问题述评（续）[J]. 大坝与安全，1996 (2)：9-16.

[25]　刑林生．我国水电站大坝事故分析与安全对策（一）[J]. 大坝与安全，2000 (1)：01-05.

[26]　马永峰，生晓高．大坝失事原因分析及对策探讨 [J]. 人民长江，2001，32 (10)：53-59.

[27]　汝乃华，牛运光．土石坝的事故统计和分析 [J]. 大坝与安全，2001(1)：31-37.

[28]　李宗坤．土石坝结构形态安全评价方法研究 [D]. 大连：大连理工大学，2003.

[29]　韩瑞芳．土石坝模糊风险分析 [D]. 郑州：郑州大学，2007.

[30]　牛运光．几座土石坝渗漏事故的经验教训（上）[J]. 大坝与安全，1998 (2)：53-60.

[31]　姜树海，范子武．堤防渗流风险的定量评估方法 [J]. 水利学报，2005，36 (8)：994-1006.

[32]　刘杰．土石坝裂缝的防止与渗流控制 [J]. 水利水电技术，1991 (3)：22-27.

[33]　Vaughan P R. Cracking and erosion of the rolled clay core of balderhead dam and the remedial works adapted for its repair [C]. 10th ICOLD，1970 (1)：245-256.

[34]　刘毅．高拱坝真实工作性态影响因素研究 [D]. 北京：中国水利水电科学研究院，2007.

[35]　古新蕊．尾矿坝稳定性及影响因素研究 [D]. 阜新：辽宁工程技术大学，2012.

[36]　Azmeri，Hadihardaja I K，Vadiya R. Identification of flash flood hazard zones in mountainous small watershed of Aceh Besar Regency，Aceh Province，Indonesia [J] The Egyptian Journal of Remote Sensing and Space Science. 2016，19 (1)：143-160.

[37]　Catane S G，Abonl C C，Saturay R M，et al. Landslide - amplified flash floods - The June 2008 Panay Island flooding，Philippines [J] Geomorphology，2012，170 (1)：55-63.

[38]　Modrick T M，Georgakakos K P. The character and causes of flash flood occurrence changes in mountainous small basins of Southern California under projected climatic change [J] Journal of Hydrology：Regional Studies，2015 (3)：312-336.

[39]　Ballesteros - Cánovas J A，Rodríguez - Morat C，Garófano - Gómez V，et al. unravelling past flash flood activity in a forested mountain catchment of the Spanish Central System [J]. Advances in Paleohydrology Research and Applications，2015，529 (2)：468-479.

[40]　Penna D，BorgaM. 5. 15—Natural Hazards Assessment in Mountainous Terrains of Europe：Landslides and Flash Floods [J] Reference Module in Earth Systems and Environmental Sciences Climate Vulnerability. 2013 (5)：229-239.

[41]　Naulin J P，Payrastre O，Gaume E. Spatially distributed flood forecasting in flash

flood prone areas: Application to road network supervision in Southern France [J]. Journal of Hydrology. 2013, 486 (12): 88 - 99.

[42] Tao J, Barros A P. Prospects for flash flood forecasting in mountainous regions - An investigation of Tropical Storm Fay in the Southern Appalachians [J]. Journal of HydrologyTyphoon Hydrometeorology, 2013, 506 (12): 69 - 89.

[43] Ruiz - Villanueva V, Díez - Herrero A, Bodoque J M, et al. Characterisation of flash floods in small ungauged mountain basins of Central Spain using an integrated approach [J]. CATENA, 2013, 110 (12): 32 - 43.

[44] Mazzorana B, Comiti F, ScSchererc C, et al. Developing consistent scenarios to assess flood hazards in mountain streams [J]. Journal of Environmental Management, 2012, 94 (1): 112 - 124.

[45] Llasata M C, Marcosa R, Llasat - Botija M, et al. Flash flood evolution in North - Western Mediterranean [J]. Atmospheric Research, 2014, 149 (11): 230 - 243.

[46] Penna D, Borga M, Zoccatelli D. 7. 9 Analysis of Flash - Flood Runoff Response, with Examples from Major European Events [J]. Reference Module in Earth Systems and Environmental Sciences Treatise on Geomorphology, 2013 (7): 95 - 104.

[47] Garambois P A, Larnier K, Roux H, et al. Analysis of flash flood - triggering rainfall for a process - oriented hydrological model [J]. Atmospheric Research, 2014, 137 (2): 14 - 24.

[48] 赵士鹏．基于 GIS 的山洪灾情评估方法研究 [J]. 地理学报，1996，51 (5)：471 -479.

[49] 任洪玉，张平仓，杨勤科，等．全国山洪灾害防治区划理论与实践初探 [J]. 中国水利，2005 (14)：17 - 20.

[50] 王俊英．福建省山洪灾害特征及其防治区划研究 [J]. 中国水运，2009，9 (2)：156 - 159.

[51] 刘少军，张京红，张明洁，等．海南岛山洪灾害风险区划研究 [J]. 水土保持研究，2013，20 (5)：165 - 170.

[52] 李中平，毕宏伟，张明波．我国山洪灾害高易发降雨区分布研究 [J]. 人民长江，2008，39 (17)：61 - 63.

[53] 张磊．新疆水文分区与设计流量经验公式的研究 [D]. 长沙理工大学，水力学及河流动力学，2009.

[54] 国家防汛抗旱总指挥部，中华人民共和国水利部，2006 年中国水旱灾害公报 [M]. 北京：中国水利水电出版社，2007.

[55] 国家防汛抗旱总指挥部，中华人民共和国水利部，2007 年中国水旱灾害公报 [M]. 北京：中国水利水电出版社，2008.

[56] 国家防汛抗旱总指挥部，中华人民共和国水利部，2008 年中国水旱灾害公报 [M]. 北京：中国水利水电出版社，2009.

[57] 国家防汛抗旱总指挥部，中华人民共和国水利部，2009 年中国水旱灾害公报 [M]. 北京：中国水利水电出版社，2010.

[58] 国家防汛抗旱总指挥部，中华人民共和国水利部，2010 年中国水旱灾害公报 [M]. 北京：中国水利水电出版社，2011.

[59] 国家防汛抗旱总指挥部，中华人民共和国水利部，2011年中国水旱灾害公报[M]. 北京：中国水利水电出版社，2012.

[60] 国家防汛抗旱总指挥部，中华人民共和国水利部，2012年中国水旱灾害公报[M]. 北京：中国水利水电出版社，2013.

[61] 国家防汛抗旱总指挥部，中华人民共和国水利部，2013年中国水旱灾害公报[M]. 北京：中国水利水电出版社，2014.

[62] 国家防汛抗旱总指挥部，中华人民共和国水利部，2014年中国水旱灾害公报[M]. 北京：中国水利水电出版社，2015.

[63] 牛运光．水库土石坝滑坡事故经验教训综述 [J]. 大坝与安全，2004 (6)：69-77.

[64] 郭诚谦．沟后水库溃坝原因分析 [J]. 水力发电，1998 (11)：40-45.

[65] 李君纯．青海沟后水库溃坝原因分析 [J]. 岩土工程学报，1994，16 (6)：1-14.

[66] 侯锴，黄延贺．辽宁省德力吉水库溃坝回顾分析 [J]. 黑龙江水利科技，2011，39 (1)：185-186.

[67] 蒋金平，杨正华．中国小型水库溃坝规律与对策 [J]. 岩土工程学报，2008，30 (11)：11-16.

# 第3章　山洪易发区水库大坝脆弱性分析

## 3.1　概述

近年来极端天气现象频现，导致了诸如干旱、强台风、暴雨等一系列极端事件的发生。联合国国际减灾十年框架认为[1]，脆弱性评估是确定极端灾害事件所造成的损害和生命损失的工具，它对拟建结构和工程形式的减灾方案具有举足轻重的作用。

开展山洪易发区内水库大坝脆弱性响应机制、驱动因子、变化规律、评价模型和评价方法以及未来脆弱性预测研究，是提高山洪易发区防灾减灾能力的客观需要，是保障水利工程安全运行和可持续发展的重要理论依据。本章在充分研究山洪影响与水库大坝的响应机制、分析和挖掘水库大坝脆弱性驱动力因子的基础上，建立了基于极端事件、水文气象、工程地质与自然地理等原生脆弱性以及技术、管理、人员和社会等外在脆弱性分析的水库大坝脆弱性评价指标体系，并基于突变理论和模糊数学建立模糊突变模型，对山洪易发区内的水库工程脆弱性进行了评价。

### 3.1.1　脆弱性的基本概念

脆弱性（vulnerability）是一个贯通于自然科学、工程科学和社会科学的重要概念，起源于对自然灾害的研究。脆弱性理论是指研究对象在各种内部、外部因素作用下导致系统本身性能恶化，以至于产生功能崩溃的理论。脆弱性是指系统（自然系统、人类系统、人与自然复合生态系统、基础设施系统等）易于遭受伤害和破坏的一种性质。脆弱性是动态变化的，并且在一定时间范围内具有方向性。

山洪易发区水库大坝本身是一个复杂系统，是由相互联系的若干子系统耦合而成的具有特定功能的多层次结构整体，除了具有复杂性、层次性、隐藏性、突变性等特征之外，还具有脆弱性。当系统脆弱性增加时，意味着水库大坝系统的不确定因素和风险性增加，其结构安全性能将受到更大威胁。特别是在极端灾害性天气事件的胁迫下，系统不确定性因素不断凸显，系统风险不断增加，系统将愈发脆弱。就水库大坝而言，其脆弱性的增减与系统所受的破坏活动和恢复活动有着直接的联系，当恢复活动程度可以制约破坏活动的发展时，水库大坝则处于稳定状态；反之，水库大坝则向脆弱甚至是溃决的方向演化。

水库大坝在运行过程中，由于内部、外部因素的影响，难免会造成系统稳定性降低，脆弱性增加。由于各子系统之间的关联性强，耦合程度高，其中任意一子系统存在缺陷或风险时，会产生连锁反应而威胁到其他关联子系统的安全。当破坏强度超过了系统的自我恢复能力时，则会造成子系统甚至整个系统的溃决，从而引发安全事故。

目前，脆弱性已被应用到灾害管理、生态学、山洪影响等众多研究领域，而其在水库大坝中的应用研究相对较少。鉴于水库大坝脆弱性研究存在不足，为表征水库大坝脆弱性特征，参照其他领域关于脆弱性的界定，综合考虑山洪影响和人类活动影响，提出了山洪影响下水库大坝脆弱性的相关概念，见表3.1。

**表3.1　　水库大坝脆弱性相关概念**

| 名　称 | 定　义 |
|---|---|
| 水库大坝脆弱性 | 由于内部和外部多种不确定性因素的影响，致使水库大坝正常的结构和功能受到破坏或者丧失，使其无法恢复到原来正常状态的性质 |
| 水库大坝脆弱源 | 指能够触发水库大坝脆弱性的各种因素的集合 |
| 破坏活动 $P(\psi_i)$ | 指在水库大坝的某个子系统中发生的可能导致本系统或其他子系统发生事故的破坏活动，其破坏程度用破坏强度表征 |
| 恢复活动 $Q(\psi_i)$ | 指在水库大坝的某个子系统中发生的可能导致本系统或其他子系统从破坏状态恢复到稳定状态的活动，其恢复程度用恢复强度来表征 |
| 水库大坝脆弱度 $R_S(\psi_i)$ | 由于内部、外部干扰力的作用而使水库大坝遭受破坏的程度，破坏活动强度的总和即为总脆弱度 |

上述水库大坝脆弱性相关概念和特征的阐述，为其脆弱性激发条件和因素的预测及其脆弱源的挖掘提供了依据。水库大坝脆弱性是水库大坝系统的固有内在属性，可将水库大坝的脆弱性分为原生脆弱性和外在脆弱性。原生脆弱性是水库大坝本身固有的，不受外部山洪和人类活动影响，它与工程本身以及区域的自然地理条件有关，因此在一定的时期内，原生脆弱性是相对稳定的，是静态的；外在脆弱性则考虑了外界山洪影响和人类活动对水库大坝的影响，它与水库大坝受到诸如暴雨、台风、地震以及低温等各种外界因素有关，并且受外界作用力的种类、强度、大小、持续时间和作用频率的影响。

### 3.1.2 国外脆弱性研究进展

目前国外关于脆弱性的研究主要集中在灾害、生态、地下水和水资源等领域的自然系统以及社会、环境领域的人文系统。对于自然系统，脆弱性研究主要探讨灾害、水资源、生态以及农业等系统对于外界胁迫和扰动作用的适应性及其维持自身稳定的能力。

（1）灾害系统脆弱性。灾害系统脆弱性研究起源于20世纪80年代。国外多采用定性分析方法对灾害脆弱性进行研究，但由于定性评估无法确定各个区域脆弱性的数值大小及空间分布，因而其实际应用受到了一定的限制。随着脆弱性研究的深入，灾害脆弱性开始从定性分析逐渐转入定量评估。Bohle等[3]提出了一个社会空间脆弱性评价模型，该模型揭示了人类、生态、权利、政治经济等因素决定了暴露风险、容量和恢复能力。Turner等[4]提出了SUST脆弱性研究分析框架，该框架给出人类与环境更加宽广的研究范围，认为敏感度、暴露度和恢复力导致了一个系统的脆弱性。Amy等[5]认为脆弱性的研究应考虑灾害临界值、敏感性、暴露度和适应性容量4个问题。Me－Bar等[6]认为脆弱性是灾害临界值的水平，提出了一种指标加权的方法对脆弱性进行评价，给出了标准参考事件和研究事件的绝对脆弱度，并计算研究事件的绝对脆弱度与标准事件的绝对脆弱度之比，即为相对脆弱度。

（2）生态系统脆弱性。生态系统脆弱性的研究始于20世纪80年代，之后许多学者开始对生态系统相关的生态环境、湿地生态等方面的脆弱性进行研究。李克让等[7]认为脆弱性与敏感性和适应性密切相关，生态系统的破坏根源于人类活动和全球气候变化；韩申山等[8]认为脆弱性是一种结果而不是一种原因，是一个相对的概念而不是一个绝对损害程度的度量。IPCC第二次评估报告（1996）指出[9]，人类健康、陆地与水生生态系统和社会经济系统对气候变化的程度和速度是敏感的，其中有些不利影响是不可逆的；IPCC第三次评估报告（2001）综合分析了气候变化对自然和人类系统的影响及其脆弱性；IPCC第四次评估报告（2007）指出人类活动特别是化石燃料的使用，是导致全球变暖的主要原因[10]；IPCC第五次评估报告（2014）指出了气候变化对不同领域和区域的影响，确认了气候变化是导致自然和人类社会系统不利影响和关键风险的主要原因[11]。

（3）水资源系统脆弱性。目前对于水资源脆弱性的研究主要分为地表水资源系统、地下水资源系统和湿地水资源系统3类[12]。国外水资源脆弱性研究源于20世纪60年代法国Albinet和Marget提出的地下水资源脆弱性概念[13]，随后众多学者及研究机构都对地下水资源脆弱性概念与评价方法进行了深入研究。1993年，美国国家科学研究委员会提出了地下水脆弱性的定义[14]。1999年，Doerfliger等[15]利用EPIK法和GIS技术对岩溶地区水资源脆弱性进行了评价。2000年，Charles等在预测1985—2025年气候变化及人口增长条件下，进行了水资源的脆弱性分析。近年来，随着科学技术的高速发展，GIS等高新技术被引入水资源脆弱性评价中。

### 3.1.3 国内脆弱性研究进展

(1) 灾害系统脆弱性。我国对于灾害脆弱性的研究开始于20世纪末，主要采用定性和定量的分析方法开展研究。商彦蕊等[16]对人为因素在农业灾害中的作用进行了探讨，分析了农业脆弱性。樊运晓等[17]建立了承灾体脆弱性指标体系，采用层次分析法计算指标权重，计算得到灾害脆弱性的达成度。刘兰芳等[18]建立了湖南衡阳市农业旱灾脆弱性评估模型，采用因素成对比较法计算权重，得出衡阳市中部脆弱度高于东西两侧的结论，并提出了相应的减小脆弱性措施。吕娟等[19]研究了重庆市干旱的脆弱性。倪深海等[20]将农业干旱系统分为水资源的承载能力、抗旱能力和农业旱灾3个子系统，选取人均水资源量、耕地灌溉率和水库蓄水率等7个指标，建立了农业干旱脆弱性分区层次分析模型。

(2) 生态系统脆弱性。在气候变化大背景下，国内对于生态系统脆弱性的研究较多，用于脆弱性评价的方法主要有模型模拟法、指标评价法和对比研究法3种，而基于量化评价的指标评价法应用最为广泛。国内许多研究者从不同角度论述了脆弱生态环境的内涵、成因，并提出了减缓生态环境脆弱性的对策，认为未来生态环境的变化将对人类的生存与可持续发展产生巨大的影响。王言荣等[21]选取年平均降水量、年均气温、人口密度等影响山西省生态环境的12个指标，利用层次分析法确定指标权重，对山西省各县生态环境的脆弱性进行了模糊综合评价。叶伟正[22]研究分析了淮河流域湿地的类型构成，从生态脆弱性的角度阐述了淮河流域湿地的脆弱性特征。

(3) 水资源系统脆弱性。国内早期有关水资源脆弱性的研究主要集中在地下水方面。刘淑芳等[23]、郑西来等[24]分别对河北平原及西安市潜水的脆弱性进行了评价研究。进入21世纪后，地表及区域水资源的脆弱性研究相继开展。宋承新等[25]通过对水资源脆弱性的研究，全面分析了山东省缺水问题。邹君等[26]实现了对多个地区地表水资源的脆弱性的评价研究，并提出了地表水资源脆弱性的概念、内涵和评价方法。刘金芳[27]对沈阳市水资源脆弱性与区域发展的关系进行了探讨。陈康宁等[28]对河北省水资源系统的脆弱性进行了评价。

## 3.2 水库大坝脆弱性特征

水库大坝具有很强的综合性，是一个集气候、地理、生态环境、社会经济以及工程技术的复杂系统，影响水库大坝安全的因素众多，与力学、地质等多学科联系密切，涉及水体、岩土等多种介质的耦合作用，既受到内在因素和外生因素的影响，又受山洪影响和人类活动的扰动和胁迫。因此，水库大坝的脆弱性是原生和外在因素共同作用的结果，都在一定程度上对水库大坝的系统安全产生间接或者直接的影响，从而改变水库大坝系统的功能、结构和特性，影响着水库大坝的安全运行。

### 3.2.1 影响大坝脆弱性因素

#### 3.2.1.1 原生因素

水库大坝本身的结构和功能的稳定程度将直接关系整个系统脆弱性的大小，决定着系统受到破坏和伤害的可能性以及抵御外来作用能力的大小。水库大坝的脆弱性通常以稳定性和安全性来表征，因此，工程结构越稳定，功能越完善，则其安全性越高，脆弱性越低，恢复的能力也就越强，系统越稳定。

水库大坝的原生脆弱性主要来源于工程本身的自然禀赋，主要包括极端事件、水文气象、工程地质与自然地理环境等自然系统因素。由于水库大坝结构和工作条件非常复杂，子系统众多，受区域自然因素影响极大，故而上述自然因素对水库大坝脆弱性的影响不容小觑。极端事件影响因素主要包括极端降雨、极端气温、地质灾害和不可抗力因素等；水文气象主要考察工程区域的气候类型和降水分布规律；工程地质则从对库区和枢纽区的地质状况进行评价，主要考察地质稳定性、渗漏情况、淤积和淹没情况等；自然地理则对工程区域的人类活动强度、植被状况和海拔高度进行评价。对于水库大坝而言，其工程结构越复杂，功能越完善，工程区域山洪影响出现的概率越低，水文气象条件越好，工程地理位置越优越，生态环境越和谐，则整个水利系统的脆弱性越弱；反之，脆弱性越强。

#### 3.2.1.2 外在因素

Chambers 认为脆弱性是事物对灾害的敏感性，它表示一个系统对压力、扰动的敏感性和暴露度，对灾害的临界状态以及适应外部条件的能力，这些冲击、压力和扰动通常指外部压力，对系统会产生潜在的不利影响。对于水库大坝而言，外界对其脆弱性的影响因素主要在于山洪影响的扰动和人类活动的胁迫作用，山洪影响扰动作用的大小以及人类活动不同的胁迫程度将对水库大坝的脆弱性产生不同的影响。近些年来由于山洪影响的扰动作用，极大地触发了水库大坝的脆弱性。由于气候要素与水利要素之间有着复杂的非线性关系，不同区域的山洪影响环境下，外在因素对水库大坝的影响有着较大的差异，即使在同一工程区域和气候环境下，因其时空分布和强度变化的差异都会对水库大坝产生不同的影响，因此水库大坝对于极端山洪影响的响应是极为复杂的。

然而，外界对于水库大坝脆弱性的影响因素不仅仅只有山洪影响，人类活动的胁迫起着更为关键的作用。人类活动对于自然的改造强度日益加大，水库大坝及调水工程数量剧增，直接改变了水文循环的时空分布，在某些程度上触发了工程脆弱性。人类城市化进程的加速，水利资源的过度利用，植被覆盖面积骤减以及温室气体浓度的增加，直接或间接地影响了工程所在区域的水文循环，导致水库大坝与自然环境的矛盾不断凸显，使得其脆弱性不断增大，这些脆弱性不仅仅表现在自然系统，还表现在技术、管理、社会和人员等方面。在技术层面所引发的脆弱性主要表现在工程质量、机械设备、技术水平以及生产活动等方面。管理层面主要表现在安全管理机制、安全监督制度、安全制度规程以及应急预警机制等方面。社会层面主要表现在政治、经济、文化以及教育等方面。人员层面主要表现在安全意识、身心条件、教育水平和自身素质等方面。无论是降雨、蓄水、地震、冲刷等外部自然因素，还是结构缺陷、材料老化、地基缺陷、泄流能力不足等技术因素；无论是调度运行不当、操作失误等人员因素，还是战争、恐怖袭击及金融危机等社会因素，其相互之间的复杂互馈和综合作用，都在一定的程度上诱发了水库大坝的脆弱性，决定着水库大坝安全状况和演化发展趋势。由此可知，无论是山洪影响还是人类活动，都对水库大坝的脆弱性起着至关重要的影响，其作用不容忽视。

### 3.2.2 水库大坝脆弱性特征

由于水库大坝的结构、功能以及工程所在区域自然条件、社会经济水平和人类活动影响强度存在差异，因此不同区域的水库大坝呈现出相对稳定性、动态性、不确定性、反馈性和隐蔽滞后性的特征。

(1) 相对稳定性。水库大坝的脆弱性受内部和外界作用力的影响，由于不同区域的水资源状况、气候条件、生物种类、人类活动以及社会经济发展水平等影响因素的差异较大，并具有时空异质性，因此导致水库大坝脆弱性的大小、时空分布和变化趋势存在差异。但是在特定的区域和时间范围内，水库大坝的结构和功能受到诸如山洪、人类活动的影响是有限的，同时短期内的社会经济水平也不会发生重大的变化，因而水库大坝的脆弱性会呈现出相对的稳定

性。该区域内水库大坝的脆弱性不过是相对另一个区域而言的，其脆弱性的变化是相对的，并非绝对的，因而水库大坝脆弱性具有相对稳定性的特征。

（2）动态性。由于外界作用、人类活动以及气候因素对水库大坝的胁迫和扰动，水库大坝的结构和功能时刻都在发生着变化，加上水库大坝建设本身就改变了区域范围内的径流时空分布和水资源状况，影响了当地地表水和地下水的分配比例和原始的生态环境。在气候因素和人类活动的影响下，一方面水库大坝调配了该区域的水利资源分布，增强了当地抵御干旱和洪涝灾害的能力，促进了人类与自然环境的和谐发展，降低了水库大坝的脆弱性；另一方面，水库大坝的建设，改变了当地原有的生态环境，导致生态恶化，物种减少，水土流失增加，森林覆盖率降低等一系列副作用，使得水库大坝应对自然灾害的能力大大降低，水库大坝的脆弱性增加。由此看来，水库大坝的脆弱性大小随着外界影响因素的种类和强度的大小而不断变化，呈现动态演化的特点。当工程本身的恢复活动程度可制约外界作用力的破坏活动时，水库大坝则处于稳定状态；当外界的作用力超过工程本身可恢复能力时，水库大坝则向脆弱甚至是溃决的方向演化。

（3）不确定性。由于山洪影响通常具有随机性和突发性，加上水库大坝属于非线性的系统，本身存在大量的不确定因素和受外界人为因素的影响，因此人们对于水库大坝脆弱性的发展方向认识和掌握的信息依旧是不完备的，故而水库大坝的脆弱性具有不确定性。水库大坝自身的适应和调节能力是有限的，当外界山洪影响以及人类的胁迫作用超过了水库大坝自身的调节和修复能力时，其功能和结构将会受到严重的破坏，此时水库大坝的脆弱性将会被触发，当达到脆弱极点时，整个系统将会崩溃，而这个极点将会在什么时候被触发，又该如何予以消除，是不确定的。

（4）隐蔽滞后性。水库大坝的结构和功能出现破坏往往出现在内外界因素变动后，而这些因素所起的效应也往往是副效应，破坏现象的出现正是这些因素发挥副作用后对水库大坝形成的反馈。这种反馈，形成于系统结构和功能破坏之后，具有滞后性，并且其滞后具有隐蔽性，一般难以发现，当负效应积累到一定程度时便可实现从量变到质变的转化，造成系统的突然崩溃。也正因为水库大坝的隐蔽滞后性，使得其难以被检测和预测，给工程安全带来更大的威胁。

## 3.3　水库大坝脆弱性评价指标体系的建立

山洪灾害导致了一系列水库大坝灾害事件的发生，究其原因，主要是因为激发了水库大坝的脆弱性。而水库大坝脆弱性的激发因素是多方面的，既有水库大坝自身的因素，又有外生因素的干扰，内外因素的共同作用才触发了其脆弱性，导致了灾害性水库大坝事故的发生。因此，充分研究山洪影响与水库大坝的响应机制，分析和挖掘水库大坝脆弱性触发的驱动力因子，建立符合水库大坝及其脆弱性特性的脆弱性评价指标体系具有极其重要的意义。本书建立的山洪影响下水库大坝脆弱性评价指标体系见图 3.1。

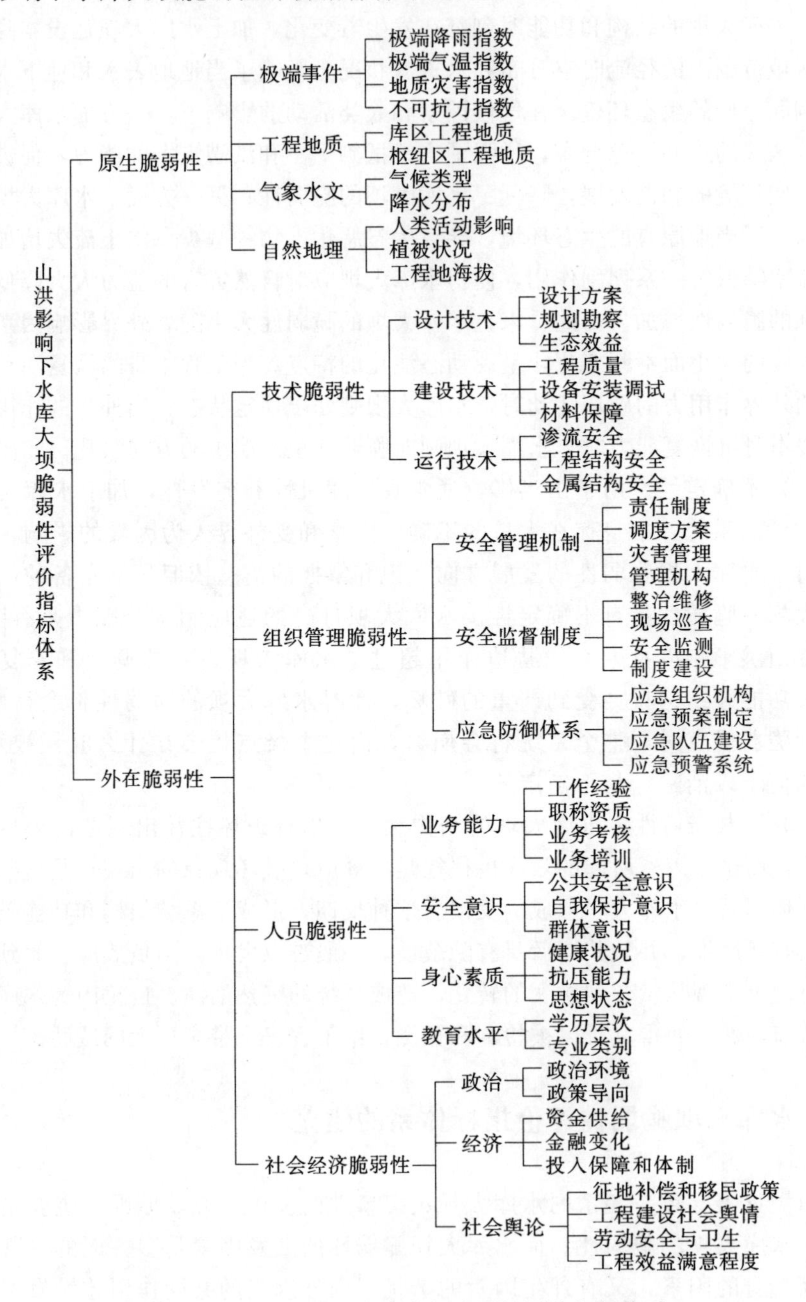


图 3.1　山洪影响下水库大坝脆弱性评价指标体系

### 3.3.1 原生脆弱性

水库大坝的原生脆弱性（$Y$）是指水库大坝受到地理和气候等自然因素的胁迫所触发的脆弱性，是系统的本质脆弱性。由于山洪易发区内水库大坝对地理环境和地质条件的依赖性强，因此选取极端事件（$E$）、水文气象（$H$）、工程地质（$G$）以及自然地理（$N$）四大类指标对水库大坝的原生脆弱性（$Y$）予以评估，见图 3.2。

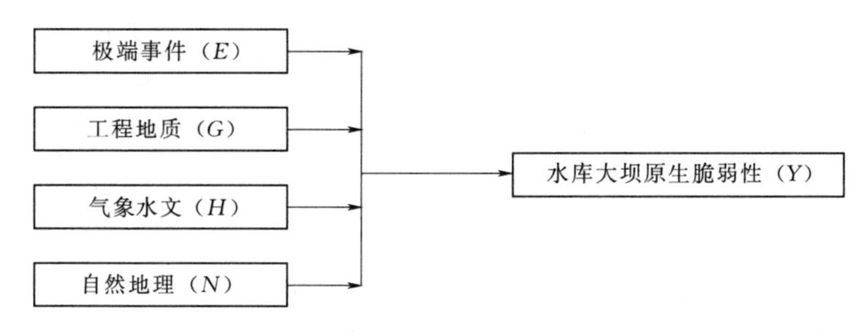


图 3.2　水库大坝原生脆弱性指标

#### 3.3.1.1 极端事件脆弱性

近年来极端气候的频繁发生给水库大坝带来了严重的挑战和威胁，因此，把极端事件指数作为水库大坝原生脆弱性评价的首要指标。在工程区域内的原有环境条件设定为极端事件下加以衡量，以提前考虑山洪因素的影响，避免极端环境对水库大坝造成破坏，极端环境指数以极端降雨指数（$E_1$）、极端气温指数（$E_2$）、地质灾害指数（$E_3$）和不可抗力指数（$E_4$）（地震、台风等）指数 4 个因素加以表征，见表 3.2。

**表 3.2　水库大坝极端事件脆弱性影响因素**

| 脆弱性类别 | 一级影响因素 | 二级影响因素 |
|---|---|---|
| 原生脆弱性（$Y$） | 极端事件（$E$） | 极端降雨指数（$E_1$） |
| | | 极端气温指数（$E_2$） |
| | | 地质灾害指数（$E_3$） |
| | | 不可抗力指数（$E_4$） |

#### 3.3.1.2 工程地质和气象水文脆弱性

工程地质状况主要针对库区和枢纽区，而工程地质引发的水库大坝脆弱性主要体现为渗漏（$G_{11}$）、库岸及边坡失稳（$G_{12}$）、淹没浸没（$G_{13}$）、淤积（$G_{14}$）、基本地质条件（$G_{21}$）、稳定性（$G_{22}$）、渗漏（$G_{23}$）、其他建筑物地质（$G_{24}$）等情况，一旦出现这些情况将对水库大坝造成严重的威胁；气象水文条件指工程区域内水文和气象因素的变化，主要包含气候类型（$H_1$）、降水分布

($H_2$) 等气象指数，其中年平均降水量越均匀，对水库大坝的影响越小，水库大坝的脆弱性越弱。水库大坝地质及气象水文脆弱性影响因素见表3.3。

表3.3　水库大坝地质及气象水文脆弱性影响因素

| 脆弱性类别 | 一级影响因素 | 二级影响因素 | 三级影响因素 |
|---|---|---|---|
| 原生脆弱性 ($Y$) | 工程地质 ($G$) | 库区工程地质 ($G_1$) | 渗漏 ($G_{11}$) |
| | | | 库岸及边坡稳定 ($G_{12}$) |
| | | | 淹没浸没 ($G_{13}$) |
| | | | 淤积 ($G_{14}$) |
| | | 枢纽区工程地质 ($G_2$) | 基本地质条件 ($G_{21}$) |
| | | | 稳定性 ($G_{22}$) |
| | | | 渗漏 ($G_{23}$) |
| | | | 其他建筑物地质 ($G_{24}$) |
| | 气象水文 ($H$) | 气候类型 ($H_1$) | |
| | | 降水分布 ($H_2$) | |

### 3.3.1.3　自然地理脆弱性

自然地理指数主要指工程区域内的地理环境，如人类活动影响 ($N_1$)、植被状况 ($N_2$) 和工程地海拔 ($N_3$) 等，其中海拔的高低和垂直落差的大小是工程水能规模的体现指标。单位面积物种数量能表示区域生态环境的复杂程度，对大坝脆弱性有较大影响。物种越多，恢复能力越大，对周围环境的适应力越强，系统的脆弱性越弱。水库大坝自然地理脆弱性影响因素见表3.4。

表3.4　水库大坝自然地理脆弱性影响因素

| 脆弱性类别 | 一级影响因素 | 二级影响因素 |
|---|---|---|
| 原生脆弱性 ($Y$) | 自然地理 ($N$) | 人类活动影响 ($N_1$) |
| | | 植被状况 ($N_2$) |
| | | 工程地海拔 ($N_3$) |

## 3.3.2　外在脆弱性

水库大坝脆弱性的激发是由内在和外部作用胁迫产生的，由于内在作用是自然系统固有的，因此其对于水库大坝的影响具有偶然性，其可预防程度较低。对于考虑外界作用而触发的水库大坝外在脆弱性 ($W$)，却在一定程度上可以预测，以降低甚至是可以消除水库大坝脆弱性。从技术 ($T$)、管理 ($M$)、人员 ($P$) 以及社会 ($S$) 脆弱性4个层面选取相关指标，作为水库大坝外在脆弱性指标，对水库大坝外在脆弱性予以评价，见图3.3。

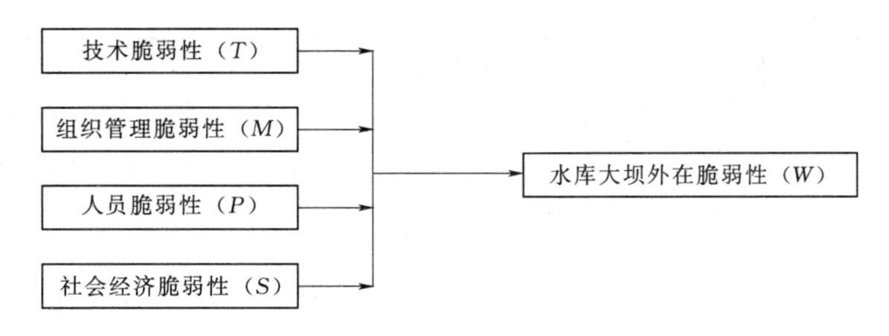


图 3.3 水库大坝外在脆弱性指标

#### 3.3.2.1 技术脆弱性

技术脆弱性指水库大坝在设计、建设以及运行过程中由于多因素作用而导致的可能危及工程安全的潜在风险而引发的脆弱性，其主要来源于设计技术、建设技术以及运行技术 3 个方面。水库大坝由于建造周期长、投资规模大，涉及专业广，对技术的依赖性强，技术水平的高低将直接影响整个工程的安全。因此，在水库大坝的开发建设过程中应尽量避免触发与水库大坝相关的技术脆弱性，将其降到最小，是保障水库大坝安全的重点。水库大坝技术脆弱性存在于它的整个生命周期，主要来源于工程设计规划、建设和运行管理 3 个阶段，各阶段之间相互关联，其中任一阶段的脆弱性被激发将给下一阶段造成潜在的威胁，致使整个工程脆弱性的累积。水库大坝技术脆弱性见图 3.4。

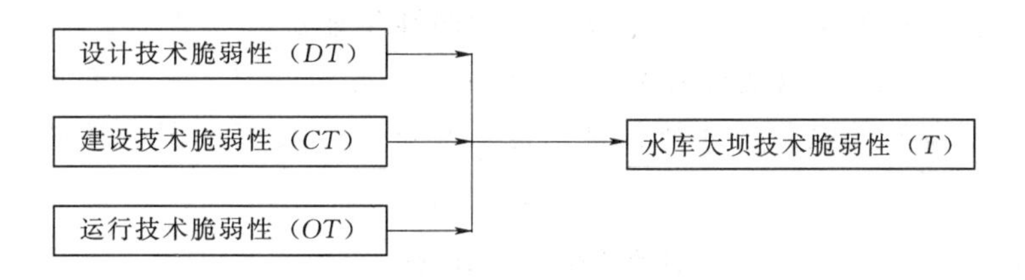


图 3.4 水库大坝技术脆弱性指标

1. 设计技术脆弱性（$DT$）

设计技术脆弱性包括技术方案（$DT_1$）、规划勘察（$DT_2$）和生态效益（$DT_3$）3 方面的影响指标。水库大坝设计技术脆弱性影响因素见表 3.5。

**表 3.5 水库大坝设计技术脆弱性影响因素**

| 脆弱性类别 | 一级影响因素 | 二级影响因素 | 三级影响因素 | 四级影响因素 |
| --- | --- | --- | --- | --- |
| 外在脆弱性（$W$） | 技术脆弱性（$T$） | 设计技术脆弱性（$DT$） | 设计方案（$DT_1$） | 防洪标准（$DT_{11}$） |
| | | | | 抗震性能（$DT_{12}$） |
| | | | | 设备选型（$DT_{13}$） |

续表

| 脆弱性类别 | 一级影响因素 | 二级影响因素 | 三级影响因素 | 四级影响因素 |
|---|---|---|---|---|
| 外在脆弱性（$W$） | 技术脆弱性（$T$） | 设计技术脆弱性（$DT$） | 规划勘察（$DT_2$） | 实地勘测（$DT_{21}$） |
| | | | | 技术论证（$DT_{22}$） |
| | | | | 审批程序（$DT_{23}$） |
| | | | 生态效益（$DT_3$） | 环保设计（$DT_{31}$） |
| | | | | 水土保持（$DT_{32}$） |
| | | | | 节能降耗（$DT_{33}$） |

技术方案从防洪标准、抗震性能和设备选型是否符合标准和规范要求进行评估，其中防洪标准包括设计洪水、调洪计算、抗洪能力等指标，抗震性能则从坝体工程、泄洪工程和其他建筑物进行评估；设备的选择对整个工程的安全性和稳定性起重要作用，因此在满足安全和稳定性的基础下，侧重于从预期效能、购置成本和维护费用对设备的性价比进行考察，以便选择周期成本最小、价值增值最大的设备；规划勘察主要从实地勘测、技术论证以及审批程序等方面予以评估。由于水库大坝对于生态环境的影响巨大，而生态环境的破坏将直接或间接引发水库大坝的脆弱性，从而对水库大坝的安全造成威胁，因此应对水库大坝的生态效益予以评价。

2. 建设技术脆弱性（$CT$）

建设阶段基于规划设计的基础之上，对后期的运行管理有着重要的关联性，是保证工程安全的基础。建设技术脆弱性主要源于工程质量（$CT_1$）、设备安装调试（$CT_2$）以及材料保障（$CT_3$）3 个方面（表 3.6）。只有尽量降低上述 3 个脆弱源的风险，才能保证水库大坝在预期投资范围内按质按时按量完成。

**表 3.6　　水库大坝建设技术脆弱性影响**

| 脆弱性类别 | 一级影响因素 | 二级影响因素 | 三级影响因素 | 四级影响因素 |
|---|---|---|---|---|
| 外在脆弱性（$W$） | 技术脆弱性（$T$） | 建设技术脆弱性（$CT$） | 工程质量（$CT_1$） | 施工组织计划（$CT_{11}$） |
| | | | | 施工质量控制（$CT_{12}$） |
| | | | | 施工队伍选择（$CT_{13}$） |
| | | | 设备安装调试（$CT_2$） | 操作规程规范（$CT_{21}$） |
| | | | | 操作人员资质（$CT_{22}$） |
| | | | | 技术支持保障（$CT_{23}$） |
| | | | 材料保障（$CT_3$） | 材料性能（$CT_{31}$） |
| | | | | 材料供应（$CT_{32}$） |

工程质量是保障工程安全的核心工作，其中任何环节出现问题将导致整个工程的脆弱性大幅增加，从施工组织计划（$CT_{11}$）、施工质量控制（$CT_{12}$）和施工队伍选择（$CT_{13}$）3个方面对工程质量予以评估；水库大坝设备种类繁多，体积庞大，造价高，且安装调试作业环境特殊，涉及技术和工种庞杂，施工难度大，细微差错将影响整个工程建设周期和运行安全，选取操作规程规范（$CT_{21}$）、操作人员资质（$CT_{22}$）和技术保障支持（$CT_{23}$）予以表征；材料保障是工程建设的先行基础，在施工过程中应着重关注材料性能（$CT_{31}$）和材料供应（$CT_{32}$）两大环节，以确保工程顺利进行。

3. 运行技术脆弱性（$OT$）

运行技术脆弱性主要指在水库大坝运行过程中由于运行管理综合水平、调度方案、结构安全维护等方面出现问题而引发可能影响工程稳定性和可靠性的脆弱性，为此主要从渗流安全（$OT_1$）、工程结构安全（$OT_2$）、金属结构安全（$OT_3$）等3方面进行评价。渗流安全通过对水库大坝等建筑物的现场检查（$OT_{11}$）、实测资料（$OT_{12}$）和计算分析（$OT_{13}$）进行评价；工程结构安全通过对水库大坝等建筑物的结构稳定性（$OT_{21}$）、强度检测（$OT_{22}$）和观测分析（$OT_{23}$）进行评价；金属结构安全则从现场检查（$OT_{31}$）、监测分析（$OT_{32}$）和安全维护（$OT_{33}$）3个方面对闸门、启闭设备等金属结构予以评价。水库大坝运行技术脆弱性各影响因素见表3.7。

**表3.7 水库大坝运行技术脆弱性影响因素**

| 脆弱性类别 | 一级影响因素 | 二级影响因素 | 三级影响因素 | 四级影响因素 |
|---|---|---|---|---|
| 外在脆弱性（$W$） | 技术脆弱性（$T$） | 运行技术脆弱性（$OT$） | 渗流安全（$OT_1$） | 现场检查（$OT_{11}$） |
| | | | | 实测资料（$OT_{12}$） |
| | | | | 计算分析（$OT_{13}$） |
| | | | 工程结构安全（$OT_2$） | 结构稳定性（$OT_{21}$） |
| | | | | 强度检测（$OT_{22}$） |
| | | | | 观测分析（$OT_{23}$） |
| | | | 金属结构安全（$OT_3$） | 现场检查（$OT_{31}$） |
| | | | | 监测分析（$OT_{32}$） |
| | | | | 安全维护（$OT_{33}$） |

#### 3.3.2.2 组织管理脆弱性

水库大坝管理是指综合采用法律、行政、技术、经济等手段，科学合理组织水库大坝的建设与运行，保障水库大坝安全，促进效益发挥，满足社会经济发展对水库大坝综合效益的需求。我国水库大坝数量巨大，其中相当一部分建于20世纪五六十年代，受当时技术水平限制，或多或少都存在工程质量问题，加之长期疏于管理，进一步加大了工程的脆弱性。特别是在极端事件下，使工程质量问题更加凸显，工程的脆弱性被极大地激发，致使工程面临前所未有的安全威胁。对于水库大坝而言，其管理脆弱性主要来源于安全管理机制（$M_1$）、安全监督制度（$M_2$）和应急防御体系（$M_3$）3个方面。水库大坝组织管理脆弱性影响因素见表3.8。

**表3.8 水库大坝组织管理脆弱性影响因素**

| 脆弱性类别 | 一级影响因素 | 二级影响因素 | 三级影响因素 |
|---|---|---|---|
| 外在脆弱性（$W$） | 组织管理脆弱性（$M$） | 安全管理机制（$M_1$） | 责任制度（$M_{11}$） |
| | | | 调度方案（$M_{12}$） |
| | | | 灾害管理（$M_{13}$） |
| | | | 管理机构（$M_{14}$） |
| | | 安全监督制度（$M_2$） | 整治维修（$M_{21}$） |
| | | | 现场巡查（$M_{22}$） |
| | | | 安全监测（$M_{23}$） |
| | | | 制度建设（$M_{24}$） |
| | | 应急防御体系（$M_3$） | 应急组织机构（$M_{31}$） |
| | | | 应急预案制定（$M_{32}$） |
| | | | 应急队伍建设（$M_{33}$） |
| | | | 应急预警系统（$M_{34}$） |

安全管理机制从责任制度（$M_{11}$）、调度方案（$M_{12}$）、灾害管理（$M_{13}$）、管理机构（$M_{14}$）等4个方面进行评价；安全监督制度从整治维修（$M_{21}$）、现场巡查（$M_{22}$）、安全监测（$M_{23}$）、制度建设（$M_{24}$）等4个方面进行评价；应急防御体系是极端事件下"安全第一，防御为主"思想的具体体现，主要从应急组织机构（$M_{31}$）、应急预案制定（$M_{32}$）、应急队伍建设（$M_{33}$）、应急预警系统（$M_{34}$）等4个方面进行评价。因此，在水库大坝的组织管理过程中应优化工作流程、组织方案，健全管理制度，落实监督责任和完善应急防御体系，积极应对山洪影响，以减少水库大坝潜在脆弱性，为水库大坝的安全运行保驾护航。

#### 3.3.2.3 人员脆弱性

自然因素、技术、组织、管理以及社会因素对水库大坝脆弱性的驱动作用举足轻重，随着科学技术的发展，社会经济、管理、教育和文化水平不断提高，水库大坝的安全可靠性得到了突飞猛进的提升。但由于人的作用始终贯穿于整个水利系统的管理和生产过程之中，在很大程度上起着主要的支配和控制作用，因此人的错误行为随时都可能成为激发水库大坝脆弱性的重要脆弱源。据有关数据显示，由于人员的疏忽和错误行为活动，如施工方式不当、安全措施不到位、管理疏漏等，导致的水库大坝安全事故屡见不鲜，所以，对水库大坝相关工作人员进行考核，是有效提高水库大坝的安全稳定性、降低水库大坝脆弱性和安全风险不可或缺的途径。人员脆弱性影响因素见表 3.9。

**表 3.9　水库大坝人员脆弱性影响因素**

| 脆弱性类别 | 一级影响因素 | 二级影响因素 | 三级影响因素 |
|---|---|---|---|
| 外在脆弱性（$W$） | 人员脆弱性（$P$） | 业务能力（$P_1$） | 工作经验（$P_{11}$） |
| | | | 职称资质（$P_{12}$） |
| | | | 业务培训（$P_{13}$） |
| | | | 业务考核（$P_{14}$） |
| | | 安全意识（$P_2$） | 公共安全意识（$P_{21}$） |
| | | | 自我保护意识（$P_{22}$） |
| | | | 群体意识（$P_{23}$） |
| | | 身心素质（$P_3$） | 健康状况（$P_{31}$） |
| | | | 抗压能力（$P_{32}$） |
| | | | 思想状态（$P_{33}$） |
| | | 教育水平（$P_4$） | 学历层次（$P_{41}$） |
| | | | 专业类别（$P_{42}$） |

### 3.3.2.4　社会经济脆弱性

水库大坝受社会因素的影响较大，与工程区域内的政治、经济以及文化等社会条件密切相关，经济基础的优劣、政治环境的稳定状况以及文化教育水平高低都直接或者间接地对该区域内的水库大坝产生潜在的影响，都有可能在一定条件下激发水库大坝的脆弱性。为此从政治脆弱性（$SP$）、经济脆弱性（$SE$）和社会舆论脆弱性（$SS$）3 个方面对水库大坝的社会经济脆弱性进行评价，见图 3.5。

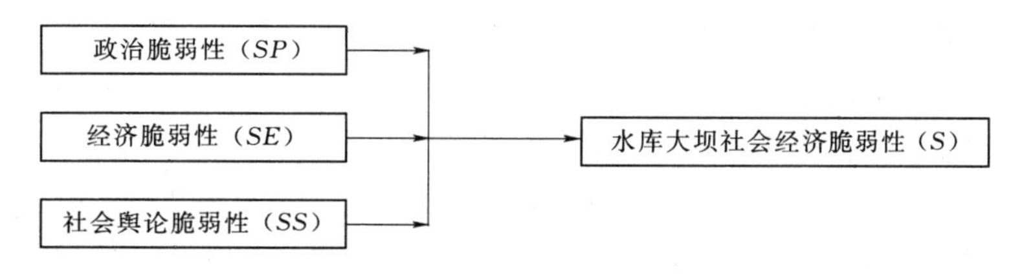


图 3.5　水库大坝社会经济脆弱性指标

(1) 政治脆弱性（$SP$）。在国家安定团结大环境下，水库大坝区域的政治情况依然会对水库大坝的安全造成影响，特别是在个别突发情况下，政治脆弱性易被激发，如恐怖事件、由征地、移民问题而引发的暴力事件等。对于水库大坝，政治脆弱性主要来源于政治环境（$SP_1$）和政策导向（$SP_2$），其中政治环境主要从当地治安状况（$SP_{11}$）、民族分布（$SP_{12}$）、宗教信仰（$SP_{13}$）等情况进行评价；政策导向从国家和政府层面的法律法规（$SP_{21}$）、决策规划（$SP_{22}$）、宏观调控（$SP_{23}$）和投资补贴（$SP_{24}$）等方面进行评估，如制定法律法规、颁布水利文件、制定水利产业规划等。水库大坝政治脆弱性因素见表 3.10。

**表 3.10　水库大坝政治脆弱性因素**

| 脆弱性类别 | 一级影响因素 | 二级影响因素 | 三级影响因素 | 四级影响因素 |
|---|---|---|---|---|
| 外在脆弱性 | 社会经济脆弱性（$S$） | 政治脆弱性（$SP$） | 政治环境（$SP_1$） | 治安状况（$SP_{11}$） |
| | | | | 民族分布（$SP_{12}$） |
| | | | | 宗教信仰（$SP_{13}$） |
| | | | 政策导向（$SP_2$） | 法律法规（$SP_{21}$） |
| | | | | 决策规划（$SP_{22}$） |
| | | | | 宏观调控（$SP_{23}$） |
| | | | | 投资补贴（$SP_{24}$） |

(2) 经济脆弱性（$SE$）。国内水库大坝项目的投资规模一般较大，且项目资金基本都来源于国家和政府，水库大坝经济脆弱性一般难以引发。但近年来，由于金融变化、通货膨胀、利率变更等引起的合同变更、费用超支以及施工索赔等水库大坝相关的经济事件时有发生，易影响工程建设周期，同时导致了大量工程质量问题出现。因此从资金供给（$SE_1$）、金融变化（$SE_2$）和投入保障体制（$SE_3$）3 个方面对水库大坝经济脆弱性予以评价，见表 3.11。

**表 3.11　水库大坝经济脆弱性影响因素**

| 脆弱性类别 | 一级影响因素 | 二级影响因素 | 三级影响因素 |
|---|---|---|---|
| 外在脆弱性（$W$） | 社会经济脆弱性（$S$） | 经济脆弱性（$SE$） | 资金供给（$SE_1$） |
| | | | 金融变化（$SE_2$） |
| | | | 投入保障体制（$SE_3$） |

(3) 社会舆论脆弱性（SS）。山洪影响下的水库大坝脆弱性凸显，工程所在区域居民对水库大坝相关事件处理方式及态度会更加敏感，因此，在极端事件下，需要充分考虑工程所在区域的社会舆论情况，避免发生因民众舆论而引发破坏工程安全的行为。如表 3.12 所示，社会舆论脆弱性具体体现为征地补偿及移民政策（$SS_1$）、工程建设社会舆论（$SS_2$）、劳动安全与卫生（$SS_3$）、

工程效益满意程度（$SS_4$）等。

表 3.12 水库大坝社会舆论脆弱性影响因素

| 脆弱性类别 | 一级影响因素 | 二级影响因素 | 三级影响因素 |
|---|---|---|---|
| 外在脆弱性（$W$） | 社会经济脆弱性（$S$） | 社会舆论（$SS$） | 征地补偿及移民政策（$SS_1$） |
| | | | 工程建设社会舆论（$SS_2$） |
| | | | 劳动安全与卫生（$SS_3$） |
| | | | 工程效益满意程度（$SS_4$） |

## 3.4 基于突变理论的水库大坝脆弱性评价

### 3.4.1 模糊突变评价指标体系

通过水库大坝脆弱性的演化研究可知，当影响系统稳定性的控制变量跨越分叉集时，系统的脆弱性会被极大地激发并发生突跳，导致系统从安全状态跳跃到崩溃状态。水库大坝脆弱性评价指标体系及相应突变理论模型如图 3.6 所示。由于水库大坝系统的复杂性和影响因素的多层次性，将整个系统逐级细分成由多个指标组成的多层系统，将激发水库大坝脆弱性的控制变量分为原生脆弱性和外在脆弱性 2 个层次，其中原生脆弱性归结为极端事件、水文气象、工程地质和自然地理 4 大类，外生脆弱性归结为技术、管理、人员和社会脆弱性 4 大类，共计 76 项影响指标。以某实际水库工程为例，依据突变理论原理，对影响指标进行重要性对比并排序，并根据底层指标数量，选用尖点突变（J）、燕尾突变（Y）和蝴蝶突变（H）模型等不同突变模型，按照相应的归一公式逐层向上进行量化递归运算，最终求得最高层评价指标突变级数值，并依据评判集进行脆弱性评价。

### 3.4.2 基本指标分析

根据水库大坝脆弱性评价指标体系及对水库工程脆弱性的分析可知：水库大坝脆弱性的激发是原生脆弱性和外在脆弱性共同作用的结果。原生脆弱性包括极端事件（$E$）、工程地质（$G$）、气象水文（$H$）以及自然地理（$N$）4 方面影响因素，包含 17 项基本指标，其中降水分布（$H_2$）、植被状况（$N_2$）、工程地海拔（$N_3$）等 3 项指标为定量指标，其他 14 项为定性指标。

水库大坝外在脆弱性主要源于技术（$T$）、管理（$M$）、人员（$P$）、社会（$S$）脆弱性 4 个层面，其中技术脆弱性维度包括 26 项基本指标；管理脆弱性维度包括 12 项基本指标；人员脆弱性维度包含 12 项基本指标；社会脆弱性维度包括 9 项基本指标。因此，水库工程外在脆弱性影响指标共计 59 项。

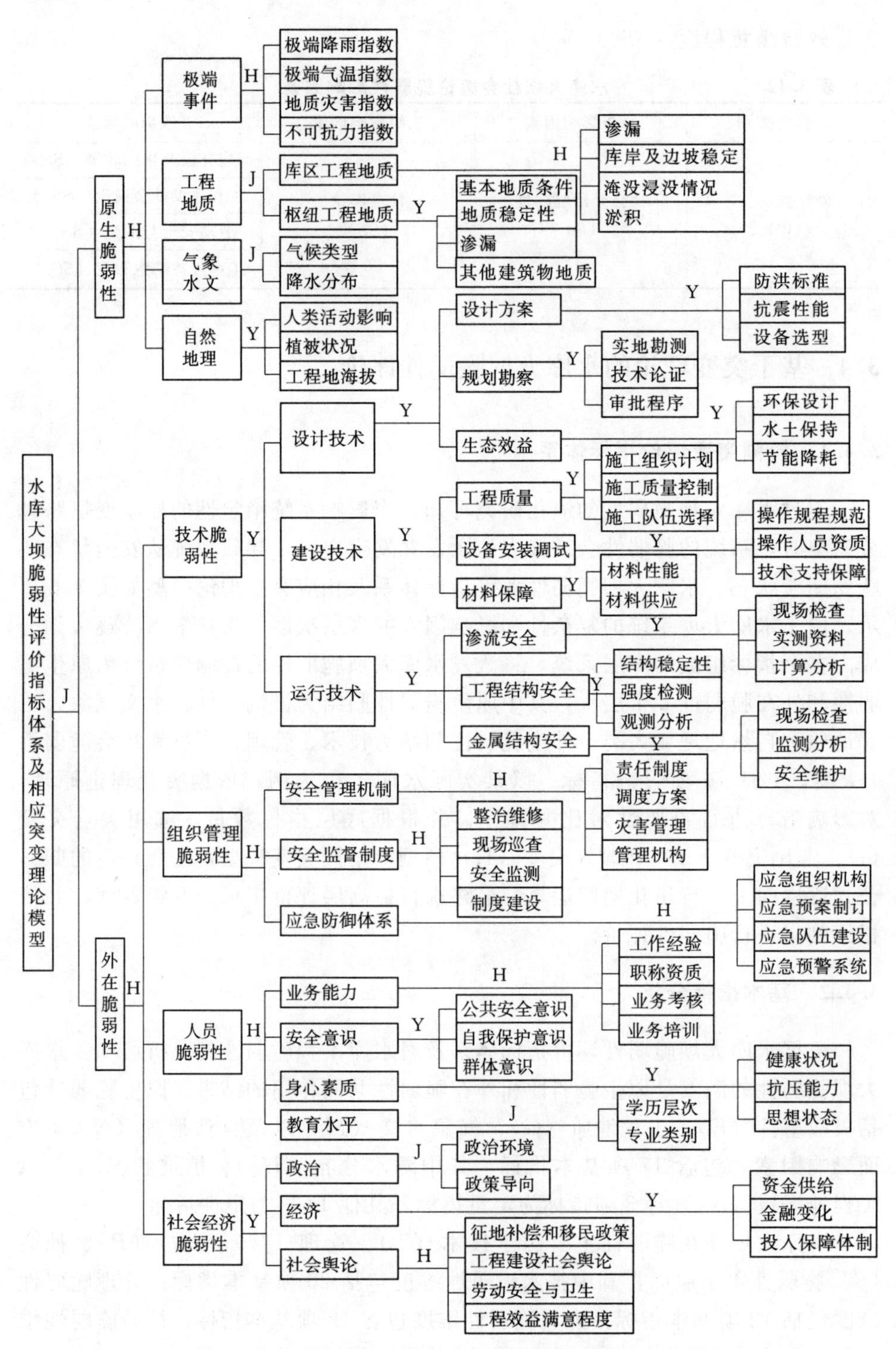


图 3.6 水库大坝脆弱性评价指标体系及相应突变理论模型

根据示例水库大坝相关设计资料和安全评估专家报告，以及相关机构对水库大坝的质量检测和土工试验报告，对定量指标通过计算予以确定，定性指标通过专家打分予以量化，采用定性与定量相结合的方法进行量化，获得各底层指标的百分制初始值及标准值见表3.13。

**表3.13　　　　水库大坝脆弱性基本指标初始值及标准值**

| 序号 | 脆弱性评价指标 | 初始值 | 标准化处理 | 序号 | 脆弱性评价指标 | 初始值 | 标准化处理 |
|---|---|---|---|---|---|---|---|
| 1 | 极端降雨指数（$E_1$） | 25.0 | 0.08 | 39 | 强度检测（$OT_{22}$） | 48.8 | 0.44 |
| 2 | 极端气温指数（$E_2$） | 30.0 | 0.15 | 40 | 观测分析（$OT_{23}$） | 70.0 | 0.77 |
| 3 | 地质灾害指数（$E_3$） | 25.0 | 0.08 | 41 | 现场检查（$OT_{31}$） | 60.0 | 0.62 |
| 4 | 不可抗力指数（$E_4$） | 20.0 | 0.00 | 42 | 监测分析（$OT_{32}$） | 75.0 | 0.85 |
| 5 | 渗漏（$G_{11}$） | 65.0 | 0.69 | 43 | 安全维护（$OT_{33}$） | 80.0 | 0.92 |
| 6 | 库岸及边坡稳定（$G_{12}$） | 70.0 | 0.77 | 44 | 责任制度（$M_{21}$） | 80.0 | 0.92 |
| 7 | 淹没浸没（$G_{13}$） | 53.3 | 0.51 | 45 | 调度方案（$M_{22}$） | 85.0 | 1.00 |
| 8 | 淤积（$G_{14}$） | 65.0 | 0.69 | 46 | 灾害管理（$M_{23}$） | 60.0 | 0.62 |
| 9 | 基本地质条件（$G_{21}$） | 70.0 | 0.77 | 47 | 管理机构（$M_{24}$） | 80.0 | 0.92 |
| 10 | 稳定性（$G_{22}$） | 64.0 | 0.68 | 48 | 整治维修（$M_{31}$） | 65.0 | 0.69 |
| 11 | 渗漏（$G_{23}$） | 51.0 | 0.48 | 49 | 现场巡查（$M_{32}$） | 85.0 | 1.00 |
| 12 | 其他建筑物地质（$G_{24}$） | 60.0 | 0.62 | 50 | 安全监测（$M_{33}$） | 80.0 | 0.92 |
| 13 | 气候类型（$H_1$） | 70.0 | 0.77 | 51 | 制度建设（$M_{34}$） | 85.0 | 1.00 |
| 14 | 降水分布（$H_2$） | 50.0 | 0.46 | 52 | 应急组织机构（$M_{41}$） | 50.0 | 0.46 |
| 15 | 人类活动影响（$N_1$） | 80.0 | 0.92 | 53 | 应急预案制订（$M_{42}$） | 75.0 | 0.85 |
| 16 | 植被状况（$N_2$） | 75.0 | 0.85 | 54 | 应急队伍建设（$M_{43}$） | 70.0 | 0.77 |
| 17 | 工程地海拔（$N_3$） | 60.0 | 0.62 | 55 | 应急预警系统（$M_{44}$） | 65.0 | 0.69 |
| 18 | 防洪标准（$DT_{11}$） | 85.0 | 1.00 | 56 | 工作经验（$P_{11}$） | 70.0 | 0.77 |
| 19 | 抗震性能（$DT_{12}$） | 58.3 | 0.59 | 57 | 职称资质（$P_{12}$） | 50.0 | 0.46 |
| 20 | 设备选型（$DT_{13}$） | 42.5 | 0.35 | 58 | 业务培训（$P_{13}$） | 60.0 | 0.62 |
| 21 | 实地勘测（$DT_{21}$） | 25.0 | 0.08 | 59 | 业务考核（$P_{14}$） | 46.3 | 0.40 |
| 22 | 技术论证（$DT_{22}$） | 30.0 | 0.15 | 60 | 公共安全意识（$P_{21}$） | 60.0 | 0.62 |
| 23 | 审批程序（$DT_{23}$） | 20.0 | 0.00 | 61 | 自我保护意识（$P_{22}$） | 64.0 | 0.68 |
| 24 | 环保设计（$DT_{31}$） | 60.0 | 0.62 | 62 | 群体意识（$P_{23}$） | 70.0 | 0.77 |
| 25 | 水土保持（$DT_{32}$） | 70.0 | 0.77 | 63 | 健康状况（$P_{31}$） | 68.0 | 0.74 |
| 26 | 节能降耗（$DT_{33}$） | 60.0 | 0.62 | 64 | 抗压能力（$P_{32}$） | 85.0 | 1.00 |
| 27 | 施工组织计划（$CT_{11}$） | 40.0 | 0.31 | 65 | 思想状态（$P_{33}$） | 85.0 | 1.00 |
| 28 | 施工质量控制（$CT_{12}$） | 40.0 | 0.31 | 66 | 学历层次（$P_{41}$） | 75.0 | 0.85 |
| 29 | 施工队伍选择（$CT_{13}$） | 50.0 | 0.46 | 67 | 专业类别（$P_{42}$） | 80.0 | 0.92 |
| 30 | 操作规程规范（$CT_{21}$） | 50.0 | 0.46 | 68 | 政治环境（$SP_1$） | 65.0 | 0.69 |
| 31 | 操作人员资质（$CT_{22}$） | 60.0 | 0.62 | 69 | 政策导向（$SP_2$） | 85.0 | 1.00 |
| 32 | 技术支持保障（$CT_{23}$） | 45.0 | 0.38 | 70 | 资金供给（$SE_1$） | 80.0 | 0.92 |
| 33 | 材料性能（$CT_{31}$） | 40.0 | 0.31 | 71 | 金融变化（$SE_2$） | 85.0 | 1.00 |
| 34 | 材料供应（$CT_{32}$） | 50.0 | 0.46 | 72 | 投入保障体制（$SE_3$） | 65.0 | 0.69 |
| 35 | 现场检查（$OT_{11}$） | 65.0 | 0.69 | 73 | 征地补偿及移民政策（$SS_1$） | 65.0 | 0.69 |
| 36 | 实测资料（$OT_{12}$） | 65.0 | 0.69 | 74 | 工程建设及社会舆论（$SS_2$） | 70.0 | 0.77 |
| 37 | 计算分析（$OT_{13}$） | 66.0 | 0.71 | 75 | 劳动安全与卫生（$SS_3$） | 75.0 | 0.85 |
| 38 | 结构稳定性（$OT_{21}$） | 60.0 | 0.62 | 76 | 工程效益满意程度（$SS_4$） | 70.0 | 0.77 |

### 3.4.3　归一化计算

#### 3.4.3.1　原生脆弱性突变分析

库区地质脆弱性的控制变量和枢纽区地质脆弱性的控制变量构成蝴蝶突变模型，工程地质评判指标及归一化计算结果见表3.14。

表3.14　　工程地质评判指标及归一化计算结果

| 指标 | 库区地质（$G_1$） | | | | 枢纽区地质（$G_2$） | | | |
|---|---|---|---|---|---|---|---|---|
| | 渗漏 | 库岸及边坡稳定 | 淹没浸没 | 淤积 | 基本地质条件 | 地质稳定性 | 渗漏 | 其他建筑物地质 |
| 指标代号 | $G_{11}$ | $G_{12}$ | $G_{13}$ | $G_{14}$ | $G_{21}$ | $G_{22}$ | $G_{23}$ | $G_{24}$ |
| 评分 | 0.69 | 0.77 | 0.51 | 0.69 | 0.77 | 0.68 | 0.48 | 0.62 |
| 突变级数值 | 0.83 | 0.92 | 0.85 | 0.93 | 0.88 | 0.88 | 0.83 | 0.91 |
| 突变模型 | 蝴蝶型突变 | | | | 蝴蝶型突变 | | | |
| 评价原则 | 非互补 | | | | 非互补 | | | |
| 突变函数隶属值 | 0.83 | | | | 0.88 | | | |

水库大坝原生脆弱性的控制变量构成非互补型蝴蝶突变模型，相关评判指标及归一化计算结果见表3.15。

表3.15　　水库大坝原生脆弱性评判指标及归一化计算结果

| 指　　标 | 极端事件指数（$E$） | | | | 工程地质（$G$） | | 气象水文（$H$） | | 自然地理（$N$） | | |
|---|---|---|---|---|---|---|---|---|---|---|---|
| | 极端降雨指数 | 极端气温指数 | 地质灾害指数 | 不可抗力指数 | 库区工程地质 | 枢纽工程地质 | 气候类型 | 降水分布 | 人类活动影响 | 植被状况 | 工程地海拔 |
| 指标代号 | $E_1$ | $E_2$ | $E_3$ | $E_4$ | $G_1$ | $G_2$ | $H_1$ | $H_2$ | $N_1$ | $N_2$ | $N_3$ |
| 评分 | 0.08 | 0.15 | 0.08 | 0.00 | 0.83 | 0.88 | 0.77 | 0.46 | 0.92 | 0.85 | 0.62 |
| 突变级数值 | 0.28 | 0.63 | 0.43 | 0.00 | 0.83 | 0.91 | 0.96 | 0.77 | 0.96 | 0.95 | 0.89 |
| 突变模型 | 蝴蝶型突变 | | | | 尖点突变 | | 尖点突变 | | 燕尾型突变 | | |
| 评价原则 | 互补 | | | | 互补 | | 非互补 | | 非互补 | | |
| 中间变量指标值 | 0.33 | | | | 0.93 | | 0.88 | | 0.96 | | |
| 突变模型及原则 | 互补型蝴蝶型突变 | | | | | | | | | | |
| 中间变量突变级数值 | 0.58 | | | | 0.98 | | 0.97 | | 0.99 | | |
| 总突变隶属函数值 | $x(Y)=\min(x_E, x_G, x_H, x_N)=0.58$ | | | | | | | | | | |

#### 3.4.3.2　外在脆弱性突变分析

1. 技术脆弱性突变分析

水库大坝设计技术脆弱性的三级因素共有3组共计9项指标构建燕尾突变模型，评判指标及归一化计算结果见表3.16。

**表 3.16　　水库大坝设计技术脆弱性评判指标及归一化计算结果**

| 指　标 | 设计方案（$DT_1$） | | | 规划勘察（$DT_2$） | | | 生态效益（$DT_3$） | | |
|---|---|---|---|---|---|---|---|---|---|
| | 防洪标准 | 抗震性能 | 设备选型 | 实地勘测 | 技术论证 | 审批程序 | 环保设计 | 水土保持 | 节能降耗 |
| 指标代号 | $DT_{11}$ | $DT_{12}$ | $DT_{13}$ | $DT_{21}$ | $DT_{22}$ | $DT_{23}$ | $DT_{31}$ | $DT_{32}$ | $DT_{33}$ |
| 评分 | 1.00 | 0.59 | 0.35 | 0.08 | 0.15 | 0.00 | 0.62 | 0.77 | 0.62 |
| 突变级数值 | 0.85 | 0.84 | 0.77 | 0.28 | 0.54 | 0.00 | 0.78 | 0.92 | 0.89 |
| 突变模型 | 燕尾型突变 | | | 燕尾型突变 | | | 燕尾型突变 | | |
| 评价原则 | 非互补 | | | 非互补 | | | 非互补 | | |
| 中间变量指标值 | 0.77 | | | 0.27 | | | 0.78 | | |
| 突变模型及原则 | 非互补型燕尾突变 | | | | | | | | |
| 中间变量突变级数值 | 0.88 | | | 0.65 | | | 0.94 | | |
| 总突变隶属函数值 | $x(DT)=\min(x_{DT1}, x_{DT2}, x_{DT3})=0.65$ | | | | | | | | |

水库大坝建设技术脆弱性的三级因素共有 3 组共计 8 项指标建燕尾突变模型，评判指标及归一化计算结果见表 3.17。

**表 3.17　　水库大坝建设技术脆弱性评判指标及归一化计算结果**

| 指　标 | 工程质量（$CT_1$） | | | 设备安装调试（$CT_2$） | | | 材料保障（$CT_3$） | |
|---|---|---|---|---|---|---|---|---|
| | 施工组织计划 | 施工质量控制 | 施工队伍选择 | 操作规程规范 | 操作人员资质 | 技术支持保障 | 材料性能 | 材料供应 |
| 指标代号 | $CT_{11}$ | $CT_{12}$ | $CT_{13}$ | $CT_{21}$ | $CT_{22}$ | $CT_{23}$ | $CT_{31}$ | $CT_{32}$ |
| 评分 | 0.31 | 0.31 | 0.46 | 0.46 | 0.62 | 0.38 | 0.31 | 0.46 |
| 突变级数值 | 0.55 | 0.68 | 0.82 | 0.68 | 0.85 | 0.79 | 0.55 | 0.77 |
| 突变模型 | 燕尾突变 | | | 燕尾突变 | | | 尖点突变 | |
| 评价原则 | 非互补 | | | 非互补 | | | 非互补 | |
| 中间变量指标值 | 0.55 | | | 0.68 | | | 0.55 | |
| 突变模型及原则 | 非互补型燕尾突变 | | | | | | | |
| 中间变量突变级数值 | 0.74 | | | 0.88 | | | 0.86 | |
| 总突变隶属函数值 | $x(CT)=\min(x_{CT1}, x_{CT2}, x_{CT3})=0.74$ | | | | | | | |

水库大坝运行技术脆弱性的三级因素共有 3 组共计 9 项指标构建燕尾突变模型，评判指标及归一化计算结果见表 3.18。

综上所得，以水库大坝设计技术脆弱性（$DT$）、建设技术脆弱性（$CT$）和运行技术脆弱性（$OT$）3 个因素为控制变量构建燕尾突变模型，评判指标及归一化计算结果见表 3.19。

表 3.18 水库大坝运行技术脆弱性评判指标及归一化计算结果

| 指标 | 渗流安全（$OT_1$） | | | 工程结构安全（$OT_2$） | | | 金属结构安全（$OT_3$） | | |
|---|---|---|---|---|---|---|---|---|---|
| | 现场检查 | 实测资料 | 计算分析 | 结构稳定性 | 强度检测 | 观测分析 | 现场检查 | 监测分析 | 安全维护 |
| 指标代号 | $OT_{11}$ | $OT_{12}$ | $OT_{13}$ | $OT_{21}$ | $OT_{22}$ | $OT_{23}$ | $OT_{31}$ | $OT_{32}$ | $OT_{33}$ |
| 评分 | 0.69 | 0.69 | 0.71 | 0.62 | 0.40 | 0.62 | 0.68 | 0.77 | 0.74 |
| 突变级数值 | 0.83 | 0.88 | 0.92 | 0.85 | 0.79 | 0.89 | 0.82 | 0.92 | 0.93 |
| 突变模型 | 燕尾突变 | | | 燕尾突变 | | | 燕尾突变 | | |
| 评价原则 | 互补 | | | 非互补 | | | 非互补 | | |
| 中间变量指标值 | 0.88 | | | 0.74 | | | 0.95 | | |
| 突变模型及原则 | 非互补型燕尾突变 | | | | | | | | |
| 中间变量突变级数值 | 0.94 | | | 0.90 | | | 0.95 | | |
| 总突变隶属函数值 | $x(OT)=\min(x_{OT1},\ x_{OT2},\ x_{OT3})=0.90$ | | | | | | | | |

表 3.19 水库大坝技术脆弱性评判指标及归一化计算

| 指标 | 设计技术脆弱性 | 建设技术脆弱性 | 运行技术脆弱性 |
|---|---|---|---|
| 指标代号 | $DT$ | $CT$ | $OT$ |
| 评分 | 0.69 | 0.74 | 0.72 |
| 突变级数值 | $x$（DT） | $x$（CT） | $x$（OT） |
| 突变级数值 | 0.83 | 0.91 | 0.92 |
| 突变模型 | 燕尾突变 | | |
| 评价原则 | 互补原则 | | |
| 总突变隶属函数值 | $x(\mathrm{T})=\dfrac{x(\mathrm{DT})+x(\mathrm{CT})+x(\mathrm{OT})}{3}=\dfrac{0.83+0.91+0.92}{3}\approx 0.89$ | | |

2. 组织管理脆弱性突变分析

水库大坝管理脆弱性的脆弱源主要来源于安全管理机制、安全监督制度和应急防御体系 3 方面因素，其底层影响指标共有 3 组共计 12 项指标，分别构建蝴蝶突变模型，评判指标及归一化计算结果见表 3.20。

表 3.20 水库大坝组织管理脆弱性评判指标及归一化计算结果

| 指标 | 安全管理机制（$M_1$） | | | | 安全监督制度（$M_2$） | | | | 应急防御体系（$M_3$） | | | |
|---|---|---|---|---|---|---|---|---|---|---|---|---|
| | 责任制度 | 调度方案 | 灾害管理 | 管理机构 | 整治维修 | 现场巡查 | 安全监测 | 制度建设 | 应急组织机构 | 应急预案制订 | 应急队伍建设 | 应急预警系统 |
| 指标代号 | $M_{11}$ | $M_{12}$ | $M_{13}$ | $M_{14}$ | $M_{21}$ | $M_{22}$ | $M_{23}$ | $M_{24}$ | $M_{31}$ | $M_{32}$ | $M_{33}$ | $M_{34}$ |
| 评分 | 1.00 | 1.00 | 0.85 | 0.92 | 0.69 | 1.00 | 0.92 | 1.00 | 0.69 | 0.69 | 0.77 | 0.85 |
| 突变级数值 | 1.00 | 1.00 | 0.96 | 0.98 | 0.83 | 1.00 | 0.98 | 1.00 | 0.83 | 0.88 | 0.94 | 0.97 |

续表

| 指　　标 | 安全管理机制（$M_1$） | | | | 安全监督制度（$M_2$） | | | | 应急防御体系（$M_3$） | | | |
|---|---|---|---|---|---|---|---|---|---|---|---|---|
| | 责任制度 | 调度方案 | 灾害管理 | 管理机构 | 整治维修 | 现场巡查 | 安全监测 | 制度建设 | 应急组织机构 | 应急预案制订 | 应急队伍建设 | 应急预警系统 |
| 突变模型 | 蝴蝶突变 | | | | 蝴蝶突变 | | | | 蝴蝶突变 | | | |
| 评价原则 | 非互补 | | | | | | | | | | | |
| 中间变量指标值 | 0.96 | | | | 0.83 | | | | 0.83 | | | |
| 突变模型及原则 | 互补型燕尾突变 | | | | | | | | | | | |
| 突变级数值 | 0.98 | | | | 0.94 | | | | 0.96 | | | |
| 总突变隶属函数值（M） | $x(\mathrm{M})=\frac{x_{\mathrm{M1}}+x_{\mathrm{M2}}+x_{\mathrm{M3}}}{3}=0.96$ | | | | | | | | | | | |

3. 人员脆弱性突变分析

水库大坝人员脆弱性的脆弱源主要来源于业务能力、安全意识、身心素质和教育水平4方面因素，共计12项底层指标，评判指标及归一化计算结果见表3.21。

**表3.21　　水库大坝人员脆弱性评判指标及归一化计算**

| 指　　标 | 业务能力（$P_1$） | | | | 安全意识（$P_2$） | | | 身心素质（$P_3$） | | | 教育水平（$P_4$） | |
|---|---|---|---|---|---|---|---|---|---|---|---|---|
| | 工作经验 | 职称资质 | 业务培训 | 业务考核 | 公共安全意识 | 自我保护意识 | 群体意识 | 健康状况 | 抗压能力 | 思想状态 | 学历层次 | 专业类别 |
| 指标代号 | $P_{11}$ | $P_{12}$ | $P_{13}$ | $P_{14}$ | $P_{21}$ | $P_{22}$ | $P_{23}$ | $P_{31}$ | $P_{32}$ | $P_{33}$ | $P_{41}$ | $P_{42}$ |
| 评分 | 0.77 | 0.62 | 0.38 | 0.62 | 0.74 | 0.62 | 0.74 | 0.62 | 0.62 | 0.77 | 0.46 | 0.62 |
| 突变级数值 | 0.88 | 0.85 | 0.79 | 0.91 | 0.86 | 0.85 | 0.93 | 0.78 | 0.85 | 0.94 | 0.68 | 0.85 |
| 突变模型 | 蝴蝶突变 | | | | 燕尾突变 | | | 燕尾突变 | | | 尖点突变 | |
| 评价原则 | 非互补 | | | | 互补 | | | 互补 | | | 非互补 | |
| 中间变量指标值 | 0.79 | | | | 0.88 | | | 0.86 | | | 0.68 | |
| 突变模型及原则 | 非互补型蝴蝶突变 | | | | | | | | | | | |
| 中间变量突变级数值 | 0.89 | | | | 0.96 | | | 0.96 | | | 0.93 | |
| 总突变隶属函数值（P） | $x(\mathrm{P})=\min(x_{\mathrm{P1}},x_{\mathrm{P2}},x_{\mathrm{P3}},x_{\mathrm{P4}})=0.89$ | | | | | | | | | | | |

4. 社会经济脆弱性突变分析

水库大坝社会脆弱性共有三级影响指标，其脆弱性主要来源于政治、经济和社会舆论三方面因素，本书选取9项基础指标予以表征。根据指标体系，$SP_1$、$SP_2$下级底层指标分别构建燕尾突变和蝴蝶突变模型，评判指标及归一化计算结果见表3.22。

表 3.22　　水库大坝社会经济脆弱性评判指标及归一化计算结果

| 指　标 | 政治（SP） | | 经济（SE） | | | 社会舆论（SS） | | | |
|---|---|---|---|---|---|---|---|---|---|
| | 政治环境 | 政策导向 | 资金供给 | 金融变化 | 投人保障体制 | 征地补偿及移民政策 | 工程建设社会舆论 | 劳动安全与卫生 | 工程效益满意程度 |
| 指标代号 | $SP_1$ | $SP_2$ | $SE_1$ | $SE_2$ | $SE_3$ | $SS_1$ | $SS_2$ | $SS_3$ | $SS_4$ |
| 评分 | 0.85 | 0.62 | 0.31 | 0.38 | 0.77 | 0.62 | 0.77 | 0.62 | 0.31 |
| 突变级数值 | 0.92 | 0.85 | 0.55 | 0.73 | 0.94 | 0.78 | 0.92 | 0.89 | 0.79 |
| 突变模型 | 尖点突变 | | 燕尾突变 | | | 蝴蝶突变 | | | |
| 评价原则 | 非互补 | | 非互补 | | | 非互补 | | | |
| 中间变量指标值 | 0.85 | | 0.55 | | | 0.78 | | | |
| 突变模型及原则 | 非互补型燕尾突变 | | | | | | | | |
| 中间变量突变级数值 | 0.92 | | 0.82 | | | 0.94 | | | |
| 总突变隶属函数值（S） | $x(S)=\min(x_{SP},\ x_{SE},\ x_{SS})=0.82$ | | | | | | | | |

综上所述，可得控制变量技术脆弱性（$T$），管理脆弱性（$M$），人员脆弱性（$P$），社会脆弱性（$S$）的总突变隶属函数值分别为 $x(T)=0.89$，$x(M)=0.96$，$x(P)=0.89$ 和 $x(S)=0.82$。

#### 3.4.3.3 水库大坝脆弱性突变分析

水库大坝脆弱性是水库大坝原生脆弱源和外在脆弱源共同作用的结果，相关因素评判指标及归一化计算结果见表 3.23。

表 3.23　　水库大坝脆弱性评判指标及归一化计算

| 指　标 | 原生脆弱性（Y） | | | | 外在脆弱性（W） | | | |
|---|---|---|---|---|---|---|---|---|
| | 极端事件指数 | 工程地质 | 气象水文 | 自然地理 | 技术脆弱性 | 组织管理脆弱性 | 人员脆弱性 | 社会经济脆弱性 |
| 指标代号 | $E$ | $G$ | $H$ | $N$ | $T$ | $M$ | $P$ | $S$ |
| 评分 | 0.33 | 0.93 | 0.88 | 0.96 | 0.89 | 0.96 | 0.89 | 0.82 |
| 突变级数值 | 0.58 | 0.98 | 0.97 | 0.99 | 0.94 | 0.97 | 0.97 | 0.96 |
| 突变模型 | 蝴蝶突变 | | | | 蝴蝶突变 | | | |
| 评价原则 | 互补 | | | | 非互补 | | | |
| 中间变量指标值 | 0.58 | | | | 0.95 | | | |
| 突变级数值 | 0.76 | | | | 0.98 | | | |
| 突变模型及原则 | 互补性尖点突变 | | | | | | | |
| 总突变隶属函数值（V） | $x(V)=\dfrac{x(Y)+x(W)}{2}=0.87$ | | | | | | | |

### 3.4.4　评价结果分析

根据上述计算结果，将水库大坝脆弱性一级、二级影响指标及其突变级数值列于表 3.24。

**表 3.24　　　　　某水库大坝脆弱性突变评价结果分析**

| 指标 | 总突变隶属函数值 | 一级指标 | 一级指标突变级数值 | 二级指标 | 二级指标突变级数值 | 三级指标 | 三级指标突变级数值 |
|---|---|---|---|---|---|---|---|
| 脆弱性 | 0.87 | 原生脆弱性 | 0.58 | 极端事件指数（$E$） | 0.33 | 极端降雨指数（$E_1$） | 0.28 |
| | | | | | | 极端气温指数（$E_2$） | 0.63 |
| | | | | | | 地质灾害指数（$E_3$） | 0.43 |
| | | | | | | 不可抗拒力指数（$E_4$） | 0.00 |
| | | | | 工程地质（$G$） | 0.93 | 库区工程地质（$G_1$） | 0.83 |
| | | | | | | 枢纽工程区地质（$G_2$） | 0.91 |
| | | | | 气象水文（$H$） | 0.88 | 气候类型（$H_1$） | 0.96 |
| | | | | | | 降水分布（$H_2$） | 0.77 |
| | | | | 自然地理（$N$） | 0.96 | 人类活动影响（$N_1$） | 0.96 |
| | | | | | | 植被状况（$N_2$） | 0.95 |
| | | | | | | 工程地海拔（$N_3$） | 0.89 |
| | | 外在脆弱性 | 0.95 | 技术脆弱性（$T$） | 0.89 | 设计技术（DT） | 0.83 |
| | | | | | | 建设技术（CT） | 0.91 |
| | | | | | | 运行技术（OT） | 0.92 |
| | | | | 组织管理脆弱性（$M$） | 0.96 | 安全管理机制（$M_1$） | 0.98 |
| | | | | | | 安全监督制度（$M_2$） | 0.94 |
| | | | | | | 应急防御体系（$M_3$） | 0.96 |
| | | | | 人员脆弱性（$P$） | 0.89 | 业务能力（$P_1$） | 0.89 |
| | | | | | | 安全意识（$P_2$） | 0.96 |
| | | | | | | 身心素质（$P_3$） | 0.96 |
| | | | | | | 教育水平（$P_4$） | 0.93 |
| | | | | 社会经济脆弱性（$S$） | 0.82 | 政治（$SP$） | 0.92 |
| | | | | | | 经济（$SE$） | 0.82 |
| | | | | | | 社会舆论（$SS$） | 0.94 |

（1）对照水库大坝脆弱性等级划分标准可知，该水库大坝属于高度脆弱等级。根据该水库所在地的上级水利部门出具的安全鉴定评价报告认定该水库大坝为三类坝，而在极端事件下该水库的脆弱性将更为突出，因此基于突变理论

评定该水库脆弱性为高度脆弱符合水利部门出具的安全鉴定报告，证明该评级方法可靠。

（2）由表3.24所列数据可知，该水库大坝原生脆弱性明显高于外在脆弱性，主要在于考虑了极端事件的影响。在极端气候环境下，原生脆弱性的破坏作用较外在脆弱性具有更大的破坏力。水库大坝原生脆弱性影响因素中自然地理属于低度脆弱，工程地质状况属于中度脆弱，水文气象条件属于高度脆弱，基本符合工程实际。

（3）表3.24中数据显示，该水库大坝技术脆弱性为中等脆弱，但其下级指标设计技术和建设技术评价值都属于高度脆弱，运行技术属于低度脆弱，说明设计和建设过程中存在重大质量问题，符合水利部门出具的安全鉴定专家报告中工程质量等级为不合格的评价结论。其中运行技术脆弱性中渗流安全、工程结构以及金属结构突变级数分别为0.94、0.90、0.95，符合水利部门给定的安全评价结论。

（4）管理脆弱性和人员处于低度脆弱状态，社会脆弱性处于高度脆弱状态，其中社会脆弱性的脆弱源主要反映在经济脆弱性，说明该工程层存在经济问题，符合水利部门出具的安全鉴定结论。

## 3.5 本章小结

在充分研究山洪影响与水库大坝的响应机制，分析和挖掘水库大坝脆弱性驱动力因子的基础上，建立了基于极端事件、工程地质、气象水文与自然地理等原生脆弱性以及技术、管理、人员和社会等外在脆弱性分析的水库大坝脆弱性评价指标体系。

将突变理论其引入水库大坝脆弱性评价中，提出了水库大坝脆弱性评价指标体系的基本框架。以某实际工程为例，应用突变理论从原生脆弱性和外在脆弱性两方面因素对该水库大坝脆弱性进行评价，评价结论与水利部门出具的安全鉴定报告一致。

### 参考文献

[1] 张炜熙.区域脆弱性与系统恢复机制[M].北京：经济科学出版社，2011.

[2] 童小溪，战洋.脆弱性、有备程度和组织失效：灾害的社会科学研究[J].国外理论动态，2008，12：59-61.

[3] Bohle H G，Downing T E，Watts M J. Climate change and social Vulnerability：Toward a sociology and geography of food in security [J]. Global Environment Change，1994（4）：37-38.

[ 4 ] Turner II B L，Matson P，McCarthy J J，et al. A framework for vulnerability analysis in sustainability science [J]. Proceeding of the National Academy of Science，2003 (100)：8074 - 8079.

[ 5 ] Kally A. Framework for managing environmental vulnerability in small island developing states [J]. Development Bulletin，2002，8 (12)：54 - 76.

[ 6 ] Me - Bar Y，Valdez Jr F. On the vulnerability of ancient Maya society to natural threats [J]. Journal of Archaeological Science，2005 (32)：813 - 825.

[ 7 ] 李克让，曹明奎，於琍．中国自然生态系统对极端天气气候事件的脆弱性评估 [J]. 地理研究，2005，24 (5)：653 - 663.

[ 8 ] 韩申山，史兴民，裴晓敏．基于主成分分析法的铜川市环境脆弱性 [J]. 中国农学通报，2011，27 (1)：270 - 274.

[ 9 ] IPCC. Climate Change 1995：The Science of Climate Change [M]. Cambridge：Cambridge University Press，1996.

[10] 刘长友，陈爱丽，巴图，等．从 IPCC 第四次评估报告看全球气候变化及防灾减灾对策 [J]. 防灾科技学院学报，2008，10 (4)：140 - 141.

[11] 姜彤，李修仓，巢清尘，等．极端天气气候事件 2014：影响、适应和脆弱性的主要结论和新认知 [J]. 极端天气气候事件研究进展，2014，10 (3)：157 - 159.

[12] 陈攀，李兰，周文财．水资源脆弱性及评价方法国内外研究进展 [J]. 水资源保护，2011，27 (5)：32 - 35.

[13] 姜桂华．地下水脆弱性研究进展 [J]. 世界地质，2002，21 (1)：33 - 38.

[14] National Research Council (U S). Ground water vulnerability assessment predicting relative contamination potential under conditions of uncertainty [M]. Washington D C：National Academy Press，1993：204.

[15] Doerfliger N J，Eannin P Y，Zwahlen F. Water vulnerability assessment in karst environments：a new method of defining protection areas using a multi - attribute approach and GIS tools [J]. Environmental Geology，1999，39 (2)：165 - 176.

[16] 商彦蕊，史培军．人为因素在农业旱灾中所起作用探讨——以河北省旱灾脆弱性研究为例 [J]. 自然灾害学报，1998，7 (4)：35 - 44.

[17] 樊运晓，罗云，陈庆寿．区域承灾体脆弱性评价指标体系研究 [J]. 灾害学，2001，15 (1)：113 - 116.

[18] 刘兰芳，关欣，唐云松．农业灾害脆弱性评价及生态减灾研究——以湖南省衡阳市为例 [J]. 水土保持通报，2005，25 (2)：69 - 73.

[19] 吕娟，屈艳萍，吴玉成．重庆市干旱的脆弱性分析 [J]. 中国水利，2006 (23)：30 - 32.

[20] 倪深海，顾颖，王会荣．中国农业干旱分区研究 [J]. 水科学进展，2005，16 (5)：705 - 709.

[21] 王言荣，郝永红，刘洁，等．山西省生态环境的脆弱性分析 [J]. 中国水土保持，2004 (12)：16 - 17.

[22] 叶正伟．淮河流域湿地的生态脆弱性特征研究 [J]. 水土保持研究，2007，(4)：24 - 29.

[23] 刘淑芳，郭永海．区域地下水防污性能评价方法及其在河北平原的应用 [J]. 河

北地质学院学报，1996 (1)：41-45.

[24] 郑西来，吴新利，荆静．西安市潜水污染的潜在性分析与评价 [J]. 工程勘察，1997 (4)：22-24.

[25] 宋承新，邹连文．山东省地表水资源特点及可持续开发分析 [J]. 水文，2001，21 (4)：38-40.

[26] 邹君，傅双同，毛德华．中国南方湿润区水资源脆弱度评价及其管理：以湖南省衡阳市为例 [J]. 水土保持通报，2008，28 (2)：76-80.

[27] 刘金芳．沈阳市水资源可持续开发利用影响因素分析 [J]. 现代农业科技，2007 (15)：192-195.

[28] 陈康宁，董增川，崔志清．基于分形理论的区域水资源系统脆弱性评价 [J]. 水资源保护，2008，24 (3)：24-26.

# 第 4 章　山洪易发区洪水监测技术与预报方法

## 4.1　概述

山洪易发区小流域常以小型山丘为主体，且山丘地区山高坡陡，溪流密集，洪水汇流时间短，水位陡涨陡落，来势凶猛，往往短时间成灾，同时可能引起滑坡、崩坡、崩塌和泥石流等次生灾害。由于这些区域大多分布有中小型水库，建设年代较早，建设标准低，运行时间长，突发山洪及次生灾害极易引起水库大坝结构及库区岸坡的安全问题，甚至造成大坝溃决的风险。大坝一旦溃决更将会带来难以预估的人员伤亡及经济财产损失。对山洪易发区洪水进行有效的监测和预报，可以降低山洪致灾可能，确保水库大坝的安全度汛。建立小流域突发洪水监测技术及洪水预报方法，实现对洪水的监测预报，是进行灾害预测预警，制定防灾、抢险及救灾方案的重要前提和依据，能够最大限度地发挥减灾系统工程的效益，减少山洪灾害造成的损失。

因此，作为山洪易发区水库致灾快速预警技术的一部分，开展小流域洪水监测技术研究及小流域洪水预报模型的研究，建立有效的水雨情监测及水文预报模型，是水库致灾分析与预报的重要方面。

### 4.1.1　山洪易发区洪水监测技术

山洪易发区洪水监测，需要结合小流域特点：①季节性强、干湿季节分明，降雨集中，易造成突发性洪水；②区域性明显，流域多处于山地，山区气流循环复杂，同时受地形影响，易形成局部极端暴雨。由于诱发小流域洪水的降雨集中、区域明显、成灾迅速、时空分布特性复杂，基于常规气象模型的天气预报不确定性较大。上述特点都加大了小流域洪水监测预报的难度。小流域突发性洪水监测主要解决水库及所属流域的水情信息自动采集、编码、发送、中心站接收、解码、储存、应用等技术问题，使水情信息能实现自动整编，及时有效地用于小流域突发性洪水预报、水库致灾仿真分析，同时为水库的防汛调度、防洪兴利服务。监测系统需遵循技术先进、科学合理、安全可靠、经济实用的指导思想和设计原则。其要求如下：

（1）监测系统需满足水库洪水调度系统中水雨情及洪水预报与调度数据的

采集要求。

(2) 各遥测站点原则上选在原有的水文站、雨量站上，使采集的数据直接为水文所用，又可用于小流域突发性洪水预报。

(3) 水情信息采集与传输的技术总体原则是以技术先进、简单实用、经济可靠、低功耗为目标。

(4) 山洪易发区水情信息遥测站，大都建在深山峡谷中，供电不便，考虑供电的不稳定和多雷电等原因，遥测站和中继站通常采用蓄电池供电，调度中心需要有安全可靠的交流电源。

(5) 系统应采用自报式为主，省电、可靠，自报频率和洪水预报频率相适应。

(6) 应按照小流域特点及原有测报系统情况，从超短波、短波、卫星和无线公网等通信方式中选用相适应的通信方式。

基于以上特点，需要从小流域洪水监测的站网布设方法，监测系统的通信方法及监测系统的工作体制等方面开展小流域洪水的监测技术研究。

### 4.1.2　山洪预报模型

洪水预报过程通常要经过子流域产流、河道汇流及洪水入库三个步骤[1]。流域的产流过程，一般概化为两种模型：①超渗产流。当降雨强度很大，且土壤渗透性较弱时，有效降雨在土壤水饱和之前就形成地表径流。②蓄满产流。当降雨强度较小，土壤渗透性良好，有效降雨首先进入土壤。在土壤基本饱和之后，才会在地面形成径流。河道汇流的计算有基于河道动力学的解析方法和经验法。河道动力学的解析方法需要河道断面形态，河道阻率等参数，并将河道概化为一维或二维模型，通过离散水量平衡、能量平衡等控制方程，在提供边界条件和初始条件之后，求解出流量过程。该方法有完善的数学物理背景，计算结果是分布式的，理论上可以计算出河道任意一点的流量过程，但需要的数据量大，计算复杂，在实际操作中还受到计算稳定性、收敛性的影响，难以较好地应用于实际的小流域突发洪水预报[2]。经验方法将水量平衡等控制方程简化，只计算指定断面的流量过程，计算方法简便，但计算参数需要通过收集大量流域相关数据，从降雨、流量等资料中通过回归分析得到，马斯京根法是较为常见的经验方法。小流域洪水在河道传播的过程，流向比较统一，基本可以概化为一维流动。当洪峰到达水库入库断面，河道断面在库区扩大时，则需要处理为二维的动力学问题。从水库历史水位库容数据中，可以提取出库容和水位关系。洪水入库的流量可以通过时间的积分得到入库的洪水体积，再通过库容和水位曲线，得到水库水位的变化。在小流域突发洪水预报技术研究中，由于水文模拟主要基于单场降雨过程，产汇流计算得到的流量只是地表径流的流量。在计算入库流量时，还应在地表径流上加上河道前期的基流量。基流量可通过降雨前期入库观测值通过回归分析得到。基于洪水预报的三个部分，国内外提出了种类众多的水文模型。目前较为实用的主要是概念性降雨径流模型，模型根据降雨径流的物理过程来建立模型的结构，率定模型的参数。国内外典型的概念性降雨径流模型有：萨克拉门托（Sacramento）模型、水箱（Tank）模型和新安江模型。

由于山洪易发区小流域大多位于高山峡谷中，水文站点少、流域地形复杂、产汇流时间短，降雨径流等历史数据少，甚至没有历史降雨数据。这些特征难以使用传统的水文预报模型进行有效模拟，同时也难以获得传统模型分析需要的洪水致灾作用机理关键参数。目前，随着计算机技术及机器学习算法的发展，水文预报模型研究领域出现了基于机器学习算法的数据驱动模型[4,5]。相对于传统的水文预测模型通常基于对物理过程的假设，运用假设-演绎的方法建模，新兴的数据驱动模型（data-driven models，DDM）则采用归纳的建模思路，直接从数据中学习从输入（例如降水）到输出（例如流量）的映射关系。随着监测和预报历时的逐渐增长，数据驱动模型能充分利用数据，发掘数据中的信息[6]。由于数据驱动模型，能够表示复杂的非线性映射关系，因此成为传统水文模型的一类重要替代[7]。其中，人工神经网络模型[8,9]、分类回归树（CART）、自适应神经模糊推理系统（ANFIS）、支持向量机（SVM）及高斯过程（GP）也逐渐被应用于水文预测[10]。

针对山洪易发区洪水致灾突然、空间尺度小、分布数量多、成灾迅速、历史水雨情信息少的特点，研究基于数据驱动模型的山洪预报技术，构建相适应的山洪易发区小流域洪水预报模型，实现山洪易发区洪水实时快捷的预报。研究成果对山洪易发区水库致灾的预测预警，减少山洪灾害造成的损失，具有重要的实际意义。

## 4.2 小流域突发洪水监测技术

山洪监测内容主要包括降雨量和水位监测。由于山洪易发区主要分布在我国的高山、丘陵地区，受山区局地小气候影响，降雨时空分布极不均匀，所以山洪监测有别于大江大河的水雨情监测。山洪易发区洪水监测要求精度高，监测站密度大，预报作业时间短、精度高。

### 4.2.1 监测站网布设方法

#### 4.2.1.1 站网规划

合理布设山洪见报发区洪水监测站网是建设有效、可靠洪水监测系统的第一步。洪水监测站的布设不仅关系到洪水监测系统建设的规模和投资，而且关系到洪水预报精度、防洪调度的科学合理性及系统的运行和维护。因此站网布设应遵循科学合理，经济可行，管理维护方便的原则，使拟定的监测站网密度恰当，分布合理，采集到的实时水雨情信息具有很好的代表性。监测站网布设原则如下：

(1) 监测站网布设应密切结合本流域的特性，反映流域暴雨洪水特性。监测站应能满足水库运行调度所需要的雨量、水位、流量等信息要求；雨量监测站网应能正确反映各类型暴雨及暴雨中心的分布规律，能够反映流域暴雨的空间分布特性。雨量监测站布设应满足平均雨量计算的精度要求，同时应满足洪水预报方案精度要求。

(2) 监测站设置应考虑交通方便，便于通信组网、建设和运行维护，还应避开可能发生坍塌、滑坡和泥石流等不安全因素的区域。

(3) 水库工程应建设坝上水位站、出库水文站，坝上水位站应选择合适的位置，避开受水库放水、泄洪等波动影响的区域；出库水文站以控制全部出库水量为宜；对于综合利用的水库，因出口较多、不易集中控制时，可在各出口下游分别建站。

(4) 配置河系洪水预报方案时，应根据预报方案要求，在流域上游、下游逐河段设立水文（水位）监测站。

#### 4.2.1.2　站网论证

1. 有资料地区站网论证

站网论证是在站网规划的基础上，以定量分析方法确定站网数量，合理确定遥测站位置。站网论证主要方法有以下两种：

(1) 以面雨量作为目标函数进行站网论证。该方法主要是通过比较各站网布设方案平均误差来确定站网数量和分布。计算面平均雨量可用等值线法、泰森多边形法、算术平均法、两轴法等，计算中宜用暴雨等值线计算的面平均雨量作为近似真值，所选择的雨量样本应考虑不同的暴雨成因和量级的暴雨。

抽站法是利用较多雨量站资料，计算面平均雨量，然后用较少雨量站资料（包括日雨量与时段雨量）重新计算面雨量，计算抽样误差，探讨布站密度与抽样误差之间的关系，求出满足精度要求的布站数量。

如某水库坝址以上集水面积 75.9km$^2$，河长 22.26km，河床平均坡降 2.62‰，流域平均宽度 3.41km。水库坝址以上，地势自南向北倾斜，属高丘区。整个流域山峦重叠，流域内地形梯度变化大，河流源短，坡陡流急。采用抽样法进行面雨量分析，该水库面雨量比较表见表 4.1。

由表 4.1 可知，随着站数的减小，误差越来越大。结合模型方案分析后，该系统选取 5 个监测站作为优选方案。

表 4.1 某水库 3 天面雨量比较表

| 起始时间 | 9 个监测站 | | 7 个监测站 | | 5 个监测站 | | 3 个监测站 | |
|---|---|---|---|---|---|---|---|---|
| | 面雨量/mm | 误差/% | 面雨量/mm | 误差/% | 面雨量/mm | 误差/% | 面雨量/mm | 误差/% |
| 1986-06-08 | 63.5 | 0 | 63.0 | −0.8 | 62.7 | −1.3 | 66.3 | 4.4 |
| 1988-07-12 | 53.2 | 0 | 53.8 | 1.1 | 52.4 | −1.5 | 54.8 | 3.0 |
| 1990-09-13 | 76.4 | 0 | 76.1 | −0.4 | 77.5 | 1.4 | 74.6 | −2.4 |
| 1993-08-21 | 90.6 | 0 | 89.9 | −0.8 | 91.2 | 0.7 | 86.2 | −4.9 |
| 1996-09-03 | 83.9 | 0 | 84.1 | 0.2 | 82.9 | −1.2 | 86.7 | 3.3 |
| 1998-07-09 | 57.6 | 0 | 58.0 | 0.7 | 58.7 | 1.9 | 59.8 | 3.8 |
| 2000-09-16 | 98.2 | 0 | 97.8 | −0.4 | 99.3 | 1.1 | 95.2 | −3.1 |
| 2002-06-23 | 102.7 | 0 | 103.4 | 0.7 | 104.2 | 1.5 | 107.0 | 4.2 |
| 2005-09-12 | 80.5 | 0 | 81.2 | 0.9 | 79.2 | −1.6 | 83.8 | 4.1 |
| 2006-08-10 | 64.3 | 0 | 63.8 | −0.8 | 65.0 | 1.1 | 62.1 | −3.4 |
| 2008-09-15 | 86.1 | 0 | 85.6 | −0.6 | 86.9 | 0.9 | 84.0 | −2.4 |
| 2011-07-21 | 70.2 | 0 | 69.7 | −0.7 | 69.1 | −1.6 | 73.3 | 4.4 |

（2）以洪水预报精度作为目标函数进行站网论证。该方法主要是通过比较各站网布设方案的洪水预报精度对站网布设数量、位置进行定量分析，一般以相对误差 20%为标准。

以现有入库水文站作为预报断面，将流域分成若干子流域，对每 1 块再细分单元块，对每个子流域块利用降雨产流模型，根据历史水文资料，作降雨、蒸发、土壤含水量、水源分配和消退、单元河网单位线及河槽汇流等分析，率定各子流域有关参数，在达到一组调试最佳参数的条件下，与实测结果进行对比，探讨监测站点对暴雨控制的代表性。改变各子流域模型参数进行率定计算，组成多种站网方案，再分析其洪水过程拟合程度，从而求出满足精度要求的布站数量。

仍以前述水库流域为例，根据水文站点分布情况，分别按 9 个、7 个、5 个、3 个监测站建立洪水预报模型，从实测资料中选用多场降雨和洪水过程率定预报模型参数，与实测洪水过程比较，分析拟合程度，计算多场次洪水预报的平均精度，论证成果见表 4.2。

表 4.2 某水库流域洪水预报模型论证成果表

| 监测站数/个 | 9 | 7 | 5 | 3 |
|---|---|---|---|---|
| 洪峰合格率/% | 95 | 89 | 85 | 77 |

从表 4.2 可以看出，定量论证后拟选的 5 个监测站点，用预报模型计算的洪峰精度能满足精度要求（以场次洪水的洪峰相对误差不大于 20%为合格标准）。

2. 无资料地区站网论证

山洪易发区洪水监测主要是降雨量监测，降雨量与高程变化有一定的相关性，不同地区高程与降雨量的关系不同，而且受大气环流、水汽含量、山脉、气温、太阳辐射、地形的陡缓等对降雨量的影响很大。因此，山洪易发区降雨量站密度根据本地区生活条件、设站目的、地形等条件确定，应该考虑山洪易发区高程与降雨量的关系，雨量站的站址选择应该符合以下要求：

（1）面雨量站应在大范围内均匀分布。

（2）不遗漏雨量等值线图经常出现极大值、极小值的地点。

（3）在雨量等值线梯度大的地带，对防汛有重要作用的地区，应适当加密。

（4）暴雨区的站网均应适当加密。

（5）生活、交通和通信条件较好的地点。

（6）站网根据实际需要考虑降雨量布置测点数。

（7）应考虑不同高程与降雨量差别。

### 4.2.2　水雨情监测系统结构

山洪易发区水雨情监测系统是应用传感器技术、通信技术及计算机技术，完成区域内降雨量、水位、流量等各种水文数据的实时采集、传输、储存和加工整理、分析计算。根据数据通信方式的不同，系统一般由监测站、中继站和中心站组成。监测站设在区域内的水雨情监测点，可分为雨量监测站、水位监测站和流量监测站；中心站一般设在水库管理局（所）或上级管理部门处；如果系统采用超短波通信，当通信条件难以满足监测站与中心站之间直接数据通信时，还需要建设中继站，中继站一般选择在地势较高、通信条件较好处。水雨情监测系统总体结构见图4.1。

#### 4.2.2.1　中心站

中心站是数据采集和处理中心。中心站硬件设备配置主要是通信接收设备、计算机设备和电源支持系统。通信接收设备包括天馈线、各种通信终端（如超短波电台、GSM通信机、卫星小站等）；计算机设备包括水情工作站、水情服务器、打印机等；电源支持系统包括电源避雷装置、交流隔离稳压、UPS及后备蓄电池组等。水文遥测中心站结构见图4.2。

一般说来，一个中心站应该包括以下设备：

（1）实时监控计算机（水情工作站）。水文遥测信息的接收和处理一般采用台式工作站，因需要长期无间断运行，故要求工作站性能优良，适应长期运行的需要。

（2）水文数据服务器和网络设备。水文数据服务器主要是存贮水文遥测数据，其可靠性和安全性要求较高，在系统中极为重要，它要求常年不间断工

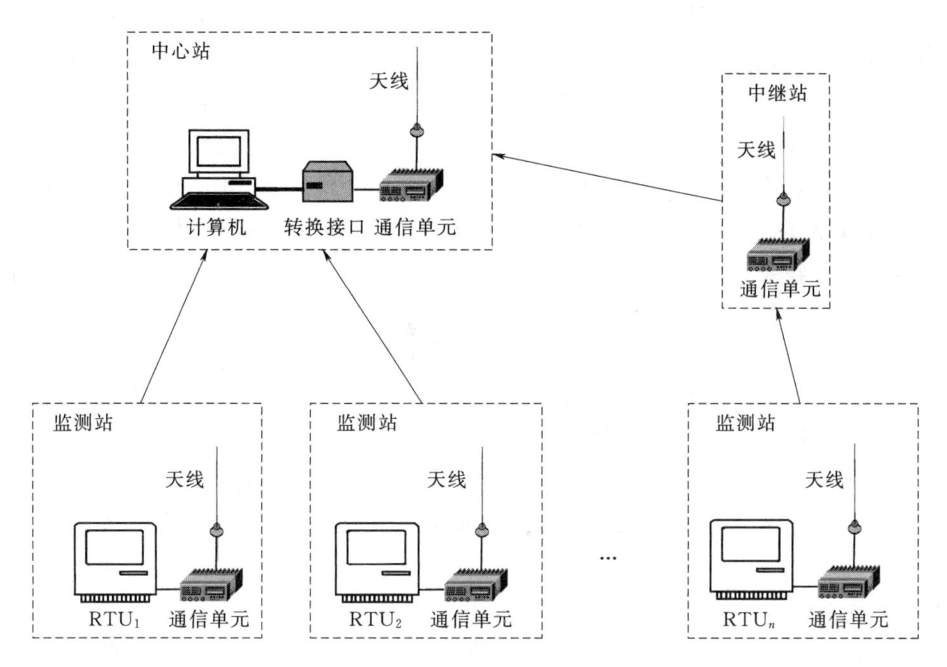


图 4.1 水雨情监测系统总体结构

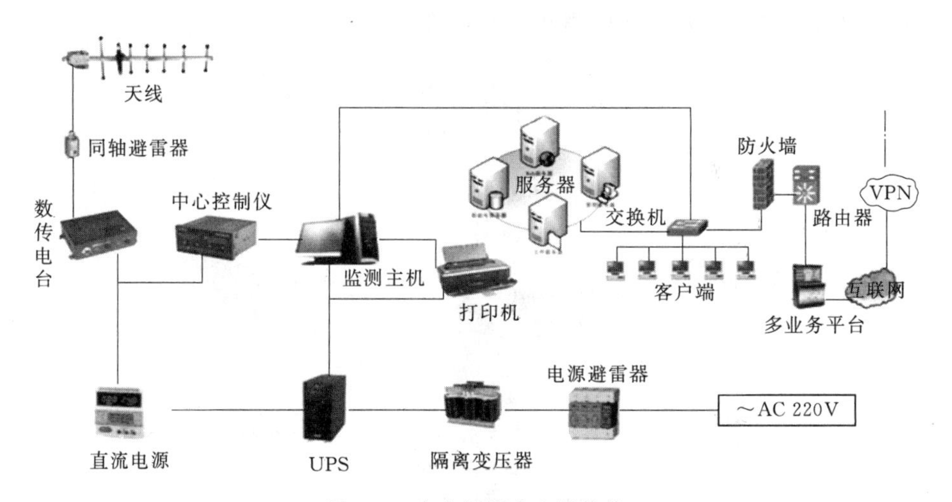


图 4.2 水文遥测中心站结构

作，因此必须选择可靠性及稳定性高的产品。

（3）所选择信道的通信终端一台或多台（双信道或多信道通信时）。

（4）中心电源避雷和供电维持设备。按电源接入的顺序，中心站的电源设备主要由电源避雷器、交流参数稳压器（或隔离变压器）、UPS、直流电稳压电源和后备蓄电池组等构成。

中心站多以局域网方式配置，采用客户机/服务器结构或浏览器/服务器结构。其主要功能如下：

(1) 中心站能随时接收或定时自动巡测或人工召测各遥测站的实时水情信息，并监测设备运行情况，巡测的时间间隔可在软件上任意设置。

(2) 对所接收的数据进行纠检错判别、合理性检查和实时处理，按规定格式存入数据库、自动备份原始数据，并修改存储的数据，进行雨量、水位插补及人工置数转发；能进行分析、统计、计算、图表处理输出，满足水情值班需要的日报表、旬报表、月报表和根据防汛部门规定的其他报表。

(3) 实时显示越限参数、设备状态及告警信息。

(4) 能显示站网位置图，通信组网图，行政区域分割、流域水系等多图层选择，并在该图上显示各遥测站、各时期实时水情数据。

(5) 能查询各站雨量柱状图、水位过程线图、流量过程线图。

(6) 可将遥测水情信息编译成水情电文向上级传送。

(7) 支持实时洪水预报、防汛会商和信息发布等。

#### 4.2.2.2　监测站

水雨情监测站的设备包括：遥测终端（RTU）、雨量传感器、水位传感器、人工置数检查器、无线调制解调器、通信机及其天馈线、太阳能电池板、蓄电池组等。典型的水雨情监测站结构见图4.3。

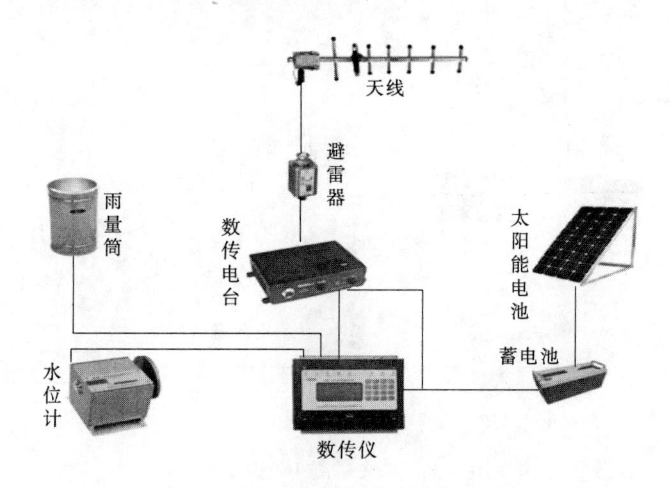


图4.3　典型的水雨情监测站结构

水雨情监测站的主要功能如下：

(1) 降雨每发生1mm（或0.5mm）的增量，遥测终端即自动采集（计数）并将雨量累计值发送出去，同时应具有合理雨强判断功能。

(2) 定时查询水位变化，当水位发生1cm以上的变化，遥测终端自动采集并将实时水位值发送出去，同时应具有水位变率判断功能。

(3) 为防止水位波动太大造成遥测终端发射过于频繁，遥测水位具有限时发送功能，即：在一次水位发送之后的一定时间间隔之内，即使水位变幅超过1cm也不发送，只有超过一定时间间隔以后的水位变化，遥测终端才采集、发送，建议的时间间隔为5min。

(4) 遥测站具有定时自报功能，当长时间（时间间隔可设置）没有参数变化时，遥测站将自动启动报数一次（参数可设置），此功能应用于遥测站的平安报，方便系统诊断。

(5) 完善的WATCHDOG功能，支持休眠唤醒工作方式，达到降低测站功耗的目的。

(6) 具有站址设定、掉电数据保护、发送前导时间设定、存贮转发、死机自动复位、超时发送强迫掉电、电源电压告警功能。

(7) 一般采用蓄电池和太阳能电池组合的供电方式，电池容量满足连续阴雨天气条件下供电电量的需要。

(8) 具有多个外接串行端口，所有外部接口都有抗干扰隔离能力。

(9) 具有实时时钟功能，每天定时接收分中心实时时钟广播，并自动进行时钟校准。

(10) 具有数据人工置入和直观现场显示功能，以便在特殊情况下采用"人工置数"，可将人工测量参数（如流量、流速、蒸发量、含沙量等）通过人工置数方式发送给分中心。

(11) 测站可设置参数：现场设置本站站号、起报水位、起报雨量、时钟等参数，同时显示水情参数、蓄电池当前容量、日期和时间等。

(12) 能够设置数据传输体制，包括自报式、查询-应答式或混合式；能存储一年的原始水文数据，数据可以到测站用便携机读取，也可以通过GPRS信道或卫星信道远程读取，当数据溢出时将自动覆盖刷新数据。

(13) 可接受中心站管理，可与中心站实现双向通信，支持远程诊断、远程设置、远程维护等。

(14) 具有多信道通信接口，以适应不同通信方式的要求。

(15) 具有主、备信道自动切换功能。

(16) 可靠性要求：无效故障时间＞25000；静态值守时功耗＜20mA（不含通信机和传感器功耗）。

### 4.2.3 水雨情监测系统通信组网

#### 4.2.3.1 通信组网概述

水雨情监测信息采集传输系统的通信组网设计，应结合所处流域内的气象条件、自然地理环境、现有通信资源、供电状况等具体情况，因地制宜地选择、确定组网方案，以保证系统的实用性、可靠性和经济性。根据通信方式不同，通信组网方案差别较大，测站与中心站之间的组网形式多为星形结构。在信道、设备设计中，应选择专网和公网相结合的原则，并充分利用现有的通信资源和设备。

随着现代通信技术的迅速发展，超短波（UHF/VHF）通信组网、GSM 通信组网、卫星通信组网、GPRS 业务等通信方式已为水雨情自动监测提供了基本技术条件，并在水雨情监测系统中得到了广泛的应用。

#### 4.2.3.2 超短波（UHF/VHF）通信组网

·频段超短波（UHF/VHF）是一种地面可视通信，其传播特性依赖于工作频率、距离、地形及气象因子等因数。国家无线电管理委员会将 230M 的频段划分给水利数据通信专用，目前国内已建系统的超短波频率大多应用在 150～450MHz 之间，它主要适用于平原丘陵地带、且中继站数目少、中继级数较少的水雨情监测系统。应用超短波（UHF/VHF）通信方式通信具有通信质量较好、设备简单、投资较少、建设周期短、易于实现、无通信资费的优点。但是若在长距离、多高山阻挡情况下使用此种通信方式传输水雨情监测数据，所需中继站数目及中转次数将明显增加，从而导致设备、土建成本的增加，系统可靠性下降，中继站址交通条件差还会给建设、安装和维护带来困难。

典型的超短波通信网络是一种树形结构的网络，见图 4.4。

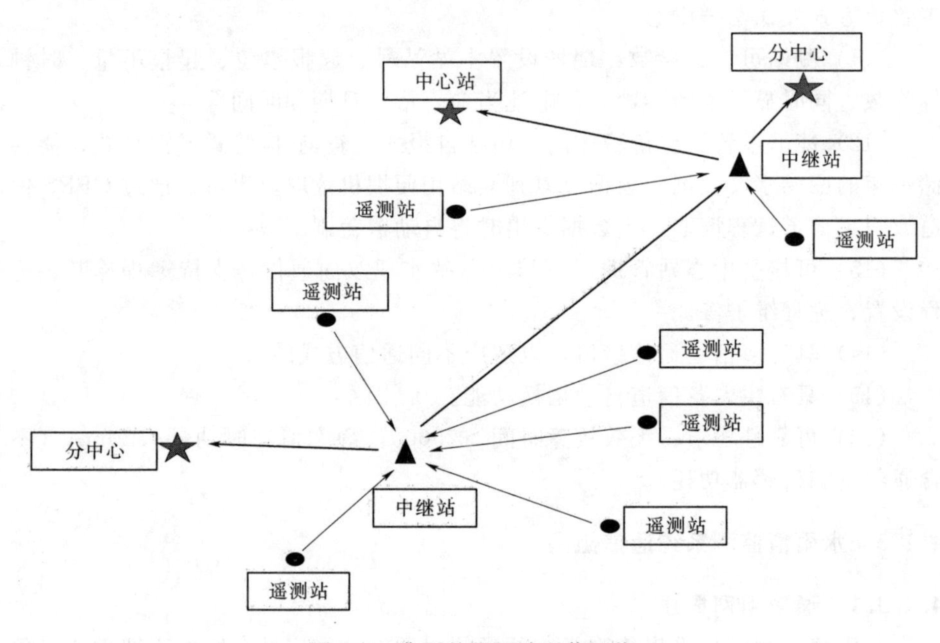


图 4.4 典型的超短波通信网络

系统不建议采用多级中继，通过建立集合转发站变换数传信道是避免多级中继的有效途径。

在调制解调器的应用上，我国大部分UHF/VHF水雨情监测系统采用FM－FSK进行数据调制，即调频-移频键控，数据传输采用异步方式。数据传输速率和副载波的选择参照以下的标准：

（1）通信速率在300bps时，依据CCITTV2.1标准，副载波传号“Mark”为980Hz，空号“Space”为1180Hz。

（2）通信速率在1200bps时，依据CCITTV2.3标准，副载波传号“Mark”为1300Hz，空号“Space”为2100Hz。

在电气标准上，副载波传号“Mark”对应“1”，空号“Space”对应“0”。

将副载波再调制到VHF/UHF载波上，就实现了高频无线电在空间电磁场中的传播。数据的解调过程是数据调制过程的逆过程。

由于超短波信号利用空间电磁波有限的频点资源进行数传，所以存在数据在空中受到干扰的情况，因此超短波系统一定要引入通信检、纠错等差错控制办法，保证系统误码率低于$10\times10^{-4}$。目前，信道编码一般采用BCH编码技术，生成多项式为：$y=x^7+x^6+x^5+x^2+1$。

超短波系统需要更高的数传通信速率时，还有DPSK、MSK等调制解调方式。

在数传收发信机的选择应用方面，已大量地选择整机电台，部分电台内置数据调制解调器，没有内置数据调制解调器的，遥测站终端设备中必须包含。部分超短波水文遥测系统的发信站仅使用超短波发射机模块，收信方仅使用超短波接收机模块，相应地降低了应用成本。

更远的遥测站点，传输路径中地形阻挡严重的站点，信号只能通过设立中继站的方式进行接力传播。具体的组网还要参照无线电路测试报告。遥测站附近有高山存在时，也可利用无线电反射波传输数据。

#### 4.2.3.3 GSM通信组网

GSM是全球移动通信系统，原称泛欧数字移动通信系统，现已发展为具有全球性通信标准的通信网络，国内近几年来GSM网络的信号覆盖、技术平台支持和各项增值业务的扩充均有飞速的发展，同时为开展水雨情监测信息传输创造了基础条件。

GSM公网通信具有网络稳定可靠、通信费用低、基本不受地域限制的优点，其最大的好处是设备体积小，安装在室内，没有引雷部件，不需要做防雷处理。因此它在水雨情监测数据传输通信方面可被认为是一种首选的通信方式。

根据GSM数据传输原理，系统不需要建设像超短波那样的中继站。

短消息业务与话音传输及传真一样，同为 GSM 数字蜂窝移动通信网络提供的主要电信业务，它通过无线控制信道进行传输，经短消息业务中心完成存储和前转功能，每个短消息的信息量限制为 140 个八位组（7bit 编码，140 个字符）。传送短消息业务的控制信道为专用控制信道（DCCH），DCCH 为点对点双向控制信道，包括独立专用控制信道（SDCCH），快速随路控制信道（FACCH）和慢速随路控制信道（SACCH）。

短消息业务（Short Message Service）是 GSM 系统中提供的一种 GSM 手机之间及与短消息实体（Short Message Entity）之间通过业务中心（Service Center）进行文字信息收发的方式，其中业务中心完成信息的存储和转发功能。短消息业务可以认为是 GSM 系统中最为简单和方便的数据通信方式，它不需要附加其他较为庞大的数据终端设备，仅使用手机就可以达到进行中文、英文信息交流目的。由于作为公网的 GSM 网络具有覆盖面广、网络能力强的特点，用户无需另外组网，在极大提高网络覆盖范围的同时为客户节省了昂贵建网费用和维护费用，同时，它对用户的数量也没有限制，克服了传统的专网通信系统投资成本大，维护费高，且网络监控的覆盖范围和用户数量有限的缺陷。利用 GSM 短消息系统进行无线通信还具有双向数据传输功能，性能稳定，为远程监控设备的通信提供了一个强大的管理支持平台。典型的 GSM/GPRS 通信网络见图 4.5。

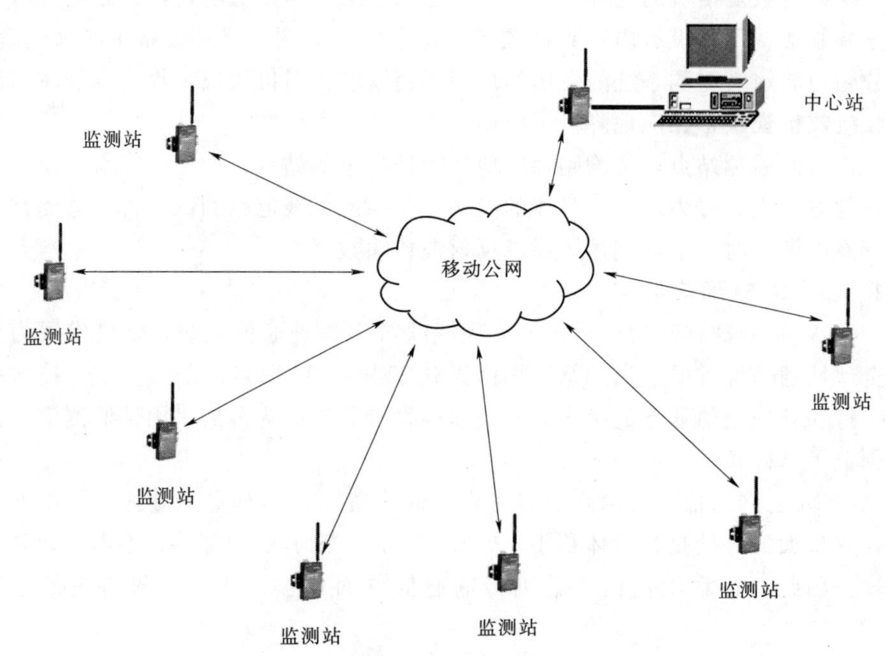


图 4.5　典型的 GSM/GPRS 通信网络

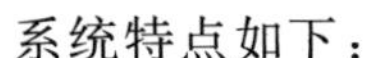

系统特点如下：

（1）先进性：采用先进的GSM技术。GSM技术作为第二代（2G）移动通信技术的主流得到了迅速的发展，GSM移动网络在我国已经具有非常广泛的覆盖范围。同时随着移动通信技术的发展，GSM网络也在不断地向前发展，如已经在GSM网络技术基础上实现了基于分组的GSM数据通信业务，并且继续向5G方向发展。因此，采用GSM移动通信技术实现水文监测系统的远程通信是具有先进性的。

（2）可靠性：GSM移动通信网络作为一个商用的电信运营级网络，其可靠性是相当高的，电信运营商在建设网络时已经充分考虑了网络的可靠性和稳定性，信息发送和接收安全可靠，不会丢失。因此采用这种商用可靠的网络作为我们应用系统通信支持平台，其可靠性是非常有保障的。

（3）实用性：GSM作为一个成熟实用的网络，已经为广大的用户提供服务，其满足用户需求，实现资源共享，信息交流，提高业务能力和工作效率的实用性是显而易见的。

（4）经济性：首先，采用GSM移动通信方式在网络建设上不需要投入，也不用租用通信线路，GSM收发器系统可以采用目前免月租费的SIM卡，现在移动开户费用已经取消；其次，根据移动公司短信息的收费标准，这种系统运行通信费用与其他通信方式相比具有非常好的经济性。

GSM的组网结构是星形结构。GSM水雨情监测系统建设的限制条件是在信号不覆盖的地点则无法建站，此时需要通过其他通信手段来弥补。

GPRS网络是在公用移动通信网GSM网络之上，新增两个节点SGSN（服务GPRS支持节点）和GGSN（网关GPRS支持节点）而形成的移动分组数据网络。GPRS网络克服了GSM网络中电路交换速率低、资源利用率差等特点，最大限度地利用了现有的GSM网络资源，提高了传输速率。而且GPRS支持基于标准数据通信协议的应用，可以和M网、X.25网互联互通，支持特定的点到点和点到多点服务，对不同的服务有不同的优先级、可靠性、延迟标准和数据速率，可根据实际灵活选择服务质量参数为用户提供服务，从而使GPRS能很好地支持频繁地、少量突发性数据业务。如果采用GPRS通信方式，每个监测站传送数据每月只需支付少量的通信费用，除可正常传送监测数据外，还可传递视频监控信号。GPRS模块还可以实现一点双发，如将现场监测站监测到的数据同时发往两个监测中心。

#### 4.2.3.4 卫星通信组网

卫星通信具有传输距离远，通信频带宽，传输容量大，组网机动灵活，不受地理条件的限制，建站成本及通信费用与通信距离无关等特点。目前可以利用的卫星通信方式有北斗卫星通信、VSAT卫星通信、海事卫星通信和全线通

SCADA 卫星通信系统。

北斗星导航系统是基于我国具有自主知识产权的第一代卫星导航定位系统建立的，它由工作星、备用星组成，可全天候、全天时提供卫星导航信息和通信服务的通信导航系统，可在我国及周边广大地区，为公路交通、铁路运输、海上作业、水文、气象等领域提供定位及数据通信服务，信号覆盖全国。

北斗星导航系统基本业务功能包括：定位信息、短信息通信、精密授时和 GPS 差分信息广播，增强功能包括群（组）呼和遇险安全告警。该系统由空间卫星、地面控制中心站和用户终端三部分组成。空间部分由两颗地球同步卫星组成，执行地面中心站与用户终端的双向无线电信号的中继任务，所以又称双星系统。地面控制中心（即网管中心）负责无线电信号的发射和接收，及整个工作系统的监控管理，负责系统内用户的登记注册、识别、数据处理和运行管理。用户终端是直接由用户使用的设备，用于接收发送经卫星转发的地面中心站的各种信息。

北斗星导航系统提供的上述业务功能可应用到水雨情监测系统中来，建立卫星水雨情监测系统。与建立水雨情监测系统相关的主要技术参数如下：

(1) 地面站至卫星至终端（出站信道）：扩频/时分/多路，C 波段，出站速率：31.25kb/s、62.5kb/s（标称）、125kb/s 等多速率选择。

(2) 终端至卫星至地面站（入站信道）：扩频/时分，码分/多址，S/L 波段，入站速率：15.625kb/s。

所谓时分/多路体制即地面站以一定帧周期的信号形式连续在不同出站波束上发送信号。采用该体制可以在正向链路中避免系统内部干扰，使用户终端设备简化。

采用扩频通信机制易于实现码分多址，提高抗干扰能力和信息传输容量。采用北斗卫星遥测设备组成的水雨情监测系统具有如下特点：

(1) 卫星通信设备集成度高，天线尺寸小，安装简单，可缩短建设周期。

(2) 系统设备功耗低，可用蓄电池和太阳能浮充组合供电。

(3) 使用 L 波段通信，与 Ku 波段通信相比，基本不受雨衰的影响。

(4) 通信费用按每次发送的包计费，其可与电话一样实现月租，运行成本较低，不需申请专用信道，适合水文信息数据量小、信道利用率低的特点。

(5) 传输时效及速率快，有三种时效保证。

(6) 系统采用点对点或点对多点的通信，单个遥测站出现故障不会影响整个系统的正常运行。

(7) 在中心站可监视系统的工作状况，出现故障不用像超短波中继通信方式一级一级地去检查，系统维护方便快捷。

(8) 在中心站可通过远地编程，改变遥测站定时自报间隔时间和传感器增

量发送门限值等参数。

#### 4.2.3.5 多信道复合系统组网结构

如前所述，系统可选用的通信组网方式有超短波、卫星通信（北斗卫星，VSAT，Inmarsat 等）、移动通信（GSM/SMS 或 GSM/GPRS）、短波信道（SW）等多种通信方式。随着国家防汛指挥系统的逐步投入建设，多信道系统复合组网已越来越多地投入了实际运用。

根据系统流域的自然地理特性，区间各站点的通信现状以及组建水雨情监测系统的实践经验和当今通信及网络技术的发展趋势，同时考虑到系统建成后便于运行管理，保证本系统信息流畅、有效和实用，系统建设数据传输方式推荐方案为：采用主、备用信道进行混合组网，系统配备“双信道”，互为备份。当主信道出故障时，自动切换到备用信道；主信道恢复正常时，即返回主信道传输数据。整个网络测站数据平时由主信道直接传送到中心站或分中心站，紧急情况下还可启用双信道并行工作。

信道的选择和切换在中心和遥测站的配合下进行。例如，当超短波通信作为主信道使用时，主信道每次发送数据后均需要接收回执确认，在尝试 3 次以后，若仍接收不到上位机发来的回执则发出切换信道的命令启用备份信道发送数据。

作为主信道也可工作在不需要回执确认的状态（通过开关选择），应根据系统实际情况选用。

复合组网还包括分中心（或集合转发站）到中心的通信网络，也有多信道的特征。

### 4.2.4 水雨情监测系统的工作体制

水雨情监测系统应根据功能要求、电源、交通、可应用的通信信道、信道质量和管理维护力量等条件，按照经济合理的要求，选用部颁规范中推荐的自报式、查询应答式或兼容式工作体制。

#### 4.2.4.1 自报式系统工作体制

自报式水雨情监测系统在遥测站设备控制下采用随机自报和定时自报相结合完成数据上报。

（1）遥测站随机自报：每当被测的水雨情参数发生一个规定的增减量变化时，如雨量增加 1mm 或水位涨落 1cm，且本次水位发送与上次发送数据时间间隔大于规定的值（如 5min）即自动向分中心发送一次数据。

（2）遥测站定时自报：每隔一定时间间隔，不管参数有无变化，即采集和报送一次水雨情数据，中心的数据接收设备始终处于值守状态，定时自报报送平安报文，表明遥测站终端处于正常工作状态，这主要应用于系统设备的检查维护。

自报工作方式是在遥测站雨量、水位等参数发生一个计算单位的变化时实时将实测值传送到中心站，其遥测站通信机平时处于关机状态，终端机可使用发射模块，因此可以降低系统的功耗和成本。这种工作方式便于遥测站使用太阳能和蓄电池组合供电，结构简单，可靠性较高，实时性强，能很好地反映降雨和水位等变化的全过程。

由于各个遥测站随机发报，对于超短波遥测系统就有可能出现空中数据碰撞造成本次数据丢失，但可以通过其他的技术途径弥补，如雨量参数采用全量发送，水位参数插补处理等，根据经验，系统规模小于50个站点，同频干扰对系统建设的影响可以忽略不计。系统站点增加过多，则要增加使用频点，或变换通信信道来提高系统的畅通率。

国内大部分系统采用自报式工作体制，主要原因如下：

(1) 自报式终端结构精简，可靠性高，由于每次发射数据时才上电工作，采集信号的时间很短（小于0.5s），受外界干扰的概率低。

(2) 自报式终端也具有自动“握手”机制，即当遥测站根据被测参数的增量变化或定时时间，自动采集并报送数据给中心站后，能够等待一段时间自动接收到来自数据通信网通信协议的应答信号，以确认本次数据通信准确无误；若遥测站在给定时间内未接收到回执确认，则能够自动重发。

(3) 自报式终端也能具有主信道和备用信道自动切换功能。终端RTU通过主信道报送数据给中心站后，如果“握手”三次不成功，则自动切换到备用信道报送数据给分中心。

#### 4.2.4.2 查询应答式系统工作体制

系统的数据采集由中心站来主动控制，自动定时巡测或随机召测监测站，监测站响应中心站的查询（或召测）命令，实时采集水文数据并发送给中心站。定时自动巡测的时间间隔，可根据系统数据处理和预报作业的需要，在15min、30min和1h、2h、3h、4h、6h、8h、12h等间隔档次中选择。

查询应答式工作方式监测站自身能对水文、气象等参数发生的变化自动采集和存储，但不主动传送给中心站。只有当中心站发出查询命令时，才将当前水文监测参数传送给中心站，因为要接收中心站的查询命令，所以监测站通信机处于长期守候状态，因此功耗较大。

超短波水雨情监测系统采用查询应答式工作方式时避免了数据碰撞，但增加了监测站的值守功耗。

查询应答系统主要用于远程设备管理和远程站点历史数据下载。

#### 4.2.4.3 混合式系统工作体制

混合式系统工作体制具有自报、查询-应答两种工作方式的特点，既能很好地反映降雨水位等变化的全过程，又能响应中心站的查询，其缺点也是功耗较大。

系统数据采集与传输的工作体制应尽量选为自报式体制，并在某一信道上能够支持中心站召测功能。通过软件设置支持上述几种数据传输体制，无需修改硬件，能够自动或根据中心指令，在暴雨时，水位陡涨或达到警戒水位情况下，主动增加传送数据频度。

### 4.2.5 水雨情监测方法

#### 4.2.5.1 降雨量监测

1. 观测点布置

降雨量观测场地面积一般应不小于4m×4m，应避开强风区，其周围应空旷、平坦、不受突变地形、树木和建筑物以及烟尘的影响，使在该场地上观测的降水量能代表水平地面上的水深。

观测场不能完全避开建筑物、树木等障碍物的影响时，要求雨量器（计）离开障碍物边缘的距离，至少为障碍物高度的2倍，保证在降水倾斜下降时，四周地形或物体不致影响降水落入观测仪器内。

在山区，观测场不宜设在陡坡上或峡谷内，要选择相对平坦的场地，使仪器口至山顶的仰角不大于30°。难以找到符合上述要求的观测场时，可酌情放宽，即障碍物与观测仪器的距离不得少于障碍物与仪器器口高差的2倍，且应力求在比较开阔和风力较弱的地点设置观测场，或设立杆式雨量器（计）。如在有障碍物处设立杆式雨量器（计），应将仪器设置在当地雨期常年盛行风向过障碍物的侧风区，杆位离开障碍物边缘的距离，至少为障碍物高度的1.5倍。在多风的高山、出山口、近海岸地区的雨量站，不宜设置杆式雨量器（计）。

2. 降雨量观测仪器

降雨量主要采用雨量器或雨量计来观测。目前我国使用的观测降雨量的仪器有雨量器、虹吸式雨量计和翻斗式雨量计。目前普遍用于降雨量监测的是翻斗式雨量计，雨量计的承雨器口内径采用200mm，允许误差为0～0.6mm。承雨器口呈内直外斜的刀刃形，刃口锐角为40°～45°。

翻斗式雨量计结构简单、性能可靠，可把降雨量转换成电信号，便于自动采集，已广泛应用于水文自动测报系统和雨量固态存储系统等自动化采集的系统中。

翻斗式雨量计由承雨器、筒身、翻斗、干簧管及底座等组成。翻斗一般由金属或塑料制成，支撑在轴承上。翻斗下方左右各有一个定位螺钉，用于调节翻斗每次的翻转水量。翻斗上部装有磁钢，机架上装有相应的干簧管。仪器内部有圆形水泡，下部有三个脚螺丝，用于雨量计的调平。

翻斗式雨量计工作原理：降雨进入承雨器后，经过滤网和漏斗进入翻斗。当翻斗内水量达到规定量时，翻斗自行翻转。翻转过程中，带动上部磁钢与干簧管发生相对运动。当磁钢经过干簧管时，使干簧管接点吸合，表示降了一个单位的雨量。

3. 雨量器（计）的安装

（1）雨量器（计）的安装高度，以承雨器口在水平状态下至观测场地面的距离计。雨量器的安装高度为0.7m，雨量计的安装高度为0.7m或1.2m，杆式雨量器（计）的安装高度不超过3m。

（2）雨量器（计）承雨器口的安装高度选定后，不得随意变动，以保持历年降水量观测高度的一致性和降水记录的可比性。

（3）仪器安装前，应检查确认仪器各部件完整无损及传感器、记录器反应灵敏、正常后，才能进行安装。

（4）雨量器（计）均固定安置于埋入土中的圆形木柱或混凝土基柱上。基柱埋入土中的深度应能保证仪器安置牢固，在暴风雨中不发生抖动或倾斜，基柱顶部应平整，承雨器口必须保持水平。

（5）安置雨量器（计）的基柱，要配特制的带圆环的铁架套住雨量器，铁架脚用螺钉或螺栓固定在基柱上，以维护仪器安置位置不变，并便于观测时替换雨量筒。

（6）安装雨量器（计），一般用三个螺钉或螺栓将仪器底盘固定在基柱上，并用三根铅丝或钢丝拉紧，绳脚与雨量器（计）底壳的距离一般为拉高的1/2。承雨器口安装高度大于2m时，铅丝或钢丝与地面的夹角在60°左右。

（7）翻斗式遥测雨量器（计）的传感器安装在观测场，安装方法同机械传动的雨量计，记录器（包括计数器）安装在观测室内稳固的桌面上，要便于工作，避免震动。连接传感器和记录器（计数器）的电缆应安装牢固、可靠，加屏蔽保护，配防雷设备，使其不受自然和人为的破坏，接电缆线之前，先接上稳压电源。为保证记录的连续性，在有交流电源地区，应同时接上交流和直流电源。

（8）仪器安装完毕，应用水平尺检查器口是否水平，用测尺检查安装高度是否符合规定，用五等水准引测观测场地面高程，如附近无水准点可在大比例尺地形图上查得。

#### 4.2.5.2　水位监测

水位监测分为水库水位和河道控制断面水位监测。

1. 测点设置

水位站的站址选择应满足监测的目的和观测精度的要求，水位观测断面宜

选在岸坡稳定、水位有代表性的地点。水位观测的水准基面应与水工建筑物的水准基面一致。

(1) 上游（水库）水位观测。水位观测站应设在水面平稳、受风浪和泄流影响较小、便于安装设备和观测的地点。一般设置在岸坡稳固处或永久性建筑物上，能代表坝前平稳水位的地点。

(2) 河道控制断面水位观测。河道控制断面水位观测站应与测流断面统一布置，一般选择在水流平顺、受泄流影响较小、便于安装设备和观测的地点。

2. 观测方法

根据水位测点的地形、水流条件等，水位观测一般可采用水尺、浮子式水位计、压力式水位计和超声波水位计等方式。

(1) 水尺。每个水位测点必须设置水尺进行水位观测，即使采用其他水位观测方式，也应设置水尺，它是水位测量基准值的来源，也可以定期进行比对和校测。

水尺通常由搪瓷板、合成材料或木材制成，长度为1m，宽约10cm，水尺刻度分辨率为1cm。水尺要求具有一定的强度、不易变形，具有耐水性，温度伸缩性应尽可能小。水尺刻度应清晰、醒目，为了便于夜间观测，水尺表面应有荧光涂层。

水尺设置的位置应便于观测人员接近直接观读水位，并应避开涡流、回流、漂浮物等影响，在风浪较大的地区，必要时应采用静水设施。水尺布设的范围应高于最高、低于最低水位0.5m。相邻两支水尺的观测范围宜有0.1～0.2m的重合，当风浪经常较大时，重合部分可适当放大至0.4m。

根据水尺安装使用方式的不同，可分为直立式水尺、倾斜式水尺和矮桩式水尺。

1) 直立式水尺：直立式水尺是沿水位观测断面的坡面不同高程设置若干水尺桩，并将水尺固定在水尺桩上，见图4.6。水尺桩可由混凝土、金属或木材制成，桩基一般由混凝土制成，并与岸坡牢固结合。水尺桩上固定的水尺板应不超过2m，相邻两水尺的水位刻度应有一定的重合。

安装后，应用精密水准测量方法确定每根水尺的零点高程。水尺读数加上该水尺的零点高程即为水位高程。

当测量断面建筑物有合适的直立面时，也可沿建筑物直立面直接安装水尺板。

2) 倾斜式水尺：有些水位观测断面具有平直的斜坡，如大坝坝面，可采用倾斜式水尺。设置时，在水位观

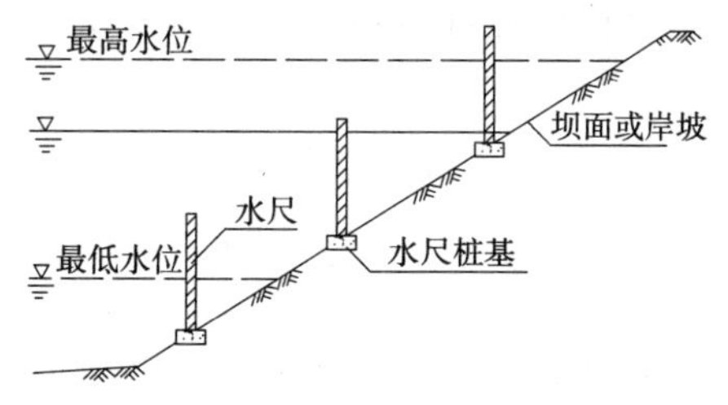

图4.6 直立式水尺安装示意图

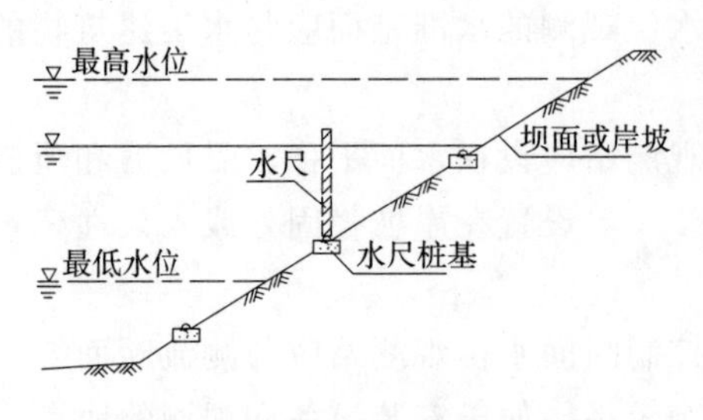


图 4.7　矮桩式水尺安装示意图

测断面上，采用精密水准测量的方法，测出各水位高程对应的位置，并按直立水尺的模式，用油漆或荧光漆画出清晰的刻度，刻度数字底板的色彩对比应鲜明，且不易褪色、不易剥落。水位高程可在倾斜面尺上直接读出。

3）矮桩式水尺：矮桩式水尺的安装埋设与直立式水尺基本相同，见图 4.7。桩基要高出岸坡地面，在桩基面上安设一圆形水准基点。测量时，观测人员在被水淹没的桩基上放置专用水尺，水尺读数加上桩基基点高程，即为水位高程。由于测量时观测人员必须靠近水边，才能将水尺安放在桩基上，所以在岸坡较为平缓时，不宜采用，否则就要求大量的桩基。

水尺设置完成后，对设置的水尺必须统一编号，各种编号的排列顺序应为组号、脚号、支号、支号辅助号。水尺编号应标在直立式水尺的靠桩上部、矮桩式水尺的桩顶上或倾斜式水尺的斜面上的明显位置。

(2) 浮子式水位计。浮子式水位计是世界上应用最广的水位量测仪器之一，具有简单可靠、精度高、易于维护等特点。但使用浮子式水位计时，必须建设水位测井，有些场合建水位井较为困难，或造价很高，使其在使用上受到一定限制。

浮子式水位计由浮子、重锤、悬索、水位轮、转动部件和水位编码器（或记录仪）组成，见图 4.8。浮子漂浮在水位井内，随着水位的升降而升降。绕过水位轮的悬索一端固定在浮子上，另一端固定一个平衡锤，平衡锤自动控制悬索的张紧和位移。悬索带动水位轮旋转，由转动部件将水位轮的旋转传递给水位编码器（或记录仪）。

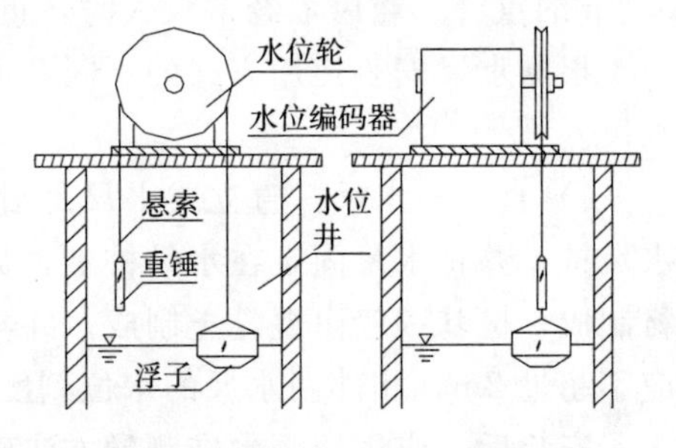


图 4.8　浮子式水位计示意图

浮子式水位计水位井可根据监测现场的具体情况进行设计。如果测量断面建筑物有合适的直立面时，可沿建筑物直立面直接安装水位观测井，见图 4.9 (a)；对于斜坡断面，按水位井的结构型式可分为岛式［图 4.9 (b)］、岸式［图 4.9 (c)］或岛岸结合式。

水位测井不应干扰水流的流态，测井截面可建成圆形或椭圆形。井壁必须垂直，井底应低于设计最低水位 0.5～1m，测井口应高于设计最高水位 0.5～1m。水位测井井底及进水管应设防淤和清淤设施，卧式进水管可在入水口建

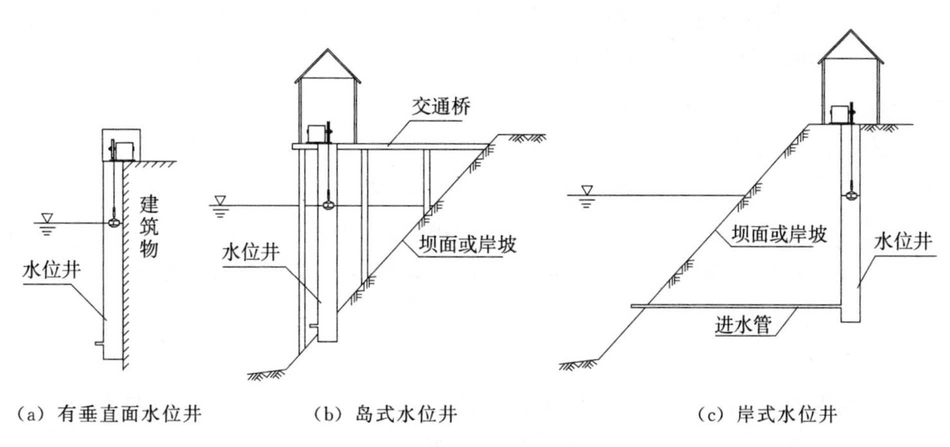


图 4.9 浮子式水位计示意图

沉沙池。测井及进水管应定期清除泥沙。

水位测井可用金属管、钢筋混凝土、砖或其他适宜的材料建成。测井截面应能容纳浮子随水位自由升降，浮子与井壁应有 5～10cm 间隙，水位滞后不宜超过 1cm，测井内外含沙量差异引起的水位差不宜超过 1cm，并应使测井具有一定的削弱波浪的性能。

进水管、管道应密封不漏水，进水管入水口应高于河底 0.1～0.3m，测井入水口应高于测井底部 0.3～0.5m。有封冻的地区，进水管必须低于冰冻线。

进水管可用钢管、水泥管、瓷釉管等材料。根据需要可以设置多个不同高程的进水管。

(3) 压力式水位计。压力水位计是通过量测静水压力来实现水位测量的观测仪器。它直接将静水压力转换成电信号，再经测量仪表将电信号转换成水位值。

压力水位计按压力传递方式分为投入式和气泡式水位计。投入式水位计是将压力传感器直接安装于水下，通过通气电缆将信号引至测量仪表；气泡式水位计是通过一根气管向水下的固定测点吹气，使吹气管内的气体压力和测点的静水压力平衡，通过量测吹气管内压力实现水位的测量，其传感器置于水面以上。

压力水位计的优点是安装方便，无需建造水位测井。

压力式水位计安装示意图见图 4.10，压力传感器宜置于设计最低水位

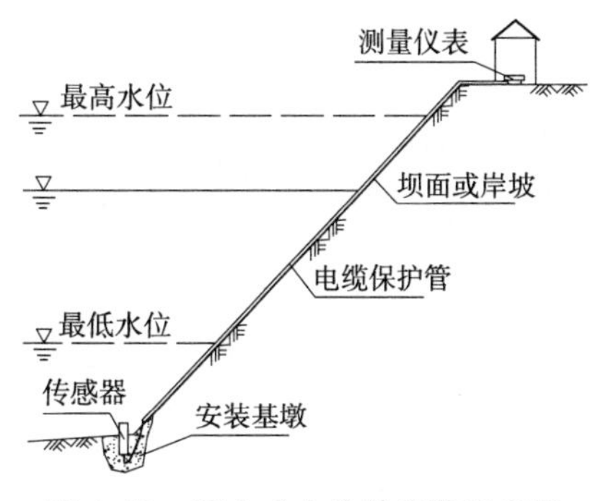


图 4.10 压力式水位计安装示意图

以下0.5m，当受波浪影响时，可在二次仪表中增设阻尼装置。当设一个传感器量程不够时，可根据情况分级设置多个传感器。压力传感器的感压面应与流线平行，不应受到水流直接冲击。

传感器的底座及安装应牢固，传感器的高程可按水尺零点高程测量的要求测定。传感器测得的水头差加上传感器高程即为水位高程。

通气电缆可顺坝面或岸坡引出水面，电缆应加保护管可靠保护，其出口必须高出最高水位。通气电缆与普通电缆的连接应采用专用干燥接线盒。

#### 4.2.5.3 流量监测

1. 观测布置

流量观测断面应选择断面稳定、水流顺直的河段，必要时还应对测流断面进行人工处理，如修直河道、建设宽顶堰等。

2. 观测方法

(1) 转子式流速仪法。转子式流速仪是水文测验中使用最广的常规测量仪器。转子式流速仪由旋转、发讯、身架、尾翼和悬挂等部件组成。转子式流速仪是根据水流对转子的动量传递进行工作的，将水流直线运动能量通过转子转换成转矩。在一定的流速范围内，流速仪转子的转速与水流速度呈近似的线性关系。即：

$$v=Kn+C \tag{4.1}$$

式中：$v$ 为水流流速，m/s；$n$ 为流速仪转子的转率，转/s；$K$ 为流速仪转子倍常数；$C$ 为常数；其中 $K$、$C$ 通过流速仪检定水槽得到。

采用转子式流速仪进行泄水建筑物流速观测时，一般要在测量断面设置安装支架，见图4.11。安装支架应有足够的强度，安全可靠。流速仪在正常使用情况下，检定成果稳定期一般为1年或累计工作300d，按水文测验规范要求，超过稳定期后，应立即送检。

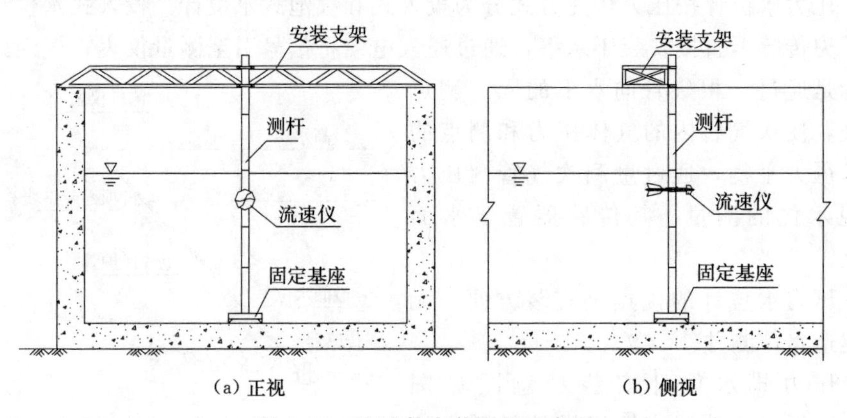


图4.11 流速仪安装测流示意图

(2) 超声波测流法。超声波测流法是利用超声波在水中的传播特性来测定水的流速的方法。超声波测流按其测量原理分为时差法和多普勒法。

1) 超声波时差法。超声波时差法测速是利用超声波在静水中和动水中的传播速度差来测定水的流速，假定超声波在静水中的传播速度为 $C$，水流速度为 $v$。在水中顺流传播时，其传播速度应为 $C+v$；在水中逆流传播时，其传播速度应为 $C-v$。则测出顺流与逆流传播的时间差，就可求出水的流速。断面水流平均流速乘以断面面积等于断面流量。

超声波流速仪由换能器和测控仪组成，两个换能器分别安装有测量断面的两岸边，见图 4.12。两个换能器应安装在同一高程上，两岸的换能器应相互对准，对向误差不得大于 5°，水流流向与超声波传播方向的夹角应为 45°左右，换能器距底面高度和距水面深度应大于 0.2m。对于水深较大的断面，应在不同深度安装多对换能器，一般要设 3～4 层。由于超声波的传播速度受整个断面的这一层水流影响，所以它测量的是这一层水的平均流速，这对流量计算有利。超声波流速仪具有自动测量功能，利于自动化监测。

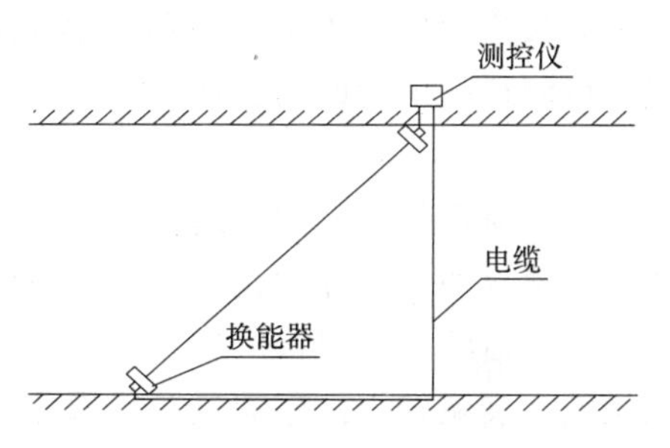

图 4.12 超声波流速仪安装示意图

2) 超声波多普勒法。超声波多普勒法是利用多普勒效应原理进行测速的。多普勒效应：当频率为 $f$ 的振源与观察者之间相对运动时，观察者接收到的来自振源的辐射波频率会发生频移，为 $f'$。测出由于相对运动而产生的频移，就可测定被测物体的运动速度。多普勒测速原理见图 4.13，$A$、$B$ 分别代表超声波发射端和接收端，是固定的，$D$ 为被测物，以速度 $v$ 运动。当 $A$ 发射频率为 $f$ 的辐射波时，辐射波经物体 $D$ 的反射产生频移后，接收端 $B$ 接收的频率为 $f'$。多普勒频移 $f''$为：

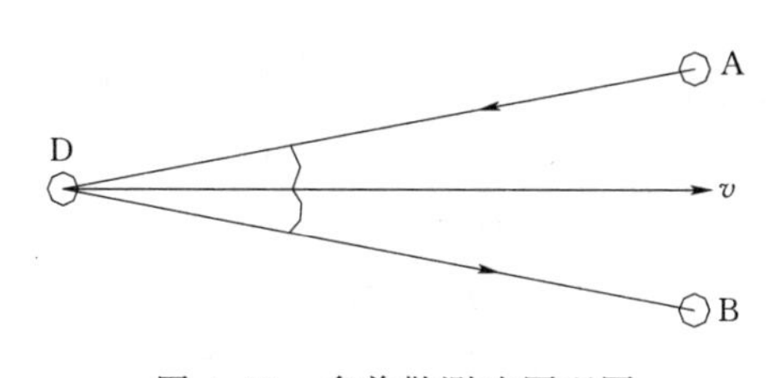

图 4.13 多普勒测速原理图

$$f''=f'-f=f\frac{v}{C}(\cos\theta_A+\cos\theta_B) \tag{4.2}$$

式中：$C$ 为超声波的传播速度，m/s；$\theta_A$、$\theta_B$ 分别为运动方向与 AD、BD 连线的夹角。

A、B 点固定后，$C$、$f$、$\theta_A$、$\theta_B$ 均为已知，由式 (4.2) 得：

$$v=[C/f(\cos\theta_A+\cos\theta_B)]\cdot f''=K\cdot f'' \tag{4.3}$$

由式（4.3）可知，物体速度与频移 $f''$ 之间呈线性关系。在测量水体流速时，是将水中的悬浮物或气泡作为反射体，测出其运行速度，即可测出水的流速。

多普勒超声波流速仪由换能器、发射器、接收器和控制处理仪组成。其安装方式与转子式流速仪基本相同。

多普勒剖面流速仪：多普勒剖面流速仪（ADCP，Acoustic Doppler Current Profile）利用多普勒测速原理，在水面或河底，向下或向上发射超声波，并接收不同水深处返回的声波，根据不同水深处的多普勒频率，采用矢量合成方法，测出一条测速垂线上各点的流速。在测速断面上布置多条测速垂线，可测得整个断面的流速分布。ADCP 自动化程度很高，便于接入自动化监测系统。

电波流速仪：电波流速仪也是利用多普勒效应原理进行测速的。超声波多普勒流速仪的传输介质是水，而电波流速仪的传输介质是空气。由于超声波在空气中传播的衰减很快，所以电波流速仪传播的是电磁波，频率高达 10GHz，属微波，衰减较小。电波流速仪属非接触式测量仪器，使用时将流速仪架设在桥上或岸上，使用方便，应用广泛。

## 4.3　小流域突发性洪水预报方法

### 4.3.1　小流域洪水预报数据驱动模型

传统的概念模型与物理模型计算需要获取的历史资料和参数较多，且在计算过程中易受到算法稳定性的影响。近二十年来出现了大量运用机器学习算法进行水文预测的研究，基于这些机器学习算法提出的数据驱动模型（data - driven models，DDM）可以直接从数据中学习从输入（例如降水）到输出（例如流量）的映射关系，实现洪水预报计算。为此，针对小流域突发洪水预报的特点，初步选取人工神经网络、决策向量机和高斯过程三种机器学习算法建立数据驱动的洪水预报模型，为了确保方法的实用，以满足小流域实时洪水预报的要求，同时还对三种方法的计算复杂度进行评估。

#### 4.3.1.1　人工神经网络模型

人工神经网络（ANN）模仿生物大脑的神经回路，由一组连接紧密的节点构成。每一个节点接受一定数量的实值输入数据（也可能是其他节点的输出数据），并且产生单个实值输出，该输出可能是其他节点的输入数。经证明，包含三层的向前传播网络可以精确模拟任意函数。人工神经网络的灵活性使它成为在水文预报领域中最为广泛运用的一种机器学习算法。Sudheer 等[9] 比较了印度东部地区 Baitarani 河的多种降水-径流模型。他们根据自相关和互相关选取 ANN 模型的最优输入数据，模型得到的结果优于自回归移动平均模型（ARMA）和多元线性回归模型（MLR）。此外，ANN 模型也被用于基流（baseflow）的模拟，Corzo 等[8]针对基流的水文过程线高流量部位和低流量部位的不同特征，分别建立 ANN 模型加以模拟。

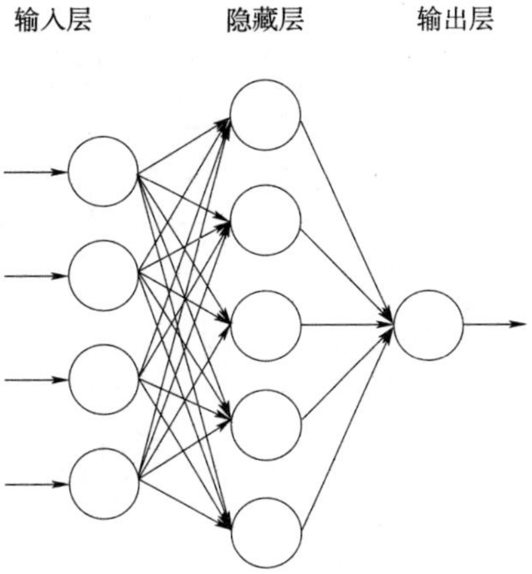

多层感知元网络（MLP）是常用的一种神经网络结构，整体由输入层、隐藏层和输出层构成，见图 4.14。

输入层 隐藏层 输出层

图 4.14 人工神经网络结构

对于 MLP 网络，信息从输入层，经由节点间的连接，流至输出层。每一个节点，先计算它的输入数据的加权和，再将加权和经由传递函数计算该节点的输出值。隐藏层的节点常用 S 形（sigmoid）函数作为传递函数，如下式：

$$S(t)=\frac{1}{1+\mathrm{e}^{-tk}} \tag{4.4}$$

式中：$t_k$ 是该节点 $k$ 输入数据的加权平均，即：

$$t_k=w_1x_{1(k)}+w_2x_{2(k)}+\cdots+w_kx_{n(k)}+b_k=\boldsymbol{w}_k\boldsymbol{x}_k+b_k \tag{4.5}$$

式中：$\boldsymbol{w}_k$、$b_k$ 为该节点 $k$ 的系数。所有节点的系数记为 $\boldsymbol{w}$、$b$，可由反向传播算法（backpropagation）根据训练数据计算得到。给定一组训练数据 $\{\boldsymbol{X},\ \boldsymbol{y}\}=\{(\boldsymbol{x}_i,\ y_i)\ |\ i=1,\ \cdots,\ m\}$，反向传播算法最小化为计算目标：

$$E(w,b)=\frac{1}{2}\sum_i(\hat{y}_i-y_i)^2 \tag{4.6}$$

在式（4.6）中，当损失函数 $E$（$w$，$b$）中没有约束项时，反向传播算法 MLP 容易过拟合数据。为了防止过拟合，常采用提前停止法，将数据分为两部分，即训练数据和验证数据。训练过程的每一个迭代步中，由训练数据习得的神经网络在验证数据上进行测试，监测其泛化误差。在训练的初期，泛化误差通常会和训练误差一起减小，直到某一时期神经网络开始过拟合数据。这时，泛化误差在连续几个迭代步中上升，尽管训练误差还在减小。这时训练就停止，对应最小泛化误差的那组系数 $\boldsymbol{w}$、$b$ 也就作为最优结果。

需要注意的是，在网络具有足够数量节点的条件下，三层或以上的前馈式（feed forward）网络能拟合任意函数至任意精度。但在实际计算过程中，考虑到计算效率，可选择适中大小的神经网络以表达水文预报中高度非线性的各种

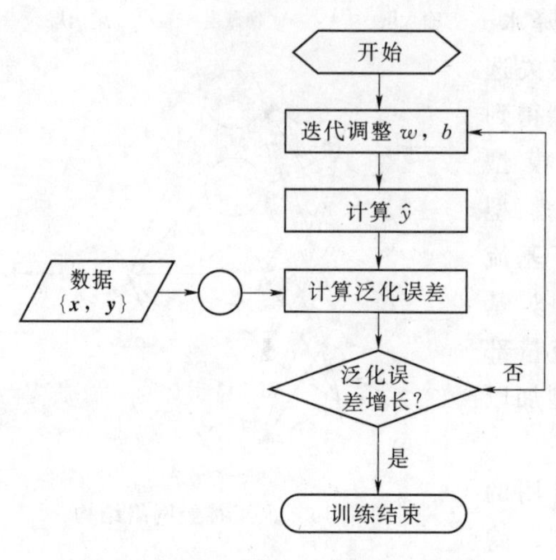


图 4.15 人工神经网络算法流程图

复杂函数关系。为了模拟够模拟降雨、径流间的关系，可选择三层结构的网络，输入层的降雨数据节点个数等于输入降雨数据的维度，输出层通常有一个节点，即输出任一时刻的径流量。而隐藏层节点的个数通常需要用户根据泛化误差的优化而选取。常采用的方法是 $k$ 折交互验证，即将降雨和径流训练数据分为 $k$ 个子集。每一次，用 $k-1$ 个子集的数据训练网络，用剩下的1个子集的数据测试网络得到泛化误差。如此重复 $k$ 次，每次使用不同的测试子集。最后取 $k$ 次泛化误差的平均值。用不同的节点个数重复这一过程，选取对应最低泛化误差的那个节点个数。具体算法流程图见图4.15。图4.16中显示的是5折交互验证过程，即将降雨和径流训练数据分为5个大小大致相同的子集。

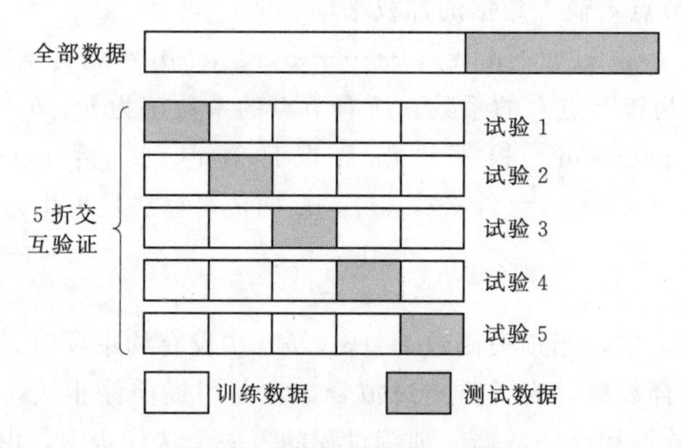


图 4.16 数据交互验证过程

#### 4.3.1.2 支持向量机模型

支持向量机（SVM）是一种比较新的机器学习算法，该算法总是收敛于全局最优解。由于这些优点，以及在基准问题上的优秀表现，SVM算法近年来在各个科学工程领域得到广泛的应用，并逐步被拓展到回归问题，形成支持向量机回归算法。支持向量机回归算法又简称SVR，该算法的基本思想是将输入数据经过非线性的转换，映射到纬度较高的空间，随之在这空间中求解线性回归，其自变量的非线性映射通常并不以显式呈现，而是通过核函数来实现。此外，该算法常采用一种特殊的罚函数，并运用二阶正则化。相对于其他算法，SVR 算法具有较高的泛化性能。这是因为：①SVR 算法实质上最小化检验误差的上限，而不像大多数回归算法那样最小化训练误差；②SVR 求得的解是全局最优的，而很多其他机器学习算法求得的是局部最优解；③SVR 的解可表达为一组支持向量，这组解是稀疏的，即只占所有训练数据的一小部分。以下简要说明 SVR 用于小流域洪水预报的计算过程。

给定一组降雨径流训练数据$\{\boldsymbol{X}, \boldsymbol{y}\} = \{(\boldsymbol{x}_i, y_i) \mid i=1, \cdots, m\}\{\boldsymbol{X}, \boldsymbol{y}\} = \{(\boldsymbol{x}_i, y_i) \mid i=1, \cdots, m\}$，首先用映射变换 $\Phi$：$\boldsymbol{X}\rightarrow\boldsymbol{F}$ 将输入数据$\boldsymbol{x}_i$ 映射到更高维度的特征空间 $\Phi(x)$。随后，在该特征空间进行线性回归，回归方程为

$$\hat{y} = \boldsymbol{w}\boldsymbol{\Phi}(\boldsymbol{x}) + b \tag{4.7}$$

其中，系数 $\boldsymbol{w}$ 和 $b$ 可通过求解以下最优化问题确定：

$$\min \frac{1}{2}\boldsymbol{w}^T\boldsymbol{w} + C\sum_{i=1}^{m}(\xi_i + \xi_i^*) \tag{4.8}$$

约束条件：

$$\begin{cases} y_i - (\boldsymbol{w}^T\boldsymbol{\Phi}(\boldsymbol{x}_i) + b) \leqslant \varepsilon + \xi_i \\ (\boldsymbol{w}^T\Phi(\boldsymbol{x}_i) + b) - y_i \leqslant \varepsilon + \xi_i^* \\ \xi_i, \xi_i^* \geqslant 0, i=1,\cdots,m \end{cases} \tag{4.9}$$

式（4.8）最优化问题目标函数的第一项$\frac{1}{2}\boldsymbol{w}^T\boldsymbol{w}$ 约束回归模型的复杂度，避免过拟合问题。第二项决定了数据的拟合程度，由 ε -宽松的罚函数计算，表示为

$$|\xi|_\varepsilon = \max\{0, |y_i - \hat{y}(\boldsymbol{x}_i)| - \varepsilon\} \tag{4.10}$$

此外，目标函数式（4.8）的第二项常数 $C$ 为权重，决定目标函数在拟合程度和函数复杂度之间的平衡。

前面提到，SVR 用映射变换 $\Phi$：$\boldsymbol{X}\rightarrow\boldsymbol{F}$ 将输入数据$\boldsymbol{x}_i$ 映射到更高维度的特征空间 $\Phi(\boldsymbol{x})$，但在实际的降雨径流回归计算中并不需要用显示的形式实施这一变换，而是隐式地通过核函数来实现。常用的核函数是径向基核函数，表示为

$$\begin{cases} \langle \Phi(\boldsymbol{x}_i, \boldsymbol{x}_j) \rangle = K(\boldsymbol{x}_i, \boldsymbol{x}_j) \\ K(\boldsymbol{x}_i, \boldsymbol{x}_j) = \exp(-\gamma\, |\boldsymbol{x}_i - \boldsymbol{x}_j|^2) \end{cases} \tag{4.11}$$

式中：$\langle \Phi(\boldsymbol{x}_i, \boldsymbol{x}_j) \rangle$ 表示 $\Phi(\boldsymbol{x}_i)$ 和 $\Phi(\boldsymbol{x}_j)$ 的内积。系数 $\gamma$、约束常数 $C$ 及罚函数中的 ε 也是 SVR 算法的超参数。这三个超参数可以由训练数据估计，也可以通过互检样本实验调整。常用的互检样本实验是 $k$ 折交叉验证（k - fold cross validation）。

图 4.17 为支持向量机回归（SVR）算法原理示意图。其中，图 4.18（a）表示核函数 $k$（$b$）将输入数据变换到高维空间，从而把原始的非线性回归问题转换为线性回归问题；图 4.18（b）为 SVR 所用的 insensitive 罚函数。

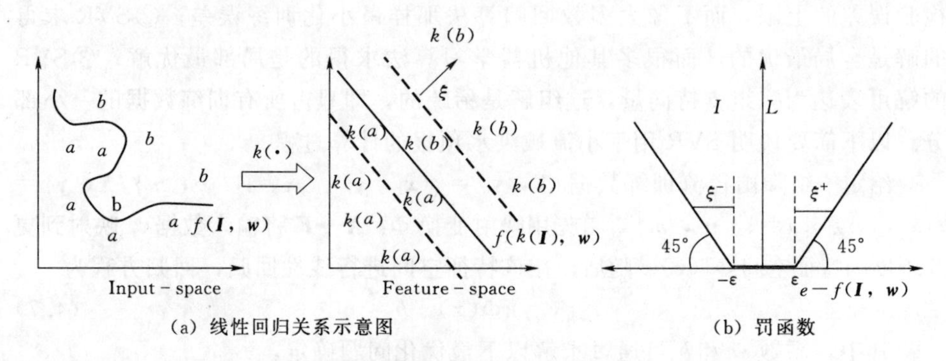


(a) 线性回归关系示意图　　(b) 罚函数

图 4.17　支持向量机回归（SVR）算法原理示意图

#### 4.3.1.3　高斯过程回归模型

高斯过程（Gaussian process，GP）是近年来水文预报研究中较好的一种非线性回归方法。和多元线性回归模型相比，高斯过程回归模型在多种性能测度中都表现更好。高斯过程是一系列随机变量的集合，其中任意有限个随机变量满足联合高斯分布。高斯过程可以理解为高斯分布的拓展，后者是向量的分布，而前者描述函数的分布。高斯过程由一对均值函数和协方差函数完全确定。高斯过程 $\{Y(\boldsymbol{x})|\boldsymbol{x}\in \mathrm{R}^d\}$（$\boldsymbol{x}$ 为 $d$ 维向量）的均值函数可表示为：

$$\mu(\boldsymbol{x})=\mathrm{E}[Y(\boldsymbol{x})] \tag{4.12}$$

协方差函数可表示为：

$$\mathrm{cov}(\boldsymbol{x},\boldsymbol{x}')=\mathrm{E}[(Y(\boldsymbol{x})-\mu(\boldsymbol{x}))(Y(\boldsymbol{x}')-\mu(\boldsymbol{x}'))] \tag{4.13}$$

对常见的贝叶斯线性回归问题，利用高斯方法，可采用模型：

$$f(\boldsymbol{x})=\sum_{i=1}^{m}\boldsymbol{w}_i\phi_i(\boldsymbol{x})=\boldsymbol{w}^T\phi(\boldsymbol{x}) \tag{4.14}$$

式中：$\phi$ 是一系列基函数的集合，$\boldsymbol{w}$ 是 $m$ 维系数向量。

制定 $\boldsymbol{w}$ 的先验分布为高斯分布，即 $\boldsymbol{w}\sim \mathrm{N}(0,\Sigma)$。则均值函数和协方差函数为：

$$\begin{cases}\mu(\boldsymbol{x})=\mathrm{E}[Y(\boldsymbol{x})]=\mathrm{E}(\boldsymbol{w}^T)\phi(\boldsymbol{x})=0\\ \mathrm{cov}(\boldsymbol{x},\boldsymbol{x}')=\phi^T(\boldsymbol{x})\mathrm{E}[\boldsymbol{w}\,\boldsymbol{w}^{\mathrm{T}}]\phi(\boldsymbol{x}')=\phi^T(\boldsymbol{x})\Sigma\phi(\boldsymbol{x}')\end{cases} \tag{4.15}$$

式中：基函数 $\phi$ 的作用是将自变量 $\boldsymbol{x}$ 投影到 $m$ 维特征空间中。通常 $m$ 可以远大于 $d$。这样，回归模型 $f(\boldsymbol{x})=\sum_{i=1}^{m}w_i\phi_i(\boldsymbol{x})=\boldsymbol{w}^T\phi(\boldsymbol{x})$ 虽然在特征空间中为线性模型，但在原始空间中为非线性。

通常映射 $\boldsymbol{x}\mapsto\phi$（$\boldsymbol{x}$）并不是通过基函数以显式形式变换，而是通过核函数（kernel）隐式变换。例如，式（4.16）所表示的平方指数协方差函数对应无限维的特征空间：

$$\boldsymbol{k}(\boldsymbol{x},\boldsymbol{x}')=\nu_0\exp\left[-\sum_{l=1}^{d}\frac{(x_l-x'_l)^2}{\lambda_l^2}\right] \tag{4.16}$$

除平方指数协方差函数外，凡是生成半正定矩阵的函数都可作为协方差函数。式（4.16）中，$\nu_0$，$\lambda_1$，…，$\lambda_d$ 称为该协方差函数的超参数（hyper parameter）。$\nu_0$ 控制高斯分布 $Y$ 的边际方差，$\lambda_1$，…，$\lambda_d$ 则控制 $x$ 各个维度上相关性的强弱，又称为特征长度。

考虑回归模型 $y=f(\boldsymbol{x})+\varepsilon$，$\boldsymbol{x}$ 是自变量向量，$y=f(\boldsymbol{x})$ 是要估计的函数，$y$ 为观测值。假设观测值与函数值之间的误差为独立同分布的高斯噪声，均值为 0，方差为 $\sigma_\varepsilon^2$。给定一组训练数据 $\{\boldsymbol{X},\boldsymbol{y}\}=\{(\boldsymbol{x}_i,y_i)\mid i=1,\cdots,m\}$，高斯过程回归和推论的目标是由此估计函数 $f(\boldsymbol{x})$，并对未知自变量 $\boldsymbol{X}^*=\{\boldsymbol{x}_j^*\mid, j=1,\cdots,n\}$ 进行预测，即给出 $f(\boldsymbol{X}^*)$ 的后验概率分布，缩写为 $\boldsymbol{f}^*$。若均值函数为 0，用 $\boldsymbol{k}(\boldsymbol{x},\boldsymbol{x})$ 表示 $\boldsymbol{f}$ 的 $m$ 乘 $m$ 的协方差矩阵，$\boldsymbol{k}(\boldsymbol{x}^*,\boldsymbol{x}^*)$ 表示 $f^*$ 的 $N$ 乘 $n$ 的协方差矩阵，而 $\boldsymbol{k}(\boldsymbol{x},\boldsymbol{x}^*)$ 表示 $\boldsymbol{f}$ 与 $f^*$ 的 $m$ 乘 $n$ 的协方差矩阵。这三个协方差矩阵都由协方差函数计算得到。先验的有 $f^*\sim$ N（0，$\boldsymbol{k}(\boldsymbol{x}^*,\boldsymbol{x}^*)$）。同时，$\boldsymbol{y}$，$\boldsymbol{f}^*$ 的联合分布函数可以表示为：

$$\begin{bmatrix} y \\ \boldsymbol{f}^* \end{bmatrix}=\mathrm{N}\left(0,\begin{bmatrix}\boldsymbol{K}(\boldsymbol{X},\boldsymbol{X})+\sigma_\varepsilon^2 I & \boldsymbol{K}(\boldsymbol{X},\boldsymbol{X}^*) \\ \boldsymbol{K}(\boldsymbol{X},\boldsymbol{X}^*)^T & \boldsymbol{K}(\boldsymbol{X}^*,\boldsymbol{X}^*)\end{bmatrix}\right) \tag{4.17}$$

高斯分布推论可以看作用观测值来更新上述先验联合概率分布，如式（4.18）：

$$\boldsymbol{f}^*\mid\boldsymbol{X},\boldsymbol{y},\boldsymbol{X}^*\sim\mathrm{N}(\overline{\boldsymbol{f}^*},\mathrm{cov}(\boldsymbol{f}^*)) \tag{4.18}$$

其中，均值方差表示为

$$\begin{cases}\overline{\boldsymbol{f}^*}\triangleq\mathrm{E}[\overline{\boldsymbol{f}^*}\mid\boldsymbol{X},\boldsymbol{y},\boldsymbol{X}^*]=\boldsymbol{K}(\boldsymbol{X},\boldsymbol{X}^*)^T[\boldsymbol{K}(\boldsymbol{X},\boldsymbol{X})+\sigma_\varepsilon^2]^{-1}\boldsymbol{y} \\ \mathrm{cov}(\boldsymbol{f}^*)=\boldsymbol{K}(\boldsymbol{X}^*,\boldsymbol{X}^*)-\boldsymbol{L}(\boldsymbol{X},\boldsymbol{X}^*)^T[\boldsymbol{K}(\boldsymbol{X},\boldsymbol{X})+\sigma_\varepsilon^2\boldsymbol{I}]^{-1}\boldsymbol{K}(\boldsymbol{X},\boldsymbol{X}^*)\end{cases} \tag{4.19}$$

观测值 $y$ 的边际似然为

$$\lg p(y\mid\boldsymbol{X})=-\frac{1}{2}y^T[\boldsymbol{K}(\boldsymbol{X},\boldsymbol{X})+\sigma_\varepsilon^2 I]y-\frac{1}{2}\lg|\boldsymbol{K}(\boldsymbol{X},\boldsymbol{X})+\sigma_\varepsilon^2 I|-\frac{n}{2}\lg 2\pi \tag{4.20}$$

式中：第一项描述为对降雨径流数据的拟合优度；第二项为正则化约束；第三项是归一化常系数。

边际似然可以用来选择回归模型，包括对协方差函数及其超参数的选取。以上过程可以看作：①对预测值 $y$ 给定高斯过程形式的先验概率；②用观测数据制约得到似然值；③运用贝叶斯定律，合并先验概率和似然值，计算后验概率。此高斯过程回归和对数遍及似然的计算过程算法用伪代码表示以下过程：

输入：X，y，k，$\sigma_{\in}^2$，$x_*$

L：$=\text{cholesky}\ (K+\sigma_{\in}^2 I)$

α：$=L^T \backslash (L \backslash y)$

$\bar{f}_* = K_* \alpha$

v：$=L \backslash K_*$

$\text{Var}\ (f_*)$：$=K(x_*, x_*) - v^T v$

$\lg p\ (y \mid X)$：$=-\frac{1}{2} y^T \alpha - \sum_i \lg L_{ii} - \frac{n}{2} \lg 2\pi$

返回：$\bar{f}_*$（均值），$\text{Var}\ (f_*)$（方差），$\lg p\ (y \mid X)$（对数边际似然）

高斯过程与支持向量机具有紧密的联系；这主要是由于它的协方差函数与支持向量机理论中的核函数在数学上是等价的。和其他确定性的机器学习模型不同，高斯分布天然具有不确定性的描述。利用高斯分布可以进行精确贝叶斯推理。在洪水预报计算中能够获得较好的结果。需要指出的是，高斯分布模型的存储和计算量很大。对于训练数据的个数为 $m$ 的计算过程，计算复杂度是 $O(m^3)$，内存占用为 $O(m^2)$。高斯过程推论和预测过程示意图见图4.18。

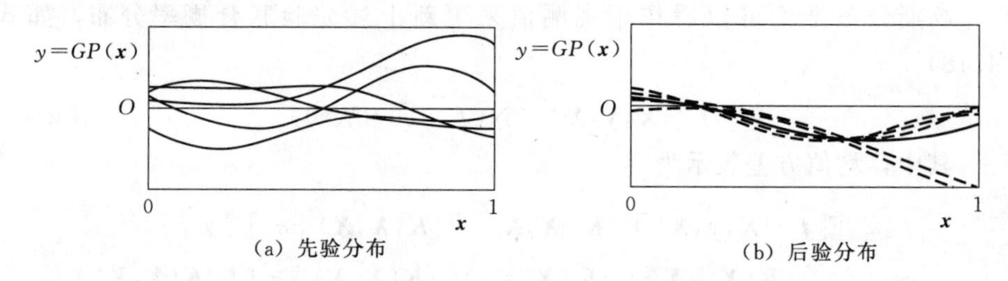


图4.18 高斯过程推论和预测过程示意图

### 4.3.2 小流域洪水预报数据驱动模型分析

本章前文介绍了三种用于回归分析的机器学习算法，即人工神经网络（ANN）、支持向量机（SVR）和高斯过程回归（GP）。下面采用这三种数据驱动算法分别建立小流域突发洪水预报的数据驱动模型。在建立数据驱动模型前，首要步骤是收集和分析已有的历史天气和流量数据。在天气数据中，选择分辨率较高的降水量数据，蒸发量数据作为补充，对气象和流量数据的时间序列进行相关性分析，以便选取合适的时间序列作为数据驱动模型的输入数据。

相关性分析首先是计算时间序列的样本自相关函数（sample autocorrelation function，ACF）和不同迟延（lag）时间序列间的相关系数（correlation coefficient）。具体方法如下。

对时间序列$\{y_t\}$，$t=1$，…，$k$，迟延$k$下样本自相关函数（ACF）值定义如下：

$$r_k=\frac{\sum_{t=1}^{T-k}(y_t-\overline{y})(y_{t+k}-\overline{y})}{Tc} \tag{4.21}$$

式中：$c$为时间序列的样本方差。

相关系数只能描述线性的相关性（dependence），非线性的相关性可用互信息分值（mutual information score）测量。因此，除计算相关系数外，还需计算了不同迟延时间序列间的互信息。对两个时间序列$\{x_t\}$，$\{y_t\}$，$t=1$，…，$k$，互信息分值定义为：

$$I(X,Y)=\sum_{y\in Y}\sum_{x\in X}p(x,y)\lg[\frac{p(x,y)}{p(x)p(y)}] \tag{4.22}$$

式中：$p(x)$和$p(y)$分别是$\{x_t\}$和$\{y_t\}$的边缘概率分布函数，$p(x,y)$是两时间序列的联合概率分布函数，均由样本估计。

在上述相关性分析的基础上，可以选取与流量具有自相关系数和互信息的延迟时间序列，例如，前日或小时的流量，前日降雨及预报当日降雨量等。在选定输入数据之后，需要对数据驱动模型的结构和机器学习算法的超参数进行调整。这主要包括人工神经网络的层数和节点数，支持向量机的核函数类型和超参数，以及高斯过程的均值函数、协方差函数类型和相关的超参数的调整。这一步的调整和优化可以通过$k$折交叉验证。

在确定了数据驱动模型的结构和超参数之后，重新用所有历史数据训练数据驱动模型。在未来需要预测的每一时间步，读取雨量计或流量计等观测设备所记录的实时雨量，结合过去若干天或若干小时的延迟流量数据，生成预测输入数据，输入已经训练好的数据驱动模型，从而预报实时流量、库容及水位。图4.19显示了基于机器学习算法的小流域洪水预报数据驱动模型分析过程示意图。

### 4.3.3 小流域洪水预报修正融合方法

#### 4.3.3.1 顺序数据同化

给予历史数据建立的小流域突发洪水预报数据驱动模型在用于实时洪水预报时还需要对模型进行融合修正，基于实时数据不断修正模型参数以确保提高模型的精度。顺序数据同化（sequential data assimilation，DA）技术可以对

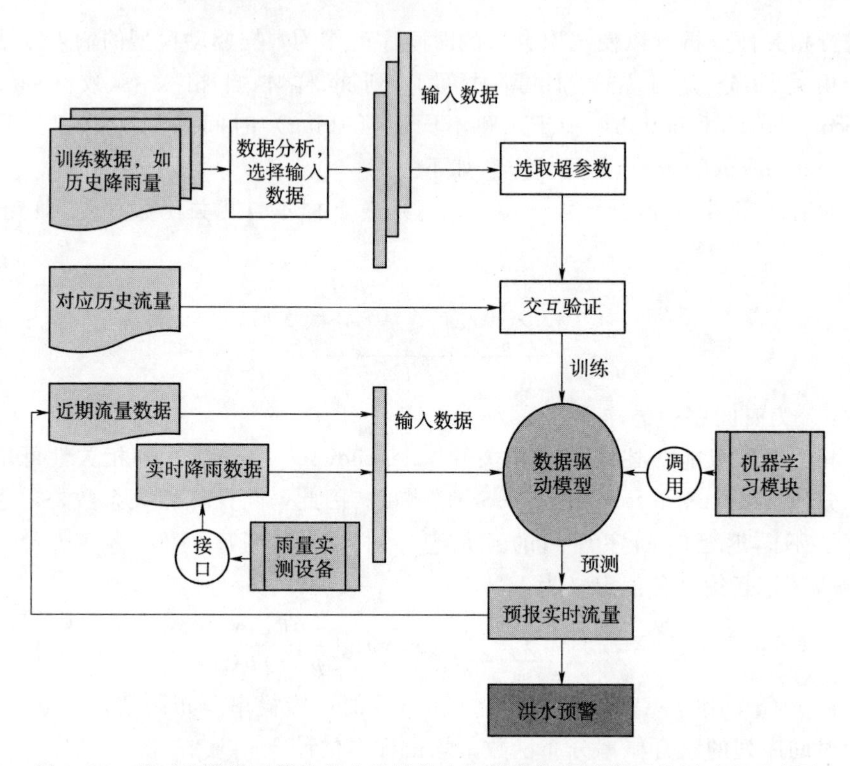


图4.19　基于机器学习算法的小流域洪水预报数据驱动模型分析过程示意图

模型进行修正，其利用观测数据逐步更新模型，修正状态变量，以降低模型的不确定性。用 $x_t$ 表示时间 $t$ 时系统的状态变量（例如流域的存量）值，$y_t$ 表示时间 $t$ 时的观测值（例如流量）。顺序数据同化的目标是用到时间 $t$ 为止的观测值 $y_1$，$y_2$，…，$y_t$ 更新时间 $t$ 的系统状态。数据同化通常由两种操作组成：①预测操作中，用状态转移概率 $p(x_t \mid x_{t-1})$ 来决定系统状态变量从时间 $t-1$ 到时间 $t$ 的演进；②更新操作中，用时间 $t$ 新获得的观测数据来更新预测步中所计算的系统状态 $x_t$。从顺序数据同化的原理来看，它较适合用来建立实时洪水预报系统。

为了运用数据同化算法，事先需要将概念模型或物理模型改写为以状态描述动态系统的形式。此外，计算预报模型系统状态变量的贝叶斯后验概率分布精确解需要进行高维度积分运算，在实际运用中可采用基于蒙特卡罗模拟的集合滤波（ensemble filtering）方法来近似求解，水文模型顺序数据同化示意图见图4.20。

#### 4.3.3.2　贝叶斯融合模型

为了更好的考虑模型结构不确定性的影响，在小流域突发洪水预报数据驱动模型的基础上融合各种模型的优势，建立若干个有足够多样性的模型样本

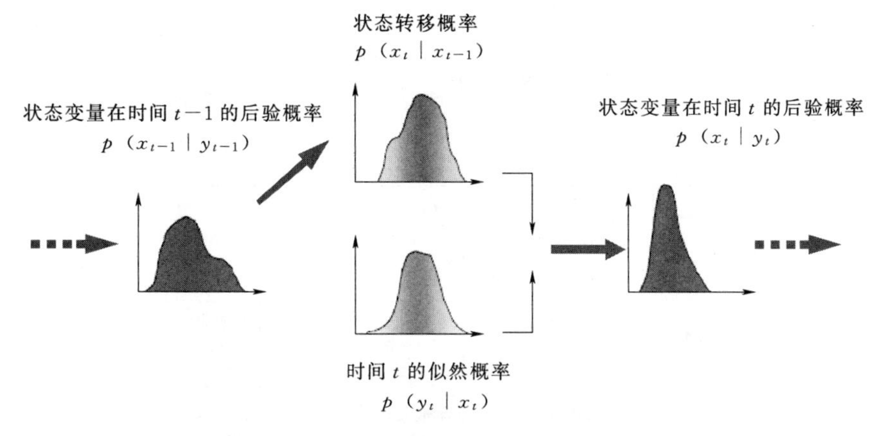


图 4.20　水文模型顺序数据同化示意图

集，并综合多模型的预测结果进行分析。以下采用贝叶斯模型平均（Bayesian model averaging，BMA）来综合多个概念、物理及数据驱动水文模型的预测结果，实现多模型的融合综合小流域洪水预报。

用 $M=\{M_1, \cdots, M_M\}$ 表示一组 $M$ 个模型构成的集合，用 $f=\{f_1, \cdots, f_M\}$ 表示分别得自这 $M$ 个模型的预测值，用 $\Delta$ 表示要预测的量。BMA 预测模型可以表示为

$$p(\Delta \mid f_1,\cdots,f_M)=\sum_{k=1}^{M} w_k g_k(\Delta \mid f_k) \tag{4.23}$$

式中：$g_k(\Delta \mid f_k)$ 表示假设 $M_k$ 为最优模型时给定 $f_k$，$\Delta$ 的条件概率密度函数；$w_k$ 为 $M_k$ 为最优模型的概率，也即模型 $M_k$ 的权重。权重通常通过最大化似然值的方法确定。用 $q_0$ 表示某一时间的流量，用 $q_1$，$q_2$，…，$q_M$ 表示 $M$ 个模型分别计算得到的对应 $q_0$ 的流量，与式（4.23）相应地有

$$L(\boldsymbol{w} \mid q_0)=p(q_0 \mid q_1,q_2,\cdots,q_M,\boldsymbol{w})=\sum_{k=1}^{M} w_k g_k(q_0 \mid q_k) \tag{4.24}$$

式中：$L(\boldsymbol{w} \mid q_0)$ 代表给定实测流量 $q_0$ 条件下的 $M$ 个模型的权重 $\boldsymbol{w}=\{w_1, w_2, \cdots, w_k\}$的似然值。通常选取一组 $\boldsymbol{w}$ 使得该似然值最大化。在求解这一最大化问题过程中，需要对$g_k(q_0 \mid q_k)$，也即给定模型 $k$ 预测值 $q_k$，实测到流量 $q_0$ 的条件概率。这里采用最为常用的正态分布假设，即：

$$q_0 \sim \mathrm{N}(q_k,\sigma_q^2) \tag{4.25}$$

式中：$\sigma_q^2$ 为流量的测量误差，通常可由试 $\sigma_q^2=(\mathrm{cov} \cdot q_k)^2$ 计算得到，其中 cov 为变异系数，即流量测量误差的标准差与实际流量的比值。

求解最大似然估计通常用期望最大化算法（EM）或全局最优化算法 SCEM－UA 来计算权重。基于不同模型的预测结果进行流量预报的贝叶斯模

型平均方法计算流程见图4.21。

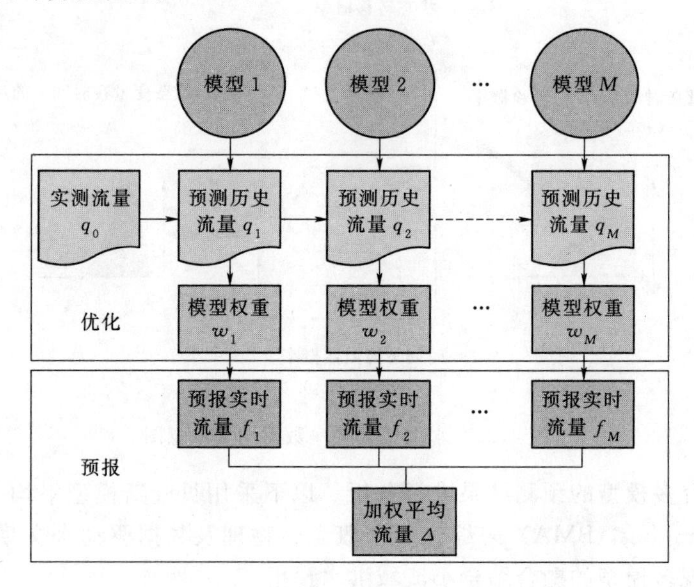


图4.21 贝叶斯模型平均方法计算流程图

## 4.4 本章小结

山洪易发区小流域常以小型山丘为主体，且山丘地区山高坡陡，溪流密集，洪水汇流时间短，水位陡涨陡落，来势凶猛，往往短时间成灾，同时可能引起滑坡、崩坡、崩塌和泥石流等次生灾害。针对以上特点，研究了小流域突发洪水监测技术，包括小流域监测站网布设方法、水雨情监测系统结构、水雨情监测系统通信组网方式、水雨情监测系统工作体制及监测方法。实现了对小流域洪水的监测，能够最大限度地发挥减灾系统工程的效益，减少山洪灾害造成的损失。

针对小流域突发性洪水的降雨集中、区域明显、时空分布特性复杂、天气预报不确定性较大、洪水预报模型参数选取难度大等特点，本章引入人工神经网络（ANN）、支持向量机（SVR）和高斯过程回归（GP）三种机器学习算法，建立了小流域突发性洪水预报的多种数据驱动模型。此外，提出了顺序数据同化方法，利用观测数据逐步更新模型，修正状态变量，以降低模型的不确定性，实现了小流域突发性洪水预报数据驱动模型的建模。在此基础上，引入贝叶斯模型平均方法，建立若干个有足够多样性的模型样本集，对多个模型结果进行综合融合，提取各种洪水预报模型的优势，实现小流域突发性洪水预报的修正融合预报分析。

## 参考文献


[1] 王晶．水文预报方法分析［J］．科技创新与应用，2015（18）：207－207.

[2] 刘志雨，侯爱中，王秀庆．基于分布式水文模型的中小河流洪水预报技术［J］．水文，2015，35（1）：1－6.

[3] Solomatine D P，Dulal K N. Model trees as an alternative to neural networks in rainfall－runoff modelling［J］. Hydrological Sciences Journal，2003，48（3）：399－411.

[4] 任柯锜．浅谈水文预报及调度技术研究［J］．工程技术：引文版，2015（29）：29－29.

[5] Weerts A H，El Serafy G Y. H. Particle filtering and ensemble Kalman filtering for state updating with hydrological conceptual rainfall－runoff models［J］. Water Resources Research，2006，42（9）：115－121.

[6] 张弛，王本德，李伟．加快水文预报不确定研究实现水文预报与决策耦合［J］．水文，2007，27（2）：74－77.

[7] Vrugt J A，Robinson B A. Treatment of uncertainty using ensemble methods：Comparison of sequential data assimilation and Bayesian model averaging［J］. Water Resources Research，2007，43（1）：1－11.

[8] Corzo G，Solomatine D. Baseflow separation techniques for modular artificial neural network modelling in flow forecasting［J］. Hydrological sciences journal，2007，52（3）：491－507.

[9] Sudheer K P，Gosain A K，Ramasastri K S. A data－driven algorithm for constructing artificial neural network rainfall－runoff models［J］. Hydrological Processes，2002，16（6）：1325－1330.

[10] Vrugt J A，Robinson B A. Treatment of uncertainty using ensemble methods：Comparison of sequential data assimilation and Bayesian model averaging［J］. Water Resources Research，2007，43（1）：1－11.

[11] 徐胜，杨亚群，丁韶辉．淮河黄河流域暴雨洪水监测预报系统简介及其进展［J］．治淮，2002（10）：15－17.

# 第5章　山洪易发区水库灾变特征与仿真分析

## 5.1　概述

我国的山区洪水主要是由季风暴雨区特性以及阶梯地形地貌的共同作用形成的局地短历时强降雨造成的。山区洪水突发性强、历时短、流速快且常伴有次生灾害发生等特征，对该区域水利工程的安全性存在很大程度的影响，主要表现为山洪引起的库水位骤升、库区滑坡、泥石流可能引起大坝漫顶、滑坡涌浪、坝体失稳、渗流破坏等，最终造成下游淹没、大坝溃决等不可挽回的损失。

本章对山洪诱发水库灾变特征进行阐述，并对目前常用的水库灾害仿真分析方法进行总结，并在此基础上提出基于浅水方程的溃坝洪水演进仿真分析方法，通过典型算例证明该方法适用于山洪易发区洪水演进的模拟与仿真。

### 5.1.1　山洪诱发水库灾变特征分析

我国山区洪水大多由短历时的强降雨所致，与江河洪水相比，有其显著的特点。

（1）山区洪水突发性强，难以预测。①由于我国处在东南亚季风区，汛期暴雨集中，再加上山区地形作用，极易形成局地短历时强降雨。这种降雨的突出特点是历时短、强度大、范围小，我国山区洪水大多是由此引起的。②山区河流因其河网调蓄洪水能力不足，坡陡流急，流域面积小，汇流速度快，从降雨开始迅速形成洪峰，洪水暴涨暴落，所以经常形成多峰尖瘦峰型的洪水过程线，具有很强的突发性，预测困难。

（2）山区洪水在空间和时间尺度都属于小尺度洪水。如上所述，山洪通常是由山区局地短历时强降雨所致，所以，在空间上，影响范围也相对较小；在时间上，山区洪水历时短、暴涨暴落。

（3）山区洪水流速快，携带大量推移质，破坏力极强。山区河床比降较大，洪水流速快，并且携带树枝、泥沙、卵石等大量推移物质，能量很大，具有很强的冲刷力和冲击力，不仅容易冲走人畜、冲蚀土壤植被、冲毁地面建筑物和基础设施，甚至破坏掩埋于河床的设施，如石油天然气管道、通信光纤、输电线路等生命线工程，也常常因为河床被掏刷而裸露并被冲毁，造成严重的经济损失甚至生态环境破坏。因此，山区洪水流速快、破坏力强，防御困难，常规的防洪工程措施效果欠佳。

（4）无水或者枯季少水的山区溪沟有时也会爆发山洪。此类山洪经常不易引起人们的足够重视，经常在溪沟里有人类社会活动，溪沟内建房、生产、生活等现象时有发生。一旦爆发山洪，人们在毫无防御意识和防御措施的情况下，常常造成巨大人员损亡和社会经济损失。

（5）山区洪水常常伴有其他形式的灾害发生，如山体滑坡、泥石流等灾害，局地影响较强烈。

由于山区洪水的上述特性，导致山区水库经常在短时间内水库骤然升高，在短时间内水库需要下泄超泄洪水。超泄洪水对河道下游的下泄能力造成巨大的考验，当超过河道下泄能力时将会发生洪涝灾害。此外，由于山区洪水极强的破坏力和其他次生灾害的影响，在极端情况下可能会引起水库大坝溃坝，在此种极端情况下，大量突发下泄洪水将会给下游河道沿岸居民和工农业生产造成严重的影响。对山洪突发区水库超泄洪水和极端情况下的溃坝洪水造成的下游淹没情况的模拟可以提前预测各工况情况下的下游淹没情况，对预防灾害和进行灾害损失评估有重要的意义。

### 5.1.2 山洪诱发水库灾害仿真分析进展

当山洪易发区发生短历时高强降雨，由于地形原因可能导致水库需要短时下泄超泄洪水，在极端情况下可能发生溃坝现象。因此，超泄洪水和溃坝洪水的模拟对灾害预防和灾害损失评估有重要作用。溃坝洪水的主要计算任务就是通过溃坝坝址处的洪水流量和水位过程线来确定洪水演进沿程各地区的洪水水深、洪水流速以及洪水到达时间和淹没区。

1871 年，圣维南通过对流体的研究提出了求解非恒定流体的偏微分方程组，奠定了溃坝洪水研究的理论基础。1892 年，Ritter[1]通过大量实验研究针对光滑底面矩形棱柱的实验模型并对下游进行无水假定情况下推导出大坝瞬间溃决情况下的第一个计算公式。1982 年，谢任之[2]在总结前人成果的基础上，将下游河道水深和水流流速的控制约束进行简化，推导出适用自由出流和淹没出流情况下的“统一公式”，将溃坝洪水演进计算研究推上一个新的高峰。2002 年，刘仁义等[3]在 GIS 的基础上通过对两种不同类型淹没区的研究提出了对溃坝洪水淹没区的确定方法。2008 年 Ancey 等[4]在总结前人的基础上，给出了适用于任何坡度的斜底河道溃坝洪水的解析解。

目前，针对溃坝洪水演进的研究主要有理论分析方法和数值模拟方法。

#### 5.1.2.1　理论分析

1892 年，Ritter[1]将浅水方程理论应用在一维平底矩形断面棱柱形河道，假设该河道没有摩擦阻力且无限长，首先得到了瞬间溃坝问题的经典理论解。Stoker 综合考虑了溃坝不连续波和溃坝连续波，于 1957 年得到了著名的溃坝波的 Stoker[5]解，该数值解被广泛应用于数学模型验证的领域。1952 年 Dressler[6]在前人成果的基础上，利用摄动法得到了矩形断面、平底、有摩擦、棱柱形河道的瞬间全溃坝水流的一阶摄动解，并于 1958 年在考虑斜坡的河道上应用了此数值解；该近似解在 1970 年又被 Su 和 Barnes[7]应用于断面形状各异的棱柱形河道中，并给出了考虑河道摩阻作用下，不同断面形状的水面曲线和平均流速分布的一阶摄动解。1980 年 Chen 和 Armbruster[8]同样研究了考虑摩擦阻力的长水库的溃坝问题。同年，通过林秉南[9]等对特征线理论和 Riemann 方法的研究，得到了有限长棱柱体水库的溃坝波对称解。1982 年开始，谢任之[2,10]总结并提出了水库溃坝流量计算的“统一公式”，该公式可用于各种类型溃决模式的坝址洪峰流量计算，溃决模式包括瞬时溃、逐渐溃、部分溃、全溃以及冲淤影响下的坝址洪峰流量计算，并给出了下游洪泛区断面溃坝流量过程线的计算方法。1988 年伍超和吴持恭[11]对大坝溃决溃口的发展机理做出了因素分析，选取任意溃口形状，对断面形状组合参数进行定义，利用组合参数的分离变量法，定义了溃坝特征数，该方法能够比较真实地反映复杂溃口的水力特性。1999 年 Wu 等[12]对梯形断面河道上的大坝瞬间全部溃决进行了解析解的计算。2008 年 Ancey 等[4]计算出了具有任意坡度的斜底河道上溃坝洪水的解析解。

上述这些理论研究都是基于简化了初值条件的前提上得到的，这些解析解有助于理解溃坝洪水波是如何在下游河道演进的。但是，在面对实际工程问题的情况下，解析解的处理能力还是有一定局限。事实上，大坝溃决的洪水演进情况受到多方面因素的影响，比如地质条件、水文气候条件、初始条件、水力边界条件，以及事件本身潜在的其他方面的影响因素，因此想根据理论解析解去解决具体的生产实际问题存在一定困难，而数值求解技术的发展可以很好地弥补理论解在这方面的不足。

#### 5.1.2.2　数值模拟

随着计算机性能的不断提高和数值计算技术的日臻完善，数值模拟方法逐步成为对溃坝洪水演进进行研究的主要手段，常用的数值模拟方法包括：特征线法（MOC）、有限差分法（FDM）、有限体积法（FVM）和有限单元法（FEM）。这些方法在溃坝洪水数值模拟中发挥了重要作用，并成功解决了许多工程实际问题。

有限差分法（FDM）建立在泰勒级数展开的基础上，用差分来逼近流体运动微分方程中的导数项，从而在每个计算时段可以得到一个差分方程组[13]。求解域用有限个网络节点代替，将偏微分方程中的各项离散成矩形网格节点上的微分形式，来求解网格节点未知变量的代数方程[14]。有限单元法（FEM）是利用变分原理将连续的求解区域划分为若干单元，再进行差值剖分，将微分方程的求解转化为积分方程，用极值原理将问题变为代数方程组求解[15]。有限体积法（FVM）是将研究计算区间离散成若干形状相同或者不同，形状规则或者不规则的单元或者控制体，将计算区域进行划分，使他们组成任意互相连接而不重叠的控制体。由于在每一步的计算过程中都对控制体进行质量和动量守恒形式的离散，所以整体在计算中始终都保持守恒[16]。特征法（MOC）对双曲问题特征线传播的求解具有很高的精度，物理描述非常明确，满足浅水流动机理，具有很高的稳定性和收敛性，对溃坝洪水问题的求解适用性很好。但特征方程常为非守恒形式，对方程进行离散时容易出现较大的误差[17]。

1. 特征线法

特征线法是通过对浅水方程采用 $x-t$ 空间的特征理论，推导两簇特征曲面及其相应的特征关系式，通过对特征关系式进行时间和空间的离散求解即可求出变量的数值解。

早期计算机尚未广泛应用时，特征线法主要用于数值模拟河流的流态，并采用图解法等进行手工计算。特征线法最早可以追溯到 Massau 对浅水方程进行的图解积分，他通过在 $x-t$ 平面上绘制特征线，在其交点上确定因变量来依次求解[18]。20 世纪 50 年代，林秉南提出了计算一维水流的特征线法[19]。Katopodes 和 Strelkoff[20-21]在特征线法的基础上，采用三个独立的特征变量建立二维浅水流动数学模型，该模型具有时间二阶精度，并将其应用于溃坝洪水演进数值模拟。Chanson[22]采用一维圣维南方程和特征线法求出了溃坝洪水的解析解。

2. 有限差分法

有限差分法是水流运动数值模拟的基本方法之一。这种方法表达形式简单，针对解的收敛性、存在性和稳定性方面的研究成果非常丰富，是相对较为成熟的水流运动数值模拟方法[23]。

按照所采用差分形式的不同，有限差分法可以分为显式、隐式及显-隐式交替等方法。其中，显式差分为了保证计算稳定性，需要满足克朗稳定条件（CFL），所以在时间步长和空间步长方面受到严格限制。隐式差分虽然是无条件稳定的，但应用于实际工程时，通常也需要对时间步长做出必要的限制。交替方向隐格式法（ADI）是在不同的坐标方向依次交替使用显-隐格式的方法，目前在河道以及潮汐河口的计算中得到了较为广泛的应用。

3. 有限体积法

有限体积法把整个计算区域划分为若干相互连接但不重叠的控制单元，首先计算出每个控制单元边界沿法向流入与流出的流量和动量通量，再对每个控制单元分别进行流量和动量的平衡计算，最终得到计算时段末各控制单元的平均水深和流速。有限体积法能严格满足物理守恒定律，不存在守恒量的误差。

1971年有限体积法首次被McDonald[24]用于求解二维欧拉方程；Patanker等[25]在1972年将有限体积法用于平面不可压流的数值模拟，得到了SIMPLE类隐式算法；1977年Jameson[26]首先将有限体积法引入气流计算领域。有限体积法对连续水力学和间断水力学都适用。虽然有限体积法发展的历程较短，但是由于它具有计算精度高、能够适应不规则网格和复杂边界条件等优点，在工程中得到了广泛应用。

4. 有限单元法

20世纪70年代有限单元法被引入计算水力学中。该方法相当于体近似，其原理是分单元对解进行逼近，使微分方程空间积分的加权残差极小化。常用的有限单元法有直接法、变分法、加权余量法和能量平衡法等。有限单元法对各种复杂模型结构的求解能力和收敛能力较强，精度较高，由于计算网格常使用三角形、四边形或者两种兼容的形式，所以有限单元法对复杂几何结构和边界具有良好的适应性，因此该方法的应用广泛。有限单元法在数学上适于求解椭圆型方程组的边值问题，不适用于求解以对流为主的输运问题，此外，有限元法缺乏足够耗散，捕捉锐利波形比较困难，不适用于对间断情况进行计算。由于有限单元法在对大型模型的分析计算时效率较低，对计算机的硬件条件有较高的要求。

## 5.2　洪水演进过程仿真分析方法

### 5.2.1　控制方程

溃坝洪水波在某种意义上即是由水体自身重力而引起的浅水运动，因此，可以将水流作为浅水流动来进行处理[27]。假设流体是恒温不可压缩的，流体黏性力和加速度的垂直向分量也忽略不计，根据纳维-斯托克斯方程，通过对质量守恒方程和动量方程进行水深积分，得到浅水控制方程[28]。

平面浅水方程组的连续方程和动量方程可以表示如下：

$$\begin{cases}\dfrac{\partial h}{\partial t}+\dfrac{\partial(hu)}{\partial x}+\dfrac{\partial(h\nu)}{\partial x}=0\\ \dfrac{\partial}{\partial t}(uh)+\dfrac{\partial}{\partial x}(u^2h)+\dfrac{\partial}{\partial y}(uvh)=-gh\dfrac{\partial\eta}{\partial x}+\tau_{s,x}-\tau_{b,x}+\gamma_x-\dfrac{h}{\rho}\dfrac{\partial p_a}{\partial x}\\ \dfrac{\partial}{\partial t}(vh)+\dfrac{\partial}{\partial x}(uvh)+\dfrac{\partial}{\partial y}(v^2h)=-gh\dfrac{\partial\eta}{\partial y}+\tau_{s,y}-\tau_{b,y}+\gamma_y-\dfrac{h}{\rho}\dfrac{\partial p_a}{\partial y}\end{cases} \tag{5.1}$$

式中：$h$ 为水深；$u=(u, v)$ 为流速矢量；$\tau_b$ 为河床摩阻矢量；$\tau_s$ 为自由液面风摩阻力矢量；$\gamma$ 为科里奥利力矢量；$p_a$ 为大气压力；$\rho$ 为水的密度。

式（5.1）可以变成：

$$\begin{cases}\dfrac{\partial h}{\partial t}+\operatorname{div}((\boldsymbol{U})=0\\ \dfrac{\partial \boldsymbol{U}}{\partial t}+\operatorname{div}(U\otimes\boldsymbol{U})=-gh\operatorname{grad}\eta+\boldsymbol{\tau}_s+\boldsymbol{\tau}_b+\boldsymbol{\gamma}-\dfrac{h}{\rho}\operatorname{grad}p_a\end{cases} \tag{5.2}$$

式中：$\boldsymbol{U}=\boldsymbol{u}h$。

在下面的推导过程中考虑到方程的简便性和普遍性，假设风摩阻力矢量 $\tau_s$、科里奥利力矢量 $\gamma$ 和大气压力 $p_a$ 可以忽略不计其影响，河床底部摩擦矢量 $\tau_b$，可根据谢才-曼宁公式通过对水深进行积分然后除以流体密度得到：

$$\tau_b=\frac{gn^2|\boldsymbol{U}|\boldsymbol{U}}{h^{1/3}} \tag{5.3}$$

式中：$n$ 为曼宁系数。

然而，因为 $\operatorname{grad}\eta$ 分量存在于式（5.3）中，式（5.3）不是守恒形式的表达式，因此一些用来求解以守恒形式表达的方程的数值方法（如泰勒-格林算法），无法用于求解式（5.2）这种表达形式的方程。

为了解决这一问题，考虑到可以将 $\operatorname{grad}\eta$ 表示为如下形式：

$$\operatorname{grad}\eta=\operatorname{grad}\left(g\frac{h^2-H^2}{2}\right)-g(h-H)\operatorname{grad}H \tag{5.4}$$

将式（5.4）代入（5.2）式得：

$$\begin{cases}\dfrac{\partial h}{\partial t}+\operatorname{div}((\boldsymbol{U})=0\\ \dfrac{\partial \boldsymbol{U}}{\partial t}+\operatorname{div}\left(U\otimes\boldsymbol{U}+\left(g\dfrac{h^2-H^2}{2}\right)\boldsymbol{k}\right)=g(h-H)\operatorname{grad}H+\tau_b\end{cases} \tag{5.5}$$

式中：$\boldsymbol{k}$ 是单位向量。引入如下表示形式：

$$\boldsymbol{\varphi}=\begin{bmatrix}h\\U_x\\U_y\end{bmatrix} \tag{5.6}$$

$$\boldsymbol{F_x}=\begin{bmatrix} U_x \\ u_x U_x+g\,\dfrac{h^2-H^2}{2} \\ u_y U_x \end{bmatrix} \tag{5.7}$$

$$\boldsymbol{F_y}=\begin{bmatrix} U_y \\ u_x U_y \\ u_y U_y+g\,\dfrac{h^2-H^2}{2} \end{bmatrix} \tag{5.8}$$

$$\boldsymbol{S}=\begin{bmatrix} 0 \\ g(h-H)\dfrac{\partial H}{\partial x}+\tau_{b,x} \\ g(h-H)\dfrac{\partial H}{\partial y}+\tau_{b,y} \end{bmatrix} \tag{5.9}$$

则式（5.5）可以以守恒形式表示如下：

$$\frac{\partial \varphi}{\partial t}+\mathrm{div}F=S \tag{5.10}$$

同样形式的浅水方程也可以通过另一种方法推导出来，现推导如下：

$$\mathrm{grad}\eta=\mathrm{grad}(h+Z) \tag{5.11}$$

将式（5.7）代入到式（5.8）可得

$$\begin{cases} \dfrac{\partial h}{\partial t}+\mathrm{div}(\boldsymbol{U})=0 \\ \dfrac{\partial \boldsymbol{U}}{\partial t}+\mathrm{div}\left(U\otimes\boldsymbol{U}+\left(g\,\dfrac{h^2}{2}\right)\boldsymbol{k}\right)=-gh\,\mathrm{grad}Z+\tau_b \end{cases} \tag{5.12}$$

其中流体力矢量和源矢量分别记为：

$$\boldsymbol{F_x}=\begin{bmatrix} U_x \\ u_x U_x+g\,\dfrac{h^2}{2} \\ u_y U_x \end{bmatrix} \tag{5.13}$$

$$\boldsymbol{F_y}=\begin{bmatrix} U_y \\ u_x U_y \\ u_y U_y+g\,\dfrac{h^2}{2} \end{bmatrix} \tag{5.14}$$

$$\boldsymbol{S}=\begin{bmatrix} 0 \\ gh\,\dfrac{\partial Z}{\partial x}+\tau_{b,x} \\ gh\,\dfrac{\partial Z}{\partial y}+\tau_{b,y} \end{bmatrix} \tag{5.15}$$

式（5.12）所表达的浅水控制方程中不含有静水位 $H$，在分析溃坝问题时此模型较为适用。基于以上原因，选择使用的浅水控制方程形式见式（5.12）。

### 5.2.2 定解条件

#### 5.2.2.1 初始条件

一切流体在实际情况下都是有区域范围的，所以在流体的计算中也都是针对有限区间来进行计算分析。因此，在给流体施加计算边界的同时还需要给出特定的边界条件，如初始水面高程或水深，或者 $x$、$y$ 方向的初始流动速度 $u$、$v$。

#### 5.2.2.2 边界条件

计算所采用的边界条件往往需要根据具体的实际情况来假定。边界分为两类：①陆边界（闭边界），是实际存在的，是水域与陆地或器壁的交界面；②水边界（开边界），是人为规定的，是截取的一部分水体所形成的有界计算域。

对于陆边界，一般认为在法向方向水深不变，法向方向的流速梯度为零。设定采用无滑移边界条件。

对于水边界，主要有三种形式：

（1）水位边界（开边界）：$\eta=\eta(t)$。

（2）流量边界：$Q=Q(t)$。

（3）流量水位边界：$Q=Q(\eta)$。

本章采用固壁边界条件，设定法向的流动速度为零。

#### 5.2.2.3 动边界条件

溃坝洪水的演进计算过程中常常会涉及动边界问题。动边界是水平计算域中有水域和无水域的界限，动边界处一般水深较小，难以判断，同时边界处又存在法向流速，与一般的陆地边界不同。本章研究采用水深判别法来确定水域边界，判定水深为 0.1m。

### 5.2.3 求解方法

与一般溃坝水流计算相比，山洪易发区的溃坝洪水演进计算有以下特点：

（1）山洪易发区上游暴雨来水量一般比较集中，洪水的涨幅量较大，水流的横向扩散也很明显。因此，方程需要高分辨的格式。

（2）山洪易发区的地形条件一般极不规则，流态经常互相过渡转化，此外洪水中还经常伴随涌浪和水跃。

（3）对流场中一些浅水区的计算，要作处理避免虚假震荡产生的计算失稳。

由于山洪易发区溃坝水流自身存在这些特点，多数算法经常失效。前文已述，对于山洪易发区溃坝洪水波模拟控制方程通常采用浅水波方程，目前方程的离散方法按其基本思想主要有有限差分法（FDM）、有限元法（FEM）、有限体积法（FVM）、特征法（MOC）、边界元法、有限分析法等。

采用有限元法中的两步泰勒-格林方法对山洪易发区的溃坝洪水波进行数值求解，此算法不仅在空间和时间上具有二阶精度，而且编程相对容易、对电脑硬件要求相对较低、计算方便，能有效提高计算效率[29]。以下是两步泰勒-格林的计算方法。

$$\boldsymbol{\varphi}^{n+1}=\boldsymbol{\varphi}^{n}+\Delta t\left.\frac{\partial \boldsymbol{\varphi}}{\partial t}\right|^{n}+\frac{1}{2}\Delta t^{2}\left.\frac{\partial^{2}\boldsymbol{\varphi}}{\partial t^{2}}\right|^{n} \tag{5.16}$$

其中，通过式（5.16）可以计算出未知数 $\boldsymbol{\varphi}$ 对时间的一阶导数：

$$\left.\frac{\partial \boldsymbol{\varphi}}{\partial t}\right|^{n}=(\boldsymbol{S}-\mathrm{div}\boldsymbol{F})^{n} \tag{5.17}$$

为了求解未知数 $\boldsymbol{\varphi}$ 对时间的二阶导数，两步泰勒-格林方法的第一步先计算在 $t^{n+1/2}$ 时刻 $\boldsymbol{\varphi}$ 的值，再在第二步计算 $t^{n+1}$ 时刻 $\boldsymbol{\varphi}$ 的值，考虑了 $t^{n}$ 和 $t^{n+1}$ 时刻的中间步 $t^{n+1/2}$ 时刻。通过这种方法，计算出第一步的结果为式（5.18）所示，接下来便可以计算流体张量 $\boldsymbol{F}^{n+1/2}$ 和源向量 $\boldsymbol{S}^{n+1/2}$ 的一阶泰勒展开式，它们分别可以由式（5.19）和式（5.20）来表示：

$$\boldsymbol{\varphi}^{n+1/2}=\boldsymbol{\varphi}^{n}+\frac{\Delta t}{2}(\boldsymbol{S}-\mathrm{div}\boldsymbol{F})^{n} \tag{5.18}$$

$$\boldsymbol{F}^{n+1/2}=\boldsymbol{F}^{n}+\left(\frac{\partial \boldsymbol{F}}{\partial t}\right)^{n}\frac{\Delta t}{2} \tag{5.19}$$

$$\boldsymbol{S}^{n+1/2}=\boldsymbol{S}^{n}+\left(\frac{\partial \boldsymbol{S}}{\partial t}\right)^{n}\frac{\Delta t}{2} \tag{5.20}$$

求出 $\boldsymbol{F}^{n+1/2}$ 和 $\boldsymbol{S}^{n+1/2}$ 后便可计算流体张量项 $F$ 和源项 $S$ 对时间的导数值，如式（5.21）和式（5.22）所示：

$$\frac{\partial \boldsymbol{F}}{\partial t}=\frac{2}{\Delta t}(\boldsymbol{F}^{n+1/2}-F^{n}) \tag{5.21}$$

$$\frac{\partial S}{\partial t}=\frac{2}{\Delta t}(\boldsymbol{S}^{n+1/2}-\boldsymbol{S}^{n}) \tag{5.22}$$

将求得的数值代入 $\boldsymbol{\varphi}$ 的二阶时间导数计算式，则 $\boldsymbol{\varphi}$ 对时间的二阶导数值为式（5.23）和式（5.24）：

$$\left.\frac{\partial^{2}\boldsymbol{\varphi}}{\partial t^{2}}\right|^{n}=\frac{\partial}{\partial t}(\boldsymbol{S}-\mathrm{div}F)^{n} \tag{5.23}$$

$$\left.\frac{\partial^{2}\boldsymbol{\varphi}}{\partial t^{2}}\right|^{n}=\frac{2}{\Delta t}[\boldsymbol{S}^{n+1/2}-\boldsymbol{S}^{n}-\mathrm{div}(\boldsymbol{F}^{n+1/2}-\boldsymbol{F}^{n})] \tag{5.24}$$

将求得的一阶和二阶时间导数值代入泰勒展开式（5.16）便可以得到 $t^{n+1}$ 时刻未知量 $\boldsymbol{\varphi}$ 的值：

$$\boldsymbol{\varphi}^{n+1}=\boldsymbol{\varphi}^{n}+\Delta t(\boldsymbol{S}^{n+1/2}-\mathrm{div}\boldsymbol{F}^{n+1/2}) \tag{5.25}$$

最后通过对控制方程使用常规的伽辽金加权余量法进行有限元空间离散，得到以未知量增量形式表示的方程组，如式（5.26）所示[30]：

$$\boldsymbol{M}\Delta\varphi=\Delta t\left(\int_{\Omega}NS^{n+1/2}\mathrm{d}\Omega-\int_{\Gamma}NF^{n+1/2}\mathrm{d}\Omega+\int_{\Omega}F^{n+1/2}\mathrm{grad}N\mathrm{d}\Omega\right) \tag{5.26}$$

式中：$M$ 为质量矩阵，$N$ 为形函数。

求解与方程（5.26）类似的方程时可选用雅可比迭代法较为方便，对于如式（5.27）形式的一般方程，雅可比迭代求解的表达式为式（5.28），式（5.24）的迭代求解表达式为式（5.29）所示：

$$\boldsymbol{M}x=f \tag{5.27}$$

$$x^{(n+1)}=x^{(n)}+\boldsymbol{M}^{-1}(f-\boldsymbol{M}x^{(n)}) \tag{5.28}$$

$$\Delta\boldsymbol{\varphi}^{(n+1)}=\Delta\boldsymbol{\varphi}^{(n)}+\boldsymbol{M}^{-1}(f-M\Delta\boldsymbol{\varphi}^{(n)}) \tag{5.29}$$

其中迭代次数用 $n$ 来表示；集中质量矩阵用 $\boldsymbol{M}$ 来表示。通常情况下迭代6次便可以得到满足方程（5.26）精度要求的解。

采用两步泰勒-格林有限元方法求解浅水控制方程时，数值格式应满足稳定性、收敛性要求，为了保证有限元迭代计算稳定，溃坝洪水波速所对应的最大时间步长 $\Delta t$ 的取值为式（5.30），其中 $\Delta t_{CV}$、$\Delta t_{SR}$ 应分别满足式（5.31）和式（5.32）的要求[31]：

$$\Delta t=\min(\Delta t_{CV},\Delta t_{SR}) \tag{5.30}$$

$$\Delta t_{CV}\leqslant\boldsymbol{\beta}\frac{h_e}{|\boldsymbol{u}|+c} \tag{5.31}$$

$$\Delta t_{SR}\leqslant\frac{2h^{4/3}}{gn^2|\boldsymbol{u}|} \tag{5.32}$$

式中：$\boldsymbol{u}$ 为水流流速；$c=\sqrt{gh}$ 为洪水波的传播速度；$h_e$ 为计算单元的特征长度；$\boldsymbol{\beta}$ 为系数，对相容质量矩阵 $\boldsymbol{\beta}$ 取值为 $\frac{1}{\sqrt{3}}$，对集中质量矩阵 $\boldsymbol{\beta}$ 的取值为1。

计算过程中时间步长 $\Delta t$ 的取值应根据具体情况选择不同的公式来计算：计算 $t^{n+1/2}$ 时刻未知数 $\boldsymbol{\varphi}$ 的值时，时间步长 $\Delta t$ 应由式（5.31）计算求出；求解整体方程（5.26）时，时间步长 $\Delta t$ 应由式（5.30）计算求出[32]。

## 5.3 洪水演进过程数值仿真与程序验证

### 5.3.1 洪水演进过程数值仿真

对于洪水演进的数值模拟过程分为数据前处理、数据计算和结果后处理

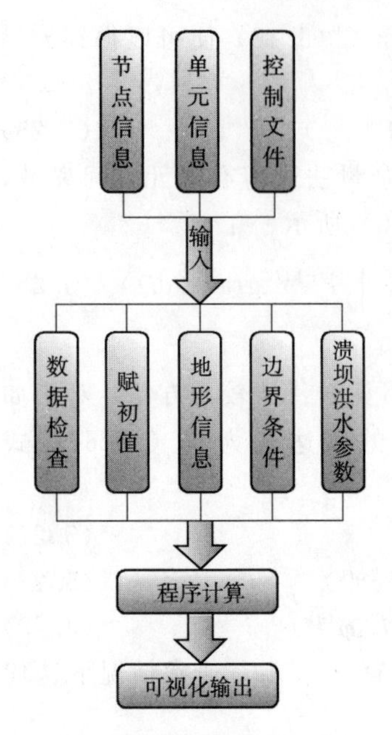


图5.1　洪水演进计算流程图

三个主要部分。数据前处理是针对数学模型计算对象进行的一系列准备工作，包括研究问题的概化和计算数据的准备，比如边界的选取、计算方法的选择、网格剖分、边界条件概化、参数确定和数据文件的输入等。数据后处理是将数学计算成果数据化、图形化，利用计算机处理大批数据和图像，使数值模拟的结果以图像、声音等多种媒体的形式表现出来，方便计算成果的分析。采用商业软件GID完成模拟计算的前处理和后处理过程。数学计算是程序的核心，本章自编程序CFDFSIFEM的编程思想主要是采用FEM两步泰勒-格林方法进行计算。CFDFSIFEM程序的洪水演进计算流程见图5.1。

### 5.3.2　程序验证

#### 5.3.2.1　一维全溃水流

本算例是根据1957年Stoker推导的平底、矩形断面、沿程无阻力的棱柱形河道的一维模型假定[5]。计算区域的长度长300m，范围界定为－150～150m，宽30m。坝体位于$X=0$处，不考虑大坝的厚度。棱柱形河道计算区域见图5.2。

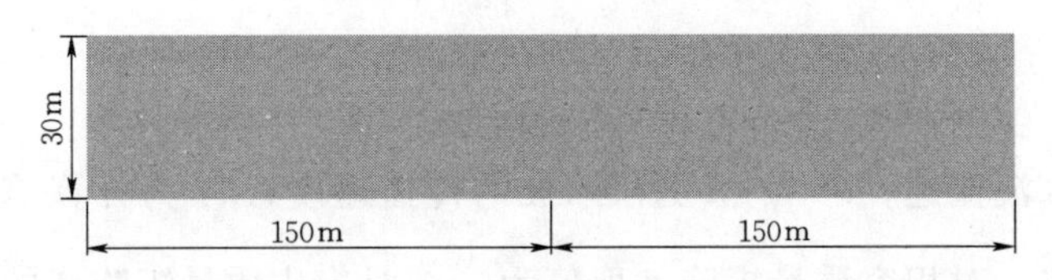


图5.2　棱柱形河道计算区域

根据下游是否有水，本算例又有以下2种情况：

(1) 下游有水情况。设初始时刻上游水位为10m，下游水深为2m，初始流速设为0，大坝于$t=0$s时刻开始溃决。假定大坝瞬时溃决，上游及河道两岸边界采用固壁边界进行假定，下游设为自由出流，计算结果见图5.3。

(2) 下游无水情况。设初始时刻上游水位为10m，下游水深为0m，初始流速设为0m/s，其余条件与下游有水情况相同，计算结果见5.4。

由上述条件，模型计算出了$t=3$s、$t=6$s、$t=9$s时刻下游有水与无水条件下对应的水位并与理论解进行了对比，结果显示数值模拟结果与理论有很好

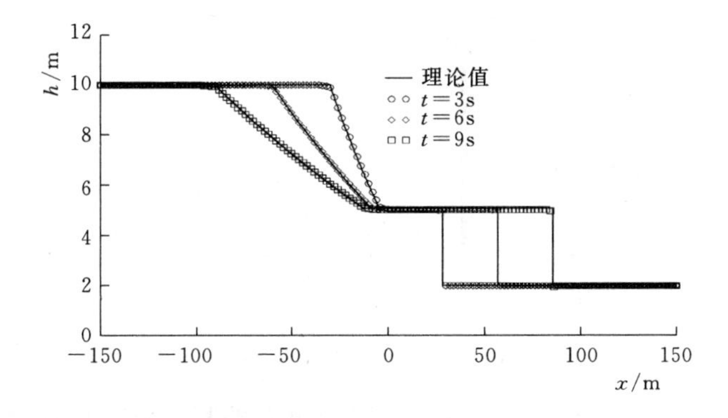


图 5.3 下游有水情况下 $t=3s$、$t=6s$、$t=9s$ 时刻的计算水位

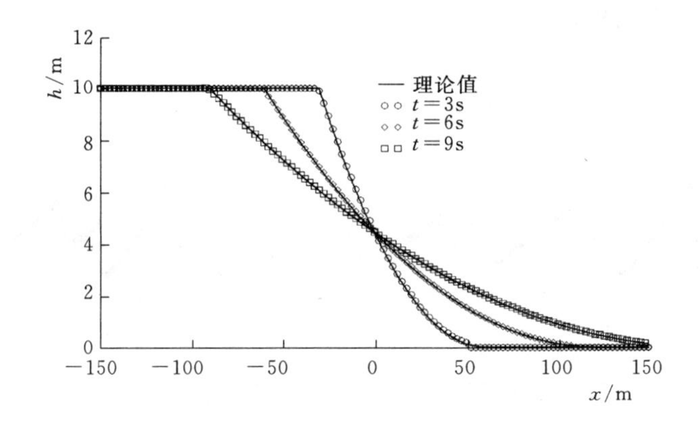


图 5.4 下游无水情况下 $t=3s$、$t=6s$、$t=9s$ 时刻的计算水位

的一致性。该简化模型虽与溃坝水流的实际情况有一定的出入，但若将计算结果用于验证模型却非常合适。

#### 5.3.2.2 三角堰溃坝水流

该算例模型尺寸是参照欧洲 CADAM 项目中的实验。整个模型的计算域包括 38m 长、0.75m 宽的河道，距离上游边界 15.5m 处存在一大坝（不计大坝的厚度），距大坝 10m 处有一长 6m、高 0.4m 的三角形挡水堰，堰顶离大坝 13m。设初始时刻大坝上游库水位为 0.75m，水流初始速度为 0，大坝下游水深为 0m，河床糙率为 0.0125[13]。设下游边界为自由出流，上游和两岸库区均为固壁边界，假定大坝在 $t=0s$ 时刻突然溃决，计算时间为 90s，溃坝模型实验图如图 5.5 所示。

在大坝下游河床上按其距离坝址的距离设置监测点，并以之命名（例距离坝址 2m 命名为 $G_2$；距离坝址 10m，命名为 $G_{10}$，点 $G_2$、$G_4$、$G_8$、$G_{10}$、$G_{11}$、$G_{13}$、$G_{20}$ 以此类推），由图 5.6～图 5.12 可见模型计算结果除过了障碍物后的

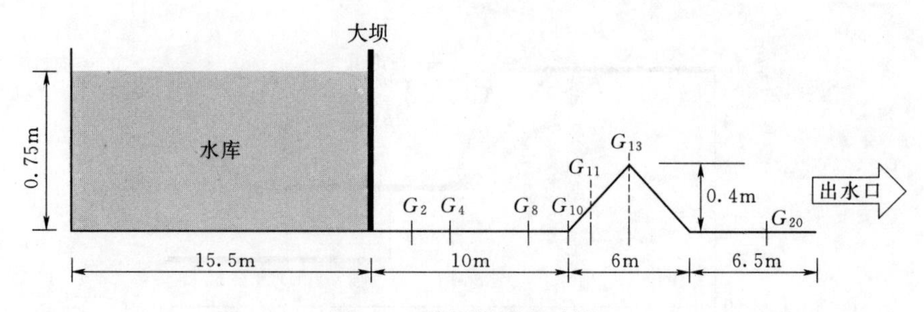


图5.5　溃坝模型实验图

$G_{20}$点的数值计算结果和实验测值有一定的出入外其余点的计算结果与实验实测数值在$G_2$～$G_{13}$之间的拟合度都很好。模型在这些点的计算结果值与实测值的比较见图5.6～图5.12。

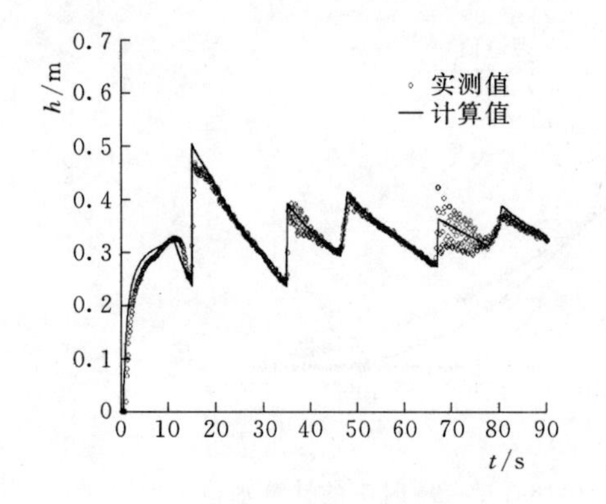


图5.6　$G_2$点的计算值与实测值

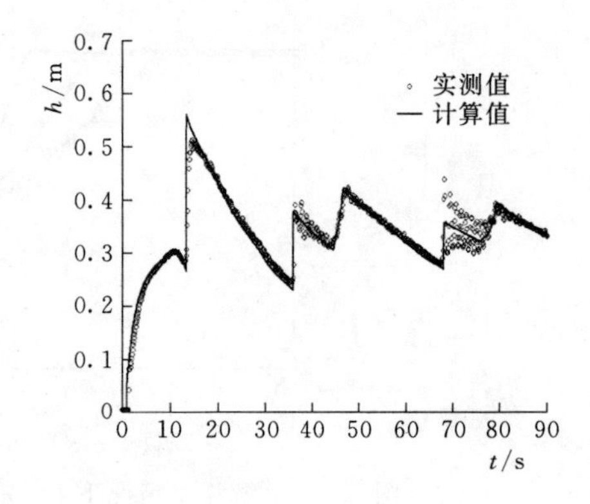


图5.7　$G_4$点的计算值与实测值

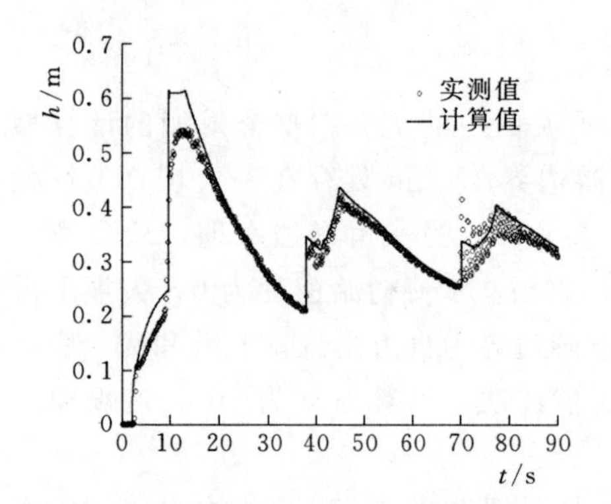


图5.8　$G_8$点的计算值与实测值

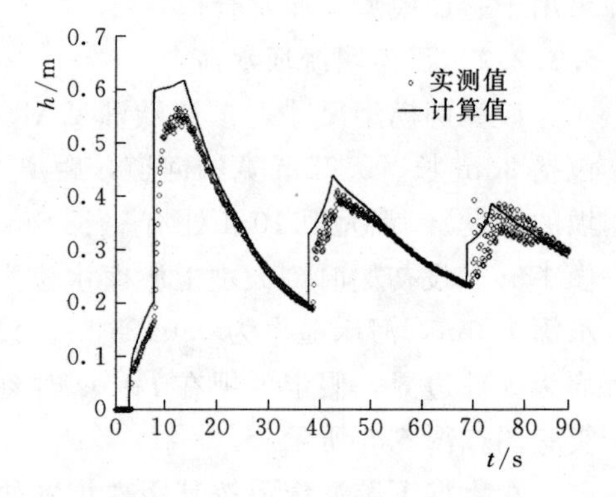


图5.9　$G_{10}$点的计算值与实测值

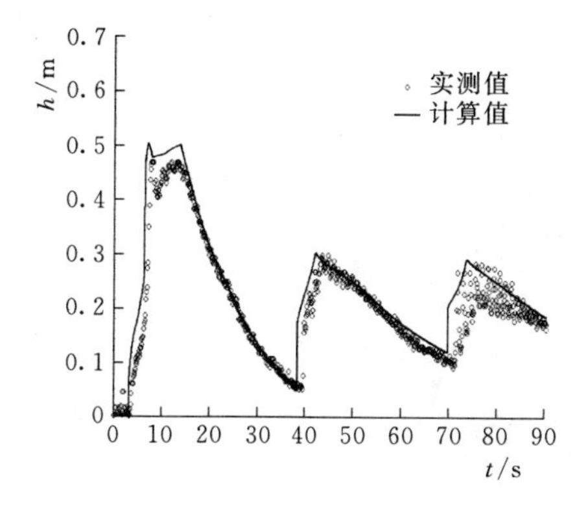


图 5.10　$G_{11}$点的计算值与实测值

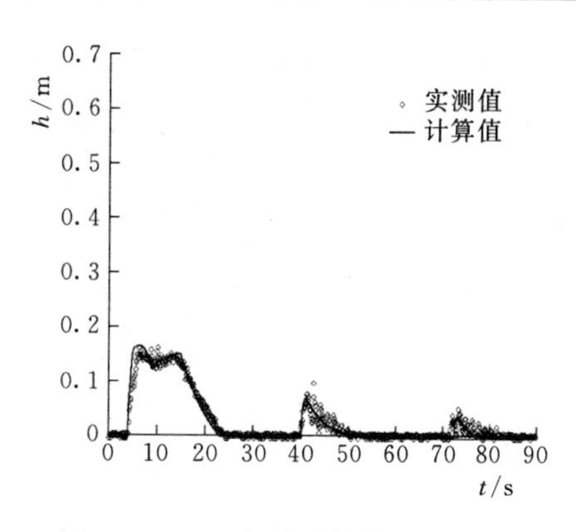


图 5.11　$G_{13}$点的计算值与实测值

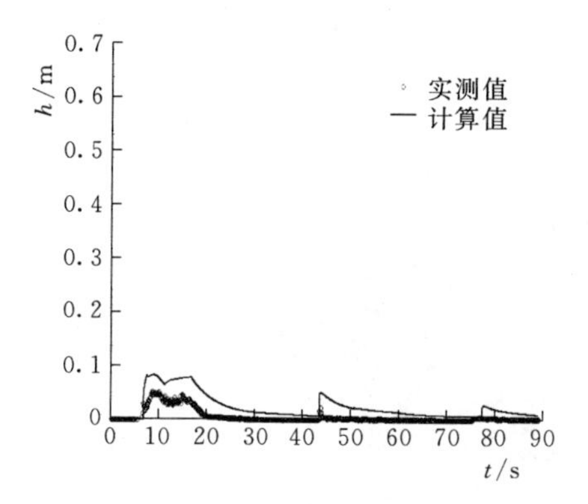


图 5.12　$G_{20}$点的计算值与实测值

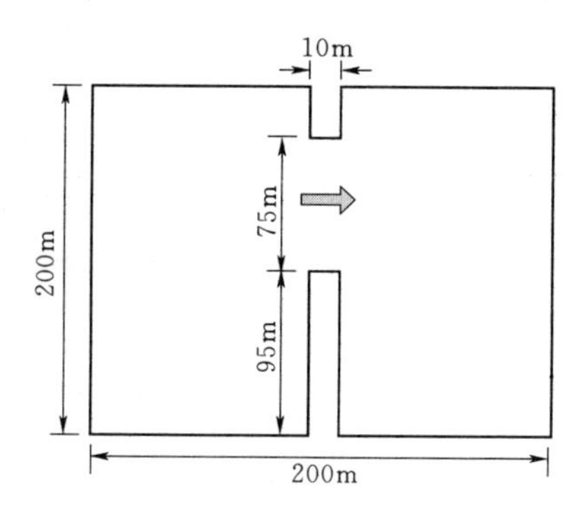


图 5.13　计算模型

### 5.3.2.3　二维非对称局部溃坝水流

本算例为平底河道上的二维溃坝问题。上游水库为 200m×95m 的矩形，坝宽 10m，溃口在 95～170m 处产生[33-34]。采用四边形单元进行网格剖分，节点数为 4550，单元数为 4861，计算模型见图 5.13。

假设大坝在某一瞬间发生溃决，以图中标注部分为初始断面，输入初始控制条件和出流边界条件，所有边界采用固壁边界。计算初始步长 0.1s，计算中调整时间步长，终止时间为 10s。

根据上述的数值模型及计算参数，使用程序对溃坝水流进行数值模拟，得到洪水淹没区的范围。流动开始后 2.15s、3.72s、5.26s、7.32s、9.35s 和 10.00s 的淹没区域，见图 5.14～图 5.18。

由图 5.14～图 5.19 可以看出，大坝溃决后洪水向下游传播，上游水库水位开始降低，而下游随着溃坝水流的到来而水位明显上涨，淹没泛滥区也在逐渐增加，数值模拟的结果符合水流流动的物理规律，洪水淹没的过程符合溃坝洪水波的传播过程。

图 5.14 2.15s 时刻的淹没范围

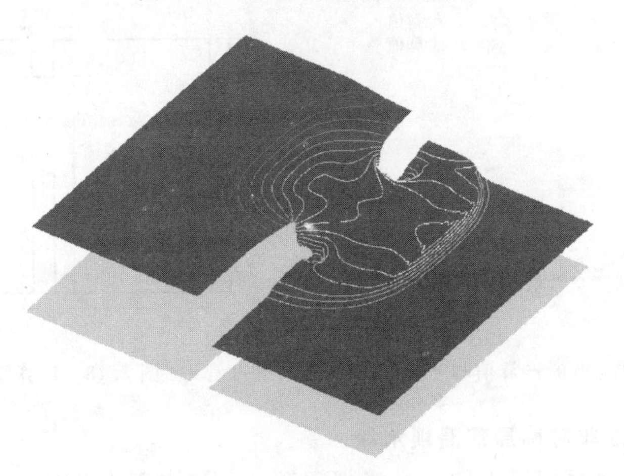

图 5.15 3.72s 时刻的淹没范围

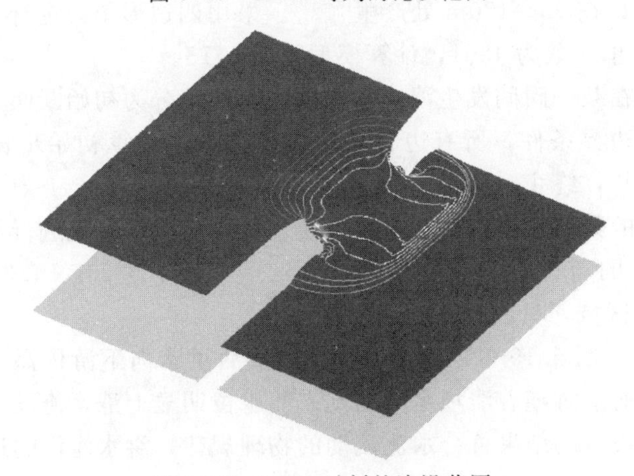

图 5.16 5.26s 时刻的淹没范围

图 5.17 7.32s 时刻的淹没范围

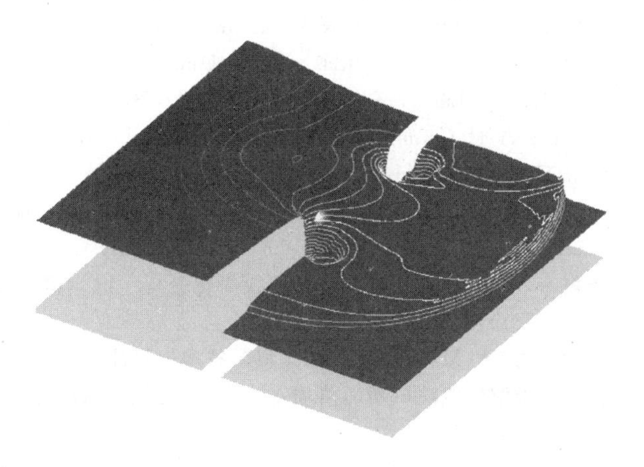

图 5.18 9.35s 时刻的淹没范围

## 5.4 本章小结

山丘区的地貌特征决定了山区洪水的特征，而水利工程下游河道开阔处往往是人类生活集中区，一旦山洪暴发引起水库安全问题，对下游人民群众的生命、财产等将会造成巨大影响。因此，对山洪易发区水库灾变进行仿真分析尤为重要。本章从山洪诱发水库灾变特性、水库灾害仿真分析进展、仿真分析的原理、程序的实现及验证等方面，对仿真方法进行了全方面的分析及算例验证。根据二维浅水方程，考虑不可压缩、恒温流体，并假设加速度垂直分量及流体黏性力和科氏力可以忽略不计，通过对质量守恒方程和动量方程进行水深积分，推导出溃坝洪水演进数值模拟控制方程，采用两步泰勒-格林方法对控制方程进行求解。通过经典算例对洪水演进计算程序进行方法验证，数值算例结果表明，该程序能较好地模拟洪水演进，可用于山洪易发区水库灾变仿真计算。

## 参考文献


[1] Ritter A. Die Fortplanzung der Wasserwel - len. Verein Deutscher Ingenieure Zeitschrift, Berlin，1892，36（33）：947 - 954.

[2] 谢任之．溃坝坝址流量计算［M］．水利水运科学研究，1982（1）：43 - 56.

[3] 刘仁义，刘南．基于 GIS 的复杂地形洪水淹没区计算方法［［J］．地理学报，2001，56（1）：1 - 6.

[4] Ancey C，Iverson R M，Rentschler M，et al. An exact solution for ideal dam - break floods on steep slopes［J］. Water Resources Research，2008，44（1）：567 - 568.

[5] Stoker J J. Water waves. Wiley，New York：Interscience Publishers，1957.

[6] Dressler R F. Hydraulic resistance effect upon the Dam - break functions［J］. Journal of Research of the National Bureau of Standards，1952，49（3）：217 - 225.

[7] Su S T，Barnes A H. Geometric and Frictional Effects on Sudden Releases［J］. Journal of the Hydraulics Division，1970，96：2185 - 2200.

[8] Chen C，Armbruster J T. Dam - Break Wave Model：Formulation and Verification［J］. Journal of the Hydraulics Division，1980，106（5）：747 - 767.

[9] 林秉南，龚振瀛，王连祥．突泄坝址过程线简化分析［J］．清华大学学报（自然科学版），1980（01）：17 - 31.

[10] 谢任之．溃坝水力学［M］．济南：山东科学技术出版社，1993.

[11] 伍超，吴持恭．求解任意决口断面溃坝水力特性的形态参数分离法［J］．水利学报，1988（09）：10 - 18.

[12] Wu C，Huang G，Zheng Y. Theoretical Solution of Dam - Break Shock Wave［J］. Journal of Hydraulic Engineering，1999，125（11）：1210 - 1215.

[13] 李付鹏．基于有限差分法和有限体积法的水流动画模拟［D］．合肥：安徽大学，2004.

[14] 张大伟．堤坝溃决水流数学模型及其应用研究［D］．北京：清华大学，2008.

[15] 郑邦民，赵昕．计算水动力学［M］．武汉：武汉大学出版社，2001.

[16] 谭维炎．计算浅水动力学-有限体积法的应用［M］．北京：清华大学出版社，1998.

[17] 冯民权．大型湖泊水库平面及垂向二维流场与水质数值模拟［D］．西安：西安理工大学，2003.

[18] 王立辉，胡四一．溃坝问题研究综述［J］．水利水电科技进展，2007（01）：80 - 85.

[19] 文岑，蒋友祥，赵海燕．溃坝问题数值模拟研究综述［J］．中国科技信息，2010（21）：58 - 61.

[20] Katopodes N D，Strelkoff T. Computing two - dimensional dam - break flood waves［J］. American Society of Civil Engineers，1978.

[21] Katopodes N, Strelkoff T. Two - dimensional shallow water - wave models [J]. Journal of the Engineering Mechanics Division, 1979, 105 (2): 317 - 334.

[22] Chanson H. Applications of the Saint - Venant Equations and Method of Characteristics to the Dam Break Wave Problem [J] . Dam Break Wave, 2005.

[23] 李义天，赵明登，曹志芳．河道平面二维水沙数学模型 [M]．北京：中国水利水电出版社，2002.

[24] McDonald P W. The Computation of Transonic Flow Through Two - Dimensional Gas Turbine Cascades [J] . American Society of Mechanical Engineers, 1971 (14): 71 - 89.

[25] Patankar S V, Spalding D B. A calculation procedure for heat, mass and momentum transfer in three - dimensional parabolic flows [J] . Iternational Journal of Heat and Mass Transfer, 1972, (15): 1787 - 1806.

[26] Jameson A, Caughey D A. A finite volume for transonic potential flow caladations [J] . AIAA 3rd CFD Conference, 1977: 77 - 635.

[27] 吴小川．溃坝过程及洪水波演进数值模拟研究 [D]．南京：南京水利科学研究院，2004.

[28] 汪洋，殷坤龙．水库库岸滑坡涌浪的传播与爬高研究 [J]．岩土力学，2008，29 (4)：1031 - 1034.

[29] Quecedo M, Pastor M. A reappraisal of Taylor - Galerkin algorithm for drying - wetting areas in shallow water computations [J] . International journal for numerical methods in fluids, 2002, 38 (6): 515 - 531.

[30] Pastor M, Herreros I, Merodo J A F, et al. Modelling of fast catastrophic landslides and impulse waves induced by them in fjords , lakes and reservoirs [J] . Engineering Geology, 2009, 109 (1): 124 - 134.

[31] Peraire J. A finite element method for convection dominated flows [D] . University College of Swansea, 1986.

[32] 周桂云，李同春，钱七虎．水库滑坡涌浪传播有限元数值模拟 [J]．岩土力学，2013，34 (4)：1197 - 1201.

[33] Zhao D H, Shen H W, Lai J S, et al. Approximate Riemann solvers in FVM for 2D hydraulic shock wave modeling [J] . Journal of Hydraulic Engineering, 1996, 122 (12): 692 - 702.

[34] Zhao D H, Shen H W, Tabios III G Q, et al. Finite - volume two - dimensional unsteady - flow model for river basins [J] . Journal of Hydraulic Engineering, 1994, 120 (7): 863 - 883.

# 第6章　山洪易发区水库近坝岸坡安全监控与预警

## 6.1　概述

降雨在山洪易发区引发的洪水及其诱发的滑坡、泥石流等对国民经济和人民生命财产造成很大损失。山洪易发区水库近坝岸坡滑坡的危害主要包括以下3个方面：①大量岩土体滑入水库中，减少了水库的有效库容，甚至把水库变成石（泥）库而使水库报废（如瓦依昂水库）；②滑坡直接摧毁工程建筑物，如大坝、厂房等建筑物；③滑坡体高速滑入水库中，造成巨大的涌浪，直接危害大坝及下游人民生命财产安全。

影响山洪易发区水库滑坡的主要因素包括降雨、库水位、地震和人为开发不当等，其中，降雨诱发滑坡灾害最为常见，且造成大量人员伤亡及财产损失。降雨对边坡稳定的影响主要包括两个方面：①降雨入渗导致的渗流作用使得边坡的下滑力增加，②降雨入渗使得岩土体的抗剪强度降低。在丘陵和山洪易发区水库中，强降雨引起的地表径流从河道汇入水库，河水的侧向冲蚀，冲蚀掏空坡脚岩土体，对近坝库岸边坡坡脚产生冲刷作用，使得近坝库岸边坡失稳下滑，山洪易发区坡脚冲刷作用引起近坝库岸边坡滑坡最为常见。

降雨是滑坡失稳的主要诱发因素，据统计，20世纪80年代以来，我国发生的大型灾害性滑坡中，约50%由强降雨诱发[1]，降雨型滑坡是一种发生频率高、分布范围广、破坏形式复杂的滑坡类型。降雨型滑坡的研究已经成为国内外工程地质界的研究热点。

水库蓄水也是诱发滑坡的主要因素，与其有关的重大滑坡事件时有发生。如三峡大坝在2003年6月1日一期蓄水之后，边坡出现了明显的变形失稳现象，9月13日，距离大坝40km的湖北省秭归县千将坪发生了超过2400万$m^3$的特大山体滑坡，造成14人死亡，10人失踪，1200人无家可归，直接经济损失数千万元[2]。1959年意大利建成的高262m瓦依昂拱坝，当水库水位达到700.00m时，大坝上游近坝左岸于1963年10月9日突然发生了体积约2.4亿$m^3$的超巨型滑坡，快速下滑体激发的涌浪超过坝顶100m，冲毁了大坝下游数公里之内的多座市镇，死亡2000余人[3]。四川宝珠寺水库，1998年蓄水至正常蓄水位，1999年出现超1万$m^3$的滑坡11处，其中营盘乡滑坡体积为2000万

$m^3$[4]。库水位对滑坡体产生影响一直是滑坡机理研究和预测的重要课题，并受到滑坡学界的高度重视。库水位变化诱发的滑坡有两种：①水位达到敏感水位后滑体内孔隙水压力分布达到新的平衡过程中，由于土体饱和而致使边坡土体的容重增加和潜在滑动面上孔隙水压力增大而导致土的抗剪强度降低所产生的滑坡；②发生在水位消落。特别是快速消落期，由于不利的地下水梯度而造成滑坡。中村浩之[5]分析了水库滑坡产生的原因，并提出预测滑坡的工程措施。对水库滑坡的分析及其实测研究认为，浸水、库水位急剧降低和降雨，是水库滑坡形成的主要因素。钟立勋[6]分析了意大利瓦依昂滑坡灾害形成的地质环境、滑坡类型、形成机理、运动特征、岸坡失稳原因及其影响因素和诱发因素，总结出防治水库库岸滑坡灾害的经验和教训，为研究同类型滑坡提供了有益的启示。

边坡滑坡不同阶段伴随着不同的宏观变形破坏迹象，王尚庆[7]等建立了新滩滑坡的变形阶段评判标准。确定性预报模型是把有关滑坡及环境的各类参数用测定的量予以数值化，用严格的推理方法，特别是数学、物理方法，进行精确分析，得出明确的预报判断。日本学者斋藤迪孝于1968年提出了蠕变破坏三个阶段理论，基于岩体加速蠕变经验公式建立了加速蠕变经验微分方程，利用该法曾于1970年对日本高场山隧道滑坡、大井山铁道滑坡进行了成功的预报。由于是以土体蠕变理论为基础的，在应用中适用于前缘不受阻的土质滑坡。宋克强等[8]通过野外调查、室内试验和模型试验，对古刘滑坡蠕变破坏过程作了较全面的论证，从而得到一些黄土滑坡的破坏规律，并提出预报蠕变滑坡的方法，可用于黄土滑坡的预报。Bishop等提出了非饱和土有效应力原理[9-10]，认为非饱和土的外应力是由非饱和土骨架、孔隙水和孔隙气体共同分担，土骨架上的应力直接影响了土体的变形和强度，即土体的有效应力是一种平均应力。Bishop强度理论已经得到广泛认可和应用[11-15]，但是该理论有明显的不足之处：如参数$\varphi'$与基质吸力无关的假定与实际不符，由于确定有效应力参数复杂性和该值通过体积变化性状测定同通过抗剪强度测定的不一致性限制了Bishop原理的在实际工作中的使用。

综上所述，有关山洪易发区近坝岸坡滑坡研究主要集中在降雨引起的滑坡、库水位变化引起的滑坡和滑坡预测预报模型等方面，上述对边坡滑坡的研究主要考虑单一因素作用引起的滑坡，单一因素作用即使是最主要的因素也势必影响对边坡滑坡的特性认识。因此，在综合分析滑坡影响因素、滑坡预测预报方法的基础上，结合山洪易发区近坝岸坡滑坡特点，提出了多因素作用引起的近坝岸坡滑坡，研究降雨与边坡冲刷作用下近坝岸坡滑坡特性，选取降雨量、变形和坡度为预警指标，拟定了降雨量预警指标、变形预警指标和坡度预警指标，并将其应用于山洪易发区某水库边坡稳定的监控预警。

## 6.2　近坝岸坡安全预警指标构建

在水库近坝岸坡安全预警指标体系构建过程中，首先要进行触发岸坡滑坡的模式挖掘，找出岸坡可能的滑坡模式，对影响水库近坝岸坡滑坡的因素进行指标拟定，水库近坝岸坡预警指标拟定，一般采用以下几个步骤：

（1）层次分析。首先要对近坝岸坡失稳模式进行层次分析，并根据实际情况，一般将其分为两个或三个层次，对每个层次的指标进行初选。

（2）“海选”状态指标。所谓“海选”即不受条件的限制，凡是能够描述该层次状态的所有指标尽可能全面地一一列出，其目的是全方位地考虑问题，防止重要指标（失稳模式）的遗漏。

（3）初步确立指标体系。初步确立指标体系就是对“海选”的指标群（失稳模式）进行初步筛选，筛掉不适宜指标。其基本的方法是：主观预判、理论分析和频度统计法。主观预断就是根据专家经验和专业知识，断定可以入选指标，此办法可以筛掉部分指标。理论分析就是将相关的理论作为衡量指标的一种尺度，去掉明显不符合该理论的指标；频度统计法是对目前的研究进行统计，选用使用频率较高的指标作为参选指标。经过上述步骤可去掉相当一部分“海选”指标，从而初步确立指标体系。

（4）确立指标体系。在初步确立指标体系的基础上，对指标体系进行最后一次筛选，其基本方法是独立性分析和主成分分析，其目的是对指标之间意义上有交叉重复的指标再次选择或重组。所谓独立性分析就是在计算各种指标相关系数的基础上，选择一定的阈值作为标准，排除相关密切的指标，选用相互独立的指标；主成分分析就是通过指标重组，仅需选取少数几个主成分指标即可承载足够多的信息，反映边坡的状况。

### 6.2.1　预警总体结构

明确警义是前提，是预警研究的基础，寻找警源是对警情产生原因的分析，是分析和排除警患的基础；分析警兆是对警情出现先兆的分析，是预报警度的基础；预报警度是发布或排除警情的根据；而发布或排除警情是预警系统的目标所在。警义是预警系统的起点，是指在系统发展过程中表现警情的含义。警源是指警情产生的根源，用来描述和分析警源的指标，即滑坡已存在或潜伏着的“病灶”，如降雨引起的边坡滑坡。从警源的产生原因和生成机制看，警源主要有三类：①来自外在的警源即自然警源，如地形地貌、水文地质、地震等一些自然灾害；②人为警源，如人类活动过程等；③内生警源，边坡结构、边坡材料等。警情是指事物发展过程中出现的异常情况，边坡主要警情分

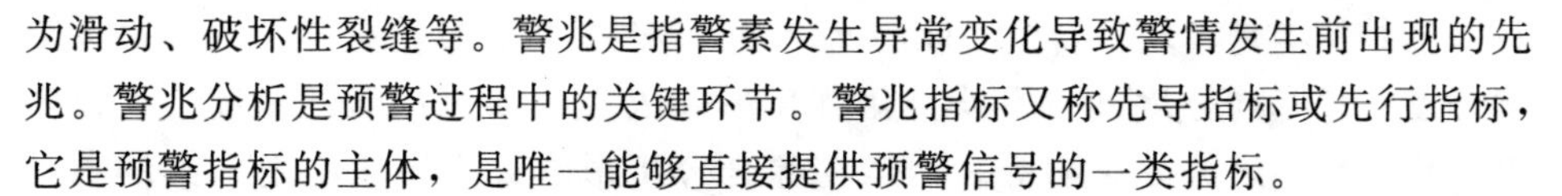

为滑动、破坏性裂缝等。警兆是指警素发生异常变化导致警情发生前出现的先兆。警兆分析是预警过程中的关键环节。警兆指标又称先导指标或先行指标，它是预警指标的主体，是唯一能够直接提供预警信号的一类指标。

预警首先是分析、检验和判断风险是否可以接受的过程，本章将预警系统分为预警指标维度、时间维度、空间维度和层次维度[16-17]。

（1）预警指标维度。该维度是预警逻辑结构的核心。根据预警系统的基本原理，主要包括警情、警度、警源和警兆四部分。基本流程是寻找警源、识别警兆、分析警情和预报警度。警源是警情产生的根源，根据影响边坡安全的因素不同分为荷载因素和非荷载因素两种。警兆是发生警情的先导指标，具有隐蔽性和瞬时性特点，因此，识别难度较大，识别方法有警源变化、统计经验和相关安全监测三类。警度的确定主要从结构的变化方向、变化速度和变化状态三个方面着手以确定警度级别。警情分析主要根据警度的级别制定必要的处理措施，包括应急预案。

（2）时间维度。时间是预警的重要参数，警情发生的时间间隔越短，警情越紧急。根据这一时间间隔的长度，系统分为突发性预警、短期预警、中长期预警和长期预警四个阶段。其中，突发性安全预警显得尤为重要。警源的监控和警兆的识别是保证突发性安全预警有效性的重要措施。

（3）空间维度。该维度涉及预警的地理空间和预警管理尺度范围。地理空间范围主要从利用 3S 技术对预警几何空间数据进行分析的角度来划分。预警系统管理尺度主要从行政以及自然特征角度划分，包括单个边坡、一个边坡群和整个地区等。

（4）层次维度。该维度主要从安全预警对象的结构建模角度进行划分，并随着力学模型研究的深入而逐渐完善，主要包括单因子预警（即各场之间单独考虑）、多因子预警（即考虑两场之间的耦合关系）和综合预警（即考虑多场之间的耦合）三类。

### 6.2.2 预警指标体系结构层次

近坝岸坡稳定受内在和外在因素的综合影响，是多个因素指标综合作用的体现，因此近坝岸坡稳定的评价指标也是多因素的综合。近坝岸坡稳定指标体系第一层为基础因子和诱发因子，基础因子主要与地形地貌和边坡地质构造等因素有关，诱发因子是主要表现为滑坡灾害发生的触发因素，如降雨、地震活动和人类工程活动等。第二层进一步把基础因子、诱发因子细化，基础因子包括地形地貌、地层岩性、地质构造、岸坡结构、植被、人类活动、年均降雨量、地震动参数等因素。为了便于指标因子的量化和取值，将第二层因子进一步细化形成第三层次因子，如地形地貌包括坡脚、坡脚冲刷、坡高等；岸坡结构包括结构类型、软弱岩层和软弱面控制程度等；降雨状况包括一次性最大降雨强度、日降雨强度和月平均降雨强度等；人类活动包括活动强度、人口密度、现有交通道路的影响等。本章在综合分析影响近坝岸坡稳定因素的基础上，分析警兆指标体系，研究预警指标的结构层次，提出预警指标；降雨量指标、坡度指标、变形指标在近坝岸坡安全预警中便于操作，也是边坡滑坡中经常遇到的问题，因此选取降雨量、坡度、变形为预警指标进行研究。

## 6.3　水库近坝岸坡滑坡模型试验

本章以山洪易发区某水库边坡滑坡为例，进行了近坝岸坡在坡脚冲刷作用下的滑坡试验研究，通过坡脚冲刷作用下边坡滑坡模型试验了解边坡土压力、孔隙水压力、基质吸力、含水率、破坏位置等，有助于认识山洪易发区近坝岸坡滑坡特性。

### 6.3.1　模型试验研制

降雨模型试验箱为自行研制，降雨模型试验箱由主体模型箱、降雨系统、供水系统、多物理量测试系统（包括孔隙水压力、土压力、张力）、数据采集系统和高速摄像设备等组成。为了便于观察边坡体的变形和滑坡过程，在模型箱的两侧侧面设置高透明有机钢化玻璃可视窗口，可以实时观测试验过程中边坡内部和侧向的变形、滑坡情况。模型箱尺寸为 700cm × 200cm × 200cm（长×宽×高），模型箱分为 3 部分，Ⅰ用于模型试验排水，Ⅱ用于边坡模型试验，Ⅲ用于模拟模型试验地下水位，试验模型箱结构见图 6.1。

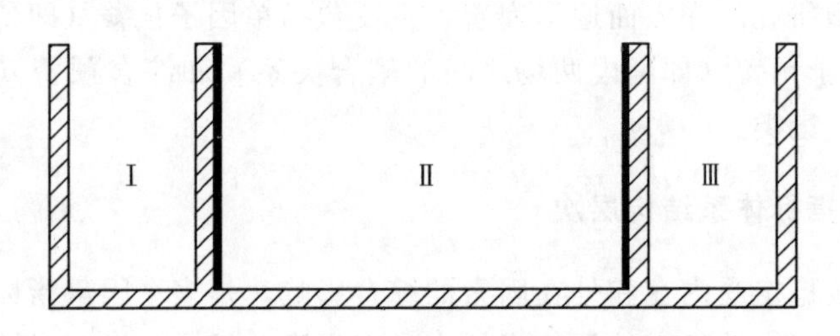


图 6.1　试验模型箱结构图

### 6.3.2　试验仪器布置及埋设

模型试验主要仪器有渗压计、张力计、土压力计、高速摄像机、取土器。土压力计埋设于模型箱Ⅱ底部，土压力计共 5 支，分别埋设在模型箱Ⅱ底部四边形的 4 个点和对角线处，土压力计分别与采集系统连接，采集系统时间每间隔10min收集一次数据，土压力计埋深分别为40cm、105cm、170cm，见图6.2。张力计共5支，在边坡顶部埋设2支，沿着边坡表面排列在一条线上埋设3支，5支张力计埋深分别为150cm、120cm、20cm、20cm、20cm，见图6.3。在模型试验箱中埋设了11支渗压计，9支渗压计埋深为170cm，2支埋深为120cm，渗压计分别与采集系统连接，采集系统时间每间隔10min收集一次数据，见图6.4。试验中根据模型试验情况对边坡进行土体含水率数据采集；高速摄像机布置在模型试验箱的一侧的正前方，进行实时图像采集。滑坡材料物理模型试验参数见表6.1，埋设的各类仪器及其有关细节汇总见表6.2。

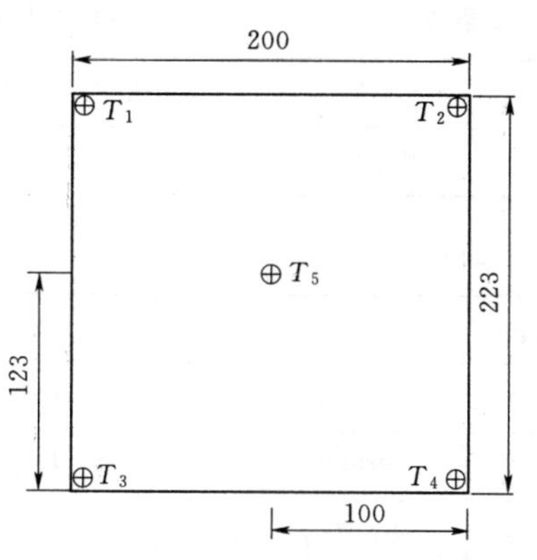

图6.2 土压力计布置示意图（单位：cm）

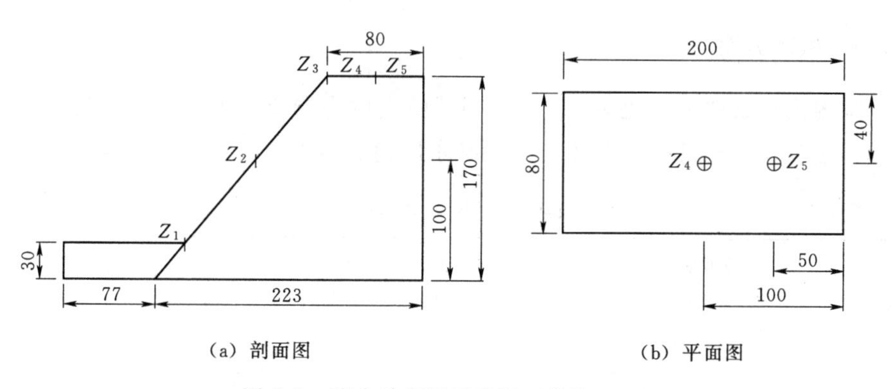

图6.3 张力计布置示意图（单位：cm）

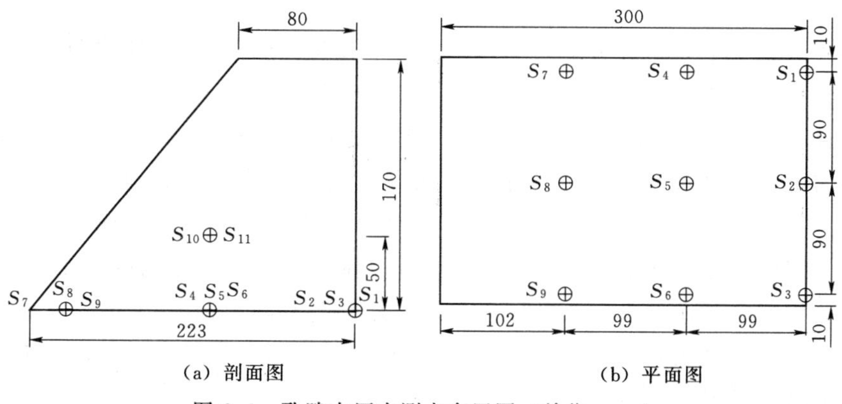

图6.4 孔隙水压力测点布置图（单位：cm）

表 6.1　滑坡材料物理模型试验参数表

| 名　称 | 初始含水率/% | 密度/(g/cm³) | 渗透系数/(cm/s) |
|---|---|---|---|
| 滑体 | 19.5 | 1.70 | $1.686\times10^{-5}$ |

表 6.2　试验仪器汇总表

| 序号 | 项目 | 仪器类型 | 数量/个 | 精度/% | 测量范围 |
|---|---|---|---|---|---|
| 1 | 张力计 | 电阻式 | 7 | ±0.1 | <90kPa |
| 2 | 渗压计 | 振弦式 | 11 | ±0.1 | 0～350kPa |
| 3 | 土压力计 | 振弦式 | 5 | ±0.1 | 0～350kPa |
| 4 | 含水率 | SK-100 水分仪探头、烘干法 | 1 | ±0.1 | 0～50% |
| 5 | 降雨量 | 自动记录雨量计 | 1 | ±3 | 0.01～4mm/m |
| 6 | 竖向位移 | 位移计 | 1 | ±0.2 | 0～20cm |

### 6.3.3　试验方案

室内模拟试验方案见表 6.3，模型试验边坡为均质边坡，边坡坡度为 50°，降雨强度为 70mm/h。试验用土采用某水库边坡滑坡体现场土体材料。

表 6.3　室内模型试验方案

| 试验编号 | 边坡地质结构 | 坡度/(°) | 降雨强度/(mm/h) | 模型试验 |
|---|---|---|---|---|
| 1 | 均质边坡 | 50 | 70 | 坡脚冲刷作用下边坡模型试验 |

### 6.3.4　试验方法

模型试验黏土含水率为 19.5%，密度为 1.70g/cm³，滑坡体物理模型材料试验参数见表 6.1，进行了模型试验，黏土密度、含水率和模型尺寸均相同。

首先在模型箱Ⅱ内壁和底部涂上一定厚度的凡士林，以减小模型在试验过程中与模型箱内壁摩擦，然后在模型箱Ⅱ中将密度为 1.70g/cm³、含水率为 19.5%的黏土装入其中，边坡坡角 50°，边坡模型高 170cm，坡顶长为 80cm，试验模型根据云南某水库近坝库岸边坡滑坡体按照一定的比例设计而成[18-21]。根据该水库实际降雨资料分析，确定了此次模型试验的降雨量。将黏土装入模型箱后，分层碾压，分层厚度为 40cm，滑坡模型试验装置见图 6.5，滑坡物理模型试验见图 6.6。

(a) 模型试验装置

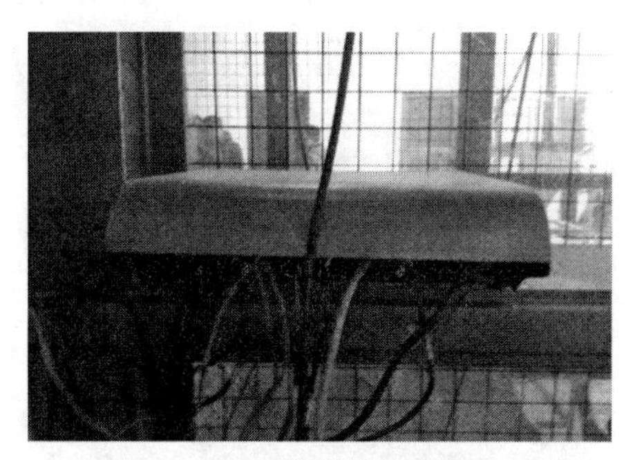

(b) 数据彩集系统

(c) 降雨系统

图 6.5 滑坡模型试验装置图

### 6.3.5 试验成果分析

图 6.6 滑坡物理模型试验图

强降雨引起河道水位骤升，水流流速增大，河水对边坡侧向产生冲蚀，冲蚀会掏空坡脚岩土体；另外，坡脚已冲刷的边坡在降雨作用下对边坡稳定不利，使得边坡失稳下滑会引起边坡整体滑坡。为研究坡脚冲刷作用下降雨引起边坡滑坡，首先在边坡坡脚处放置一个直径为 40cm 的 PVC 管，然后制作边坡模型，待模型制作完毕后将 PVC 管从坡脚处拿出，使得在边坡坡脚处形成直径为 40cm 的圆形管道，该管道假定为河水对边坡坡脚的冲刷作用形成，然后对该边坡进行降雨，研究坡脚冲刷作用下降雨引起的边坡滑坡的特性。坡脚冲刷作用下边坡模型及滑坡过程见图 6.7。

(a) 试验前

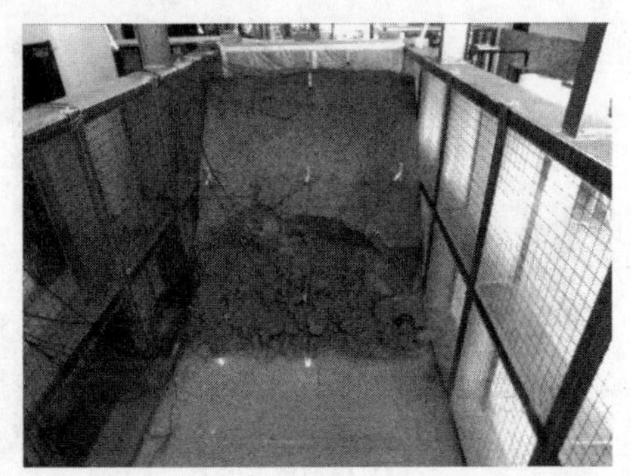

(b) 试验开始

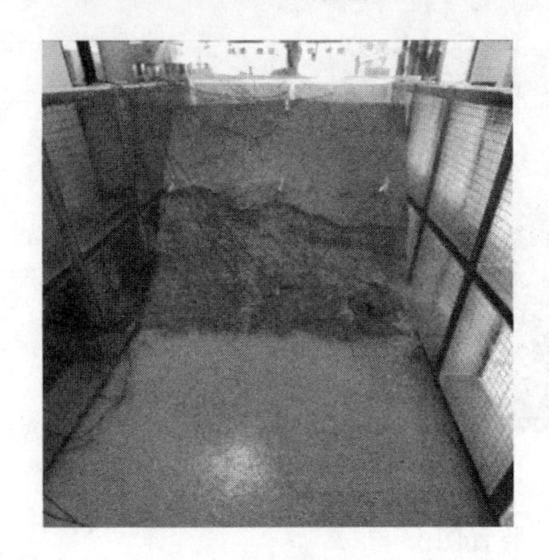

(c) 试验中

(d) 试验结束

图 6.7 坡脚冲刷作用下边坡模型及滑坡过程图

#### 6.3.5.1 试验过程及滑坡情况

待模型制好后，静置约 2d 时间，然后进行降雨滑坡试验，试验降雨过程依照该水库实测降雨过程。自 47h 时开始进行前期降雨，降雨强度为 70.0mm/h，时长 15min，此时边坡未发生变形和滑动现象。71h 时开始第二次降雨，降雨强度为 70.0mm/h，降雨持时 1.5h。至 72h 时，首先在边坡坡脚冲刷处产生裂缝并伴随滑坡，随着降雨入渗进行，坡脚处滑坡不断向边坡上部，在边坡高 1/2 处产生明显的一个坎，并逐渐向坡顶发展，该过程以滑动滑坡为主，整个滑坡过程历时 30min，坡脚冲刷作用下边坡裂缝及滑坡示意图见图 6.8。105h 后开始清理滑坡后边坡土样。

#### 6.3.5.2 边坡土压力变化

坡脚冲刷作用下土压力变化见图 6.9，由图可知，前期降雨后，边坡后部和中部的土压力在滑坡前基本保持不变，坡脚处的土压力随降雨而增大。第二次降雨后，随着滑坡的发生，边坡后部和中部的土压力逐渐减小。

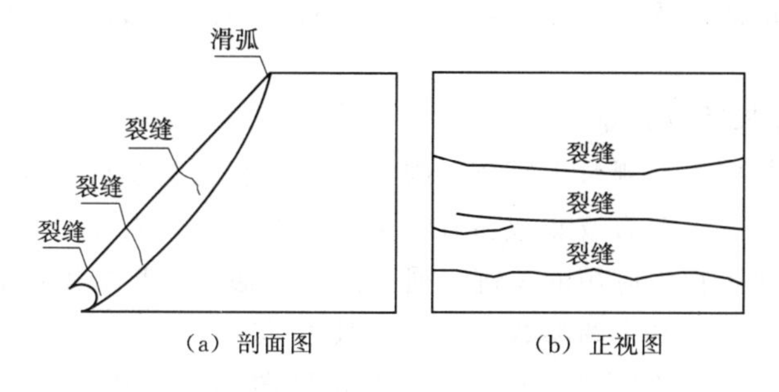


图 6.8 坡脚冲刷作用下边坡裂缝及滑弧示意图

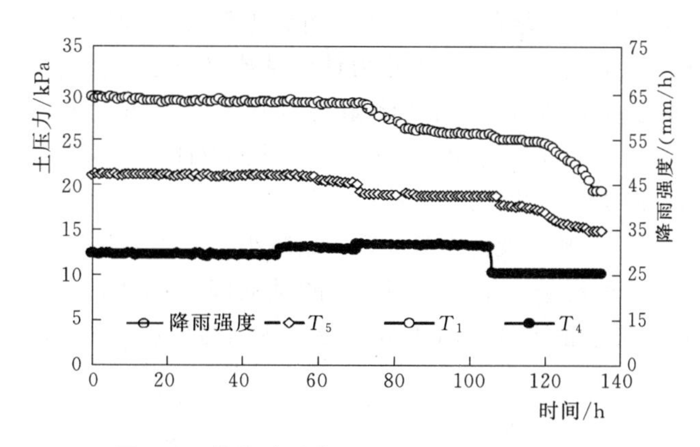


图 6.9 坡脚冲刷作用下边坡土压力变化图

#### 6.3.5.3 边坡孔隙水压力变化

孔隙水压力传感器除 $S_7$、$S_8$、$S_9$（均位于坡脚处）有变化外，其余无变化，分析其原因是在短历时降雨过程中，入渗水并未渗到模型底部。本次选取 $S_8$ 为代表点进行分析，坡脚冲刷作用下边坡孔隙水压力变化见图 6.10。由图可知，前期降雨后，至 60h 时坝脚处的孔隙水压力计（埋深 40cm）开始有测

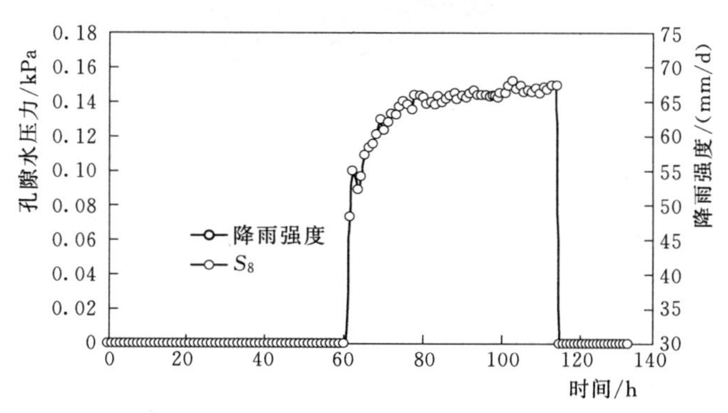


图 6.10 坡脚冲刷作用下边坡孔隙水压力变化图

值，并随时间增加而逐渐增大。第二次降雨后，测值增加较小，说明上部土体已处于饱和状态。

#### 6.3.5.4 边坡基质吸力变化

基质吸力的现场量测对于研究降雨型滑坡具有重要意义，基质吸力表示土颗粒吸水的能力，了解边坡非饱和带中基质吸力随外界条件的变化特征是非饱和土力学理论在工程中应用的关键。研究降雨入渗对边坡稳定性和变形破坏的影响，都涉及一个最基本的参数——基质吸力[22-24]。

坡脚冲刷作用下边坡坡脚基质吸力变化见图6.11，由图可知，0～40h基质吸力$Z_1$、$Z_2$、$Z_3$、$Z_4$、$Z_5$随着时间增加而增大，该阶段为5支张力计从纯净水桶中拿出放置于边坡的不同位置，边坡土粒为非饱和状态，因此，基质吸力随时间增加而增大。40h后5支张力计的基质吸力达到稳定，47h时开始第一次降雨，降雨强度为70.0mm/h，降雨持时0.25h；71h时开始第二次降雨，降雨强度为70.0mm/h，降雨持时1.5h。47h时张力计$Z_1$、$Z_2$减小，由于坡脚冲刷处临空，降雨过程中发现张力计$Z_1$、$Z_2$处产生裂缝，雨水入渗至$Z_1$、$Z_2$处；张力计$Z_3$、$Z_4$的基质吸力在71h后开始减小，因为71h时进行了第二次降雨，降雨引起了边坡滑坡；而张力计$Z_5$的基质吸力无变化，由于张力计$Z_5$埋深为50cm，至边坡滑坡发生时水分入渗未达到边坡坡顶下50cm处。

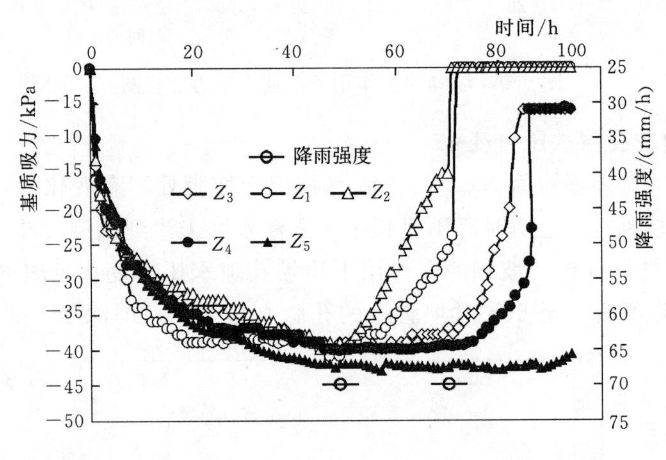


图6.11 坡脚冲刷作用下边坡坡脚基质吸力变化图

#### 6.3.5.5 边坡含水率变化

降雨滑坡后，沿着边坡坡顶竖直向下挖一个剖面进行边坡不同深度含水率测量，得到边坡不同深度的含水率，坡脚冲刷作用下边坡含水率变化见图6.12，图中0cm为边坡模型顶部，170cm为边坡坡脚处。由图6.12可知，试验前边坡0～170cm处含水率均为19.5%，降雨滑坡后边坡0～40cm处边坡含水率发生了变化，与试验相比，0cm、20cm、40cm 处含水率分别为 24.3%、22.3%、21.2%，说明降雨入渗引起边坡坡体内部的水分重分布，60～170cm 边坡坡体含水率与降雨前相同。

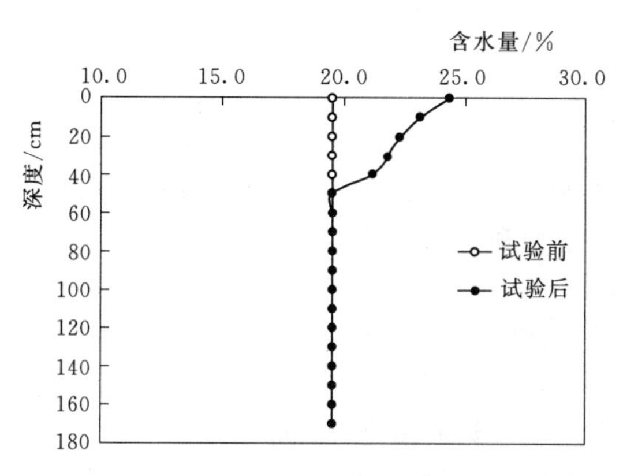


图 6.12　坡脚冲刷作用下边坡含水量变化图

#### 6.3.5.6　小结

通过坡脚冲刷作用下边坡滑坡模型试验研究，结果表明：

(1) 坡脚冲刷作用下边坡模型试验研究表明，边坡坡脚受到水流冲刷作用，引起边坡结构发生变化，使得边坡抗滑力减小，坡脚冲刷边坡与正常边坡相比，比正常边坡更易产生滑坡，降雨过程中边坡坡面孔隙水压力和基质吸力变化较小。

(2) 由坡脚冲刷作用下边坡滑坡模型试验可知，坡脚冲刷作用下边坡滑坡属于浅层牵引式滑坡。

(3) 降雨入渗引起非饱和土中基质吸力的丧失或减小是降雨引起边坡稳定性降低的主要机理。

## 6.4　近坝岸坡安全预警监控模型

### 6.4.1　基于饱和-非饱和渗流理论的边坡稳定监控模型

#### 6.4.1.1　饱和-非饱和渗流理论

基于饱和非饱和渗流理论边坡模拟，根据达西定律和质量守恒连续性方程，可导出饱和-非饱和水分运动的基本方程[25-28]。

$$\frac{\partial}{\partial x}\left(k_x\frac{\partial H}{\partial x}\right)+\frac{\partial}{\partial y}\left(k_y\frac{\partial H}{\partial y}\right)+Q=\frac{\partial\theta}{\partial t} \tag{6.1}$$

式中：$H$ 为总水头；$k_x$、$k_y$ 分别为 $x$、$y$ 方向的渗透系数；$Q$ 为流量边界；$\theta$ 为体积含水率；$t$ 为时间。

边界条件为：

水头边界

$$k\frac{\partial H}{\partial n}\bigg|_{r_1}=h(x,y,t) \tag{6.2}$$

流量边界

$$k\frac{\partial H}{\partial n}\bigg|_{r_2}=q(x,y,t) \tag{6.3}$$

式（6.1）为饱和-非饱和渗流的瞬态分析控制方程，等式右端项等于 0 时，即可实现饱和-非饱和渗流的稳态分析。

通过求解即可得到坡体内的渗流场，本章采用 GeoStudio 软件中的 Seep/W 模块和 Sigma/W 模块对边坡的稳定性进行分析。边坡稳定分析中采用非饱和土边坡稳定性计算方法毕肖普法。

#### 6.4.1.2　基于非饱和土理论的简化 Bishop 法

传统的边坡稳定性极限平衡分析方法是建立在饱和土体 Mohr - Coulomb 强度准则基础上的，对于降雨入渗作用下边坡稳定性分析，仅限于考虑饱和渗流场内由于降雨引起的地下水压力升高对边坡稳定性的影响。基于非饱和土理论的边坡稳定性极限平衡法是建立在非饱和土体引申的 Mohr - Coulomb 强度准则的基础上，对降雨作用下的边坡稳定性的分析，其不仅考虑饱和区内由降雨引起的地下水压力升高对边坡稳定性的影响，而且考虑非饱和区基质吸力的变化对边坡稳定性的影响。

在简化 Bishop 法的基础上，通过有限元和稳定分析方法相结合，将降雨模拟后得到的土体负孔隙水压力考虑到简化 Bishop 法，从而可以得到降雨入渗条件下边坡安全系数的变化。任意取一土条 $i$，土条受力分析示意图见图 6.13。

根据土条的竖向平衡有

$$W_i+(V_{i+1}-V_i)+P_i\cos\beta_i-N_i\cos\alpha_i-U_i\cos\alpha_i-T_i\sin\alpha_i=0 \tag{6.4}$$

考虑到安全系数的定义：

$$T_i=\frac{[c_i+(u_a-u_w)\tan\varphi^b]L_i+N_i\tan\varphi_i}{F_s} \tag{6.5}$$

将式（6.5）代入式（6.4）可得

$$N_i=\frac{1}{m_i}\left\{W_i+(V_{i+1}-V_i)+P_i\cos\beta_i-U_i\cos\alpha_i-\frac{[c_i+(u_a-u_w)\tan\varphi^b]L_i}{F_s}\sin\alpha_i\right\} \tag{6.6}$$

其中

$$m_i=\cos\alpha_i+\frac{\tan\varphi_i}{F_s}\sin\alpha_i \tag{6.7}$$

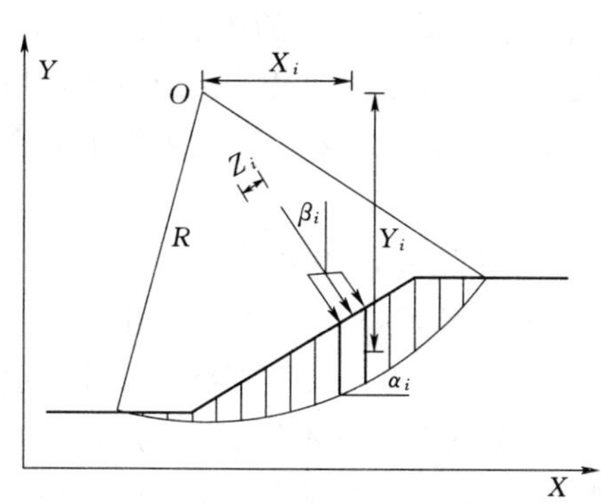


(a) 滑动土体中任意土条 $i$ 静力分析

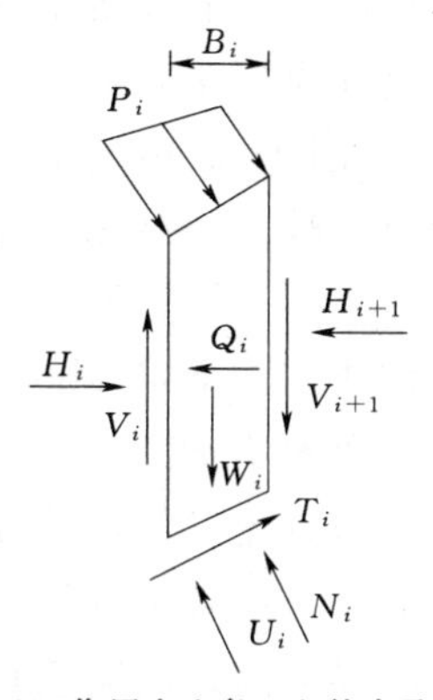


(b) 作用在土条 $i$ 上的力及作用点图

图 6.13 土条受力分析示意图

$W_i$—自重；$Q_i$—水平地震力；$H_i$，$H_{i+1}$—侧面法向力；$V_i$ 与 $V_{i+1}$—侧面切向力；$N_i$—条底法向有效反力；$U_i$—条底孔隙水压力；$T_i$—条底切向抗剪力；$P_i$—表面线性分布荷载

整个滑动土体对滑动圆心 $O$ 求力矩平衡，此时相邻土条之间的侧壁作用力的力矩将互相抵消。各土条滑动面上的有效法向反力和孔隙压力通过圆心，没有力矩贡献。因此总的力矩平衡方程为：

$$\sum W_i X_i + \sum Q_i Y_i + \sum P_i Z_i - \sum T_i R = 0 \tag{6.8}$$

将式（6.7）代入式（6.6），然后再代入式（6.8）可得

$$F_s = \frac{\sum \frac{1}{m_i}\{[c_i + (u_a - u_w)\tan\varphi^b]L_i\cos\alpha_i + [W_i + (V_{i+1} - V_i) + P_i\cos\beta_i - U_i\cos\alpha_i]\tan\varphi_i\}}{\sum W_i \frac{X_i}{R} + \sum Q_i \frac{Y_i}{R} + \sum P_i \frac{Z_i}{R}} \tag{6.9}$$

Bishop 忽略了切向条间作用力项（$V_{i+1} - V_i$），而得到了下面的简化 Bishop 法计算公式[29-32]为

$$F_s = \frac{\sum \frac{1}{m_i}\{[c_i + (u_a - u_w)\tan\varphi^b]L_i\cos\alpha_i + (W_i + P_i\cos\beta_i - U_i\cos\alpha_i)\tan\varphi_i\}}{\sum W_i \frac{X_i}{R} + \sum Q_i \frac{Y_i}{R} + \sum P_i \frac{Z_i}{R}} \tag{6.10}$$

### 6.4.2 基于突变理论的边坡变形监控模型

#### 6.4.2.1 边坡变形的突变理论原理

边坡滑坡主要是由降雨诱发的，许多学者基于力学规律及确定性的分析方法，对降雨和滑坡的相关性问题进行了研究，并力求建立降雨量和滑坡之间的

定量关系。然而，由于滑坡演化的复杂性、非线性以及滑坡体各种参数的不确定性，通过确定性模型建立滑坡监控指标值，需要有效的边坡物理力学参数，计算难度和复杂性较大。山洪易发区地形复杂多样，大量潜在滑坡体地质条件及力学参数获取较难，针对此类滑坡的监控预警，需要一种较为简单而有效的方法。

突变理论由法国数学家 Thom 于 1972 年创立，用来描述自然界中大量存在的不连续的突然变化现象。它来源于拓扑学，是在拓扑学、群论、奇点理论、分叉理论、微分流形等数学分支上发展起来的，其主要数学渊源是根据势函数把临界点分类，将各种领域中的突变现象归纳到不同类别的拓扑结构中，进而研究各种临界点附近非连续状态特征，以更加深刻地认识不连续现象的机理。Thom 研究提出如果控制变量不超过 4 个，则函数最多只有七种突变形式，分别是折叠、尖点、燕尾、蝴蝶、双曲脐点、椭圆脐点、抛物脐点突变。尖点突变模型是比较简单的一类突变模型。在地质工程领域突变理论特别适用于描述作用力或动力的渐变导致状态突变的现象。地震、滑坡等岩体失稳现象的孕育发生过程是渐变—突变过程，因此可借助突变理论进行滑坡的监控预警分析研究。

突变理论的特点是过程连续而结果不连续，可以被用来认识和预测复杂的系统行为。

尖点突变模型的势函数一般表达式为

$$V(x)=x^4+ux^2+vx \tag{6.11}$$

式中：$x$ 为状态变量，$u$、$v$ 为控制参数；$V$（$x$）表示一种势，即状态为 $x$ 时，系统存在的能量。

当系统处于平衡状态时，有

$$V'(x)=0 \tag{6.12}$$

其平衡曲面方程可表示为

$$4x^3+2ux+v=0 \tag{6.13}$$

此三次方程的实根为一个或三个，其判别式为 $\Delta=8u^3+27v^2$，当 $\Delta>0$ 时，有一个实根；$\Delta<0$ 时，有三个互异的实根；$\Delta=0$ 时，三个实根中有两个相同（$u$、$v$ 均不为零）或三个均相同（$u=v=0$）。

通常将系统处于平衡态，即 $V'(x)=4x^3+2ux+v=0$，所确定的曲面称为突变流形图，尖点突变模型曲面见图 6.14，该图代表了势 $V$ 在不同状态 $x$ 时的变化情况，上、中、下三叶代表了可能的三个平衡状态，其中上、下两叶是渐进稳定的，中叶是不稳定的，势 $V$ 由上叶向下叶或下叶向上叶的变化中，必然有一个突变过程，系统处于不稳定状态。

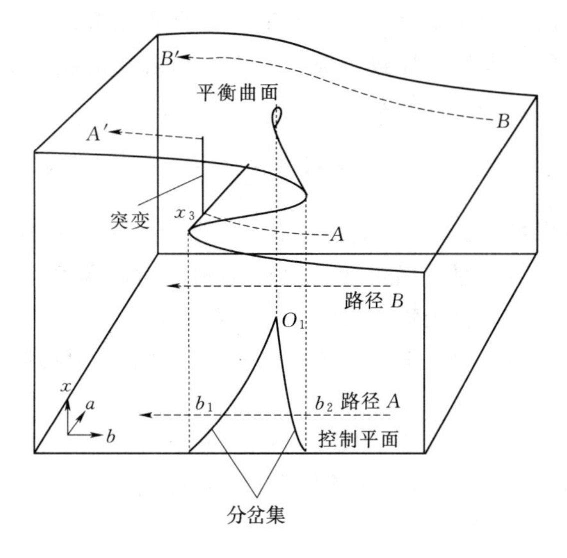


图 6.14 尖点突变模型曲面

#### 6.4.2.2 边坡变形突变监控模型

大量近坝岸坡变形监测资料表明，按边坡的变形—时间曲线特征，可将近坝岸坡分为稳定型、渐变型、突发型。稳定型边坡地质条件较好，在自然状态下边坡处于基本稳定状态，变形监测数据不随时间的变化增大。当受到外界的降雨、地震、泥石流等扰动时，边坡会出现一定的变形或开裂，但当这些因素消失后，坡体又逐渐趋于稳定或变形增量随时间无限趋近于 0。渐变型边坡地质条件较差，边坡较陡，通过监测数据能够发现具有时效变形特征。此类边坡的演化一般需经历较长时间的变形与应变能的积累，坡体在无限远时不会趋于稳定，变形增量随时间无限趋近于某个常量。当受到外界的降雨、地震、泥石流等扰动时，近坝库岸边坡会出现一定的变形或开裂，此后坡体变形量逐渐增大，变形增量随时间增大。在经历一段时间后，出现局部明显变形并逐渐导致最终失稳，近坝库岸边坡最后出现滑坡。突发型边坡通常处于有地质缺陷的底层中，边坡变形处于发散过程，变形速率随时间增大，从边坡变形到边坡滑动时间很短。山洪易发区近坝库岸滑坡变形演化分类见图 6.15。

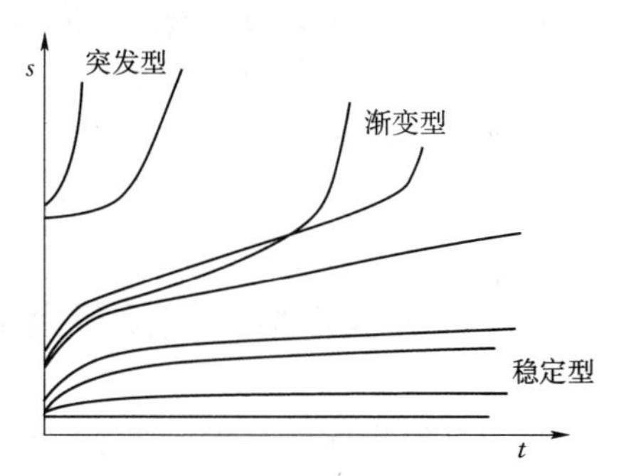


图 6.15 山洪易发区近坝库岸滑坡变形演化分类图

三类边坡中渐变型边坡具有普遍性，这类边坡在逐渐变形过程中，受到强降雨影响，降雨入渗使得边坡体内的地下水潜水面升高，滑面岩土体软化，从而降低了边坡的稳定性，导致滑坡的发生。当潜在滑坡体受剪切产生变形，切应力 $\tau$ 和切应变 $u$ 的本构关系为

$$\tau = kG\frac{u}{e^{\left(\frac{u}{u_{\tau\max}}\right)^m}} \tag{6.14}$$

式中：$G$ 为剪切模量；$k$ 为不同含水率条件下剪切模量的折减系数；$u_{\tau\max}$ 为切应力达到最大时的应变量，通过实验可以得到其对应关系；$m$ 为应变软化效应乘数，考虑到土体的应变软化效应，当 $u$ 超过 $u_{\tau\max}$ 后出现应变软化效应。

当出现降雨入渗，导致土体基质吸力和强度降低，剪切模量降低，剪切模量可表示为

$$f(w)G_0 = kG_0 = G_0(aw^2 + bw + c) \tag{6.15}$$

式中：$w$ 为含水率；$G_0$ 为 $w=0$ 条件下的剪切模量；$a$、$b$、$c$ 为常数项，且有约束条件 $w=0$ 时，$G=G_0$。

在土体应变软化效应下，$\tau_{\max}$ 和 $u_{\tau\max}$ 与土体剪切模量相关，则：

$$u_{\tau\max} = f_\tau(G_0, \tau_{\max 0}) \tag{6.16}$$

合并两公式得

$$\tau = kf(w)G_0\frac{u}{e^{\left(\frac{u}{u_{\tau\max}}\right)^m}} \tag{6.17}$$

则系统状态势能分为应变能和滑动势能：

$$V = \int_0^u kf(w)G_0\frac{u}{e^{\left(\frac{u}{u_{\tau\max}}\right)^m}}du + uW \tag{6.18}$$

式中：$W$ 为滑动土体的滑移变形在垂直方向的势能增加量。

当 $V'=0$ 为其平衡曲面，$V'''=0$ 得到位于尖点处对应的突变临界位移量：

$$u = u_{\tau\max}\sqrt[m]{1+\frac{1}{m}} = f_\tau[G_0(aw^2+bw+c), \tau_{\max 0}]\sqrt[m]{1+\frac{1}{m}} \tag{6.19}$$

可以看到，随着降雨量的不同，土体剪切模量发生变化，岩土体软化到达的最大切应力和对应的切应变不同。通常随着降雨量的增大，岩土体软化到达的最大切应力和对应的切应变减小，突变临界位移量减小，边坡从开始变形到产生滑动的时间更短。

## 6.5　水库近坝岸坡稳定预警指标拟定方法

拟定预警指标值是指标体系的核心，指标拟定方法较多，主要包括：设计指标方法、经验指标方法、理论指标分析方法和实测资料分析方法等。通过这些指标的运用，从而确定实用的预警指标。本章采用理论分析和实测资料分析

法进行水库近坝库岸边坡稳定指标拟定。

### 6.5.1 预警指标等级划分

根据相关研究及统计资料，边坡从局部产生变形到滑动，通常可经历三种状态，见图 6.16。

（1）安全状态。指近坝库岸边坡产生初始的变形，且累计位移较小的状态，边坡主要监测量的变化处于正常情况下的状态。

（2）基本正常状态。指近坝库岸边坡产生等速变形的状态，大部分边坡在经过等速变形后累计位移逐步趋于稳定，在无外界降雨、泥石流、地震等因素影响情况下，近坝库岸边坡将一直处于这种稳定状态。

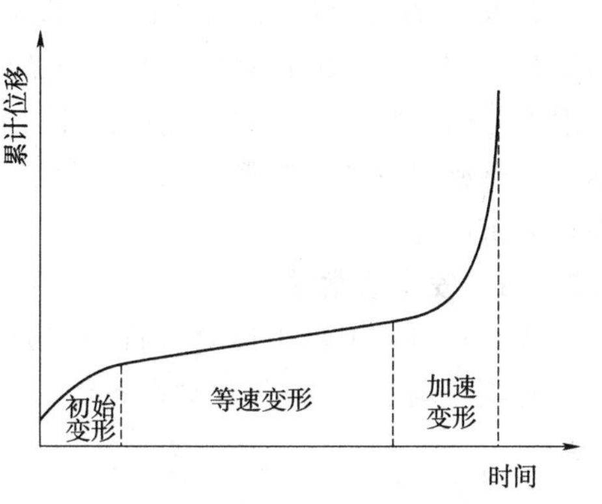


图 6.16 山洪易发区近坝库岸边坡滑坡累计位移变化过程示意图

（3）异常预警状态。指近坝库岸边坡产生加速变形状态。当边坡受到各种因素的影响在等速变形或初始变形趋于稳定的过程突然出现加速变形的状态突变。从监测角度，可以监测到环境中某些危及安全的因素正在加剧，或主要监测量出现险情，若不采取措施将出现失事的状态。异常预警状态的边坡安全系数通常逐步减小，抗力逐渐小于荷载。

水库近坝岸坡的三种状态变化有许多特征和标志，这些特征和标志的界限值为状态特征值，在滑坡的监控预警中即作为预警指标。针对近坝库岸滑坡受到降雨、山洪影响，结合有关规范和法规，将水库近坝库岸边坡安全状况分为三级，对应不同的预警等级，见表 6.4。设边坡安全状况集合为 $V$，则：

$$V=[V_1,V_2,V_3]=[\text{安全},\text{基本正常},\text{异常}] \tag{6.20}$$

表 6.4 近坝库岸边坡安全等级划分标准表

| 安全状况 | 安全 | 基本正常 | 异常 |
|---|---|---|---|
| 预警等级 | 1级 | 2级 | 3级 |
| 采取措施 | 采取正常的观测及巡查工作 | 加强观测和巡查工作，进一步分析观测数据变化的诱因，密切关注相关监测数据有无异常增大趋势 | 异常预警，密切关注边坡的变化。采取有效的应急措施 |

### 6.5.2 确定性模型预警指标拟定方法

根据边坡安全准则：

$$R-S\geqslant 0 \tag{6.21}$$

式中：$R$ 为边坡滑面的抗剪强度；$S$ 为临界荷载组合的总效应。

若 $R$ 为设计允许值（即有一定的安全度）或边坡稳定所允许范围内的值，则满足式（6.21）的荷载组合所产生的各效应量（变形）是警戒值。如 $R$ 是极限值，则满足式（6.21）的荷载组合所产生的各监测效应量是极值。估计指标是一个相当复杂的问题，需要根据各个边坡的具体情况，用多种不同的方法进行分析论证。

#### 6.5.2.1 安全系数法

式（6.21）中抗力用允许抗力（允许安全系数），计算抗力的物理力学参数一阶矩（均值）。因此，平衡条件为：

$$\frac{\overline{R}}{K}-\overline{S}=0 \text{ 或 } [\overline{R}]-\overline{S}=0 \tag{6.22}$$

式中：$\overline{R}$、$[\overline{R}]$ 分别为抗力的均值和允许抗力，计算所用的物理力学参数由试验资料用一阶矩确定或由地勘资料确定；$K$ 为安全系数；$\overline{S}$ 为荷载效应的均值。

用饱和-非饱和理论结合极限平衡法求出指标（安全系数），即式（6.22）中的安全系数 $K$。

#### 6.5.2.2 降雨量预警指标拟定方法

降雨是诱发近坝岸坡滑坡的重要因素之一。当短时突降暴雨，且降雨满足一定条件时，近坝岸坡土体饱和度增大，空隙水压力也随之增大，相应土体的有效应力减小，土体的抗剪强度随之减小，当边坡坡体所受剪切应力超过其抗剪强度，即产生降雨诱发的滑坡。

因此，依据边坡的预警等级及边坡的安全系数，建立不同预警等级和边坡安全系数的对应关系，见式（6.23）：

$$\begin{cases} K\geqslant\overline{K} \\ \overline{K}>K\geqslant 1 \\ K>1 \end{cases} \tag{6.23}$$

式中：$\overline{K}$ 为规范或设计资料中的边坡安全系数，针对不同类型的边坡，要求设计安全系数 $\overline{K}$ 一般取值在 1.05～1.2 之间。

可以将 $K$ 划分为（$+\infty$，$\overline{K}$]、($\overline{K}$，1]、(1，$-\infty$]，对应安全、基本正常、异常三种状态。在此基础上，可求出满足（6.20）不同条件的降雨最不利荷载组合的荷载，代入前述降雨数值监控模型中，即可计算得到对应不同边坡安全状态的降雨预警指标。当降雨作为诱发滑坡的主要因素时，通过降雨得到

对应边坡安全系数的过程可表示为：

$$f[R(r,u),S(r,u)]=K \tag{6.24}$$

式中：$R$ 为抗力；$S$ 为荷载；$r$ 为降雨量；$u$ 为降雨之外的其他因素。

在固定 $u$ 的条件下，可以计算得到不同降雨量 $r$ 对应的近坝库岸边坡稳定的安全系数。

#### 6.5.2.3 坡度变化预警指标拟定方法

在强降雨作用下，近坝库岸边坡坡脚不断受到淘刷作用，边坡下部坡度逐渐变陡，产生较高的临空面，进而引发边坡的滑动。令 $\beta$ 为坡度变化的度量。可得到坡度和边坡安全系数的数值分析模型，可表示为：

$$f[R(\beta,u),S(\beta,u)]=K \tag{6.25}$$

式中：$R$ 为抗力；$S$ 为荷载；$u$ 为除坡度变化之外的降雨、地下水位等其他因素。

在固定 $u$ 的条件下，可以计算得到不同边坡坡度 $\beta$ 对应的边坡安全系数。建立不同条件下的坡度最不利荷载组合荷载，代入上述坡度变化的监控模型中，即可计算得到对应不同边坡安全状态的边坡安全预警指标。

#### 6.5.2.4 降雨量及坡度联合预警指标拟定方法

降雨常引起滑坡、崩坡、崩塌等次生灾害。多种因素的综合作用使得只考虑单一的边坡滑坡诱发因素无法有效对潜在滑坡进行监控预警。为此可以综合降雨、山洪、泥石流对边坡的综合作用，建立联合降雨和坡度因素的预警指标。基于确定性模型可以得到降雨量、坡度与近坝库岸边坡安全系数的关系，表达为：

$$f[R(r,\beta,u),S(r,\beta,u)]=K \tag{6.26}$$

式中：$R$ 为抗力；$S$ 为荷载；$u$ 为除降雨、坡度变化之外的因素。确定不同的降雨、坡度荷载组合代入分析模型，得到降雨、坡度和安全系数之间的定量化关系（图 6.17），在降雨和坡度组成的平面图上将 $K$ 取固定值，得到的曲线一般为一条凸向原点的曲线，称为对应 $K$ 的有效前沿曲线。

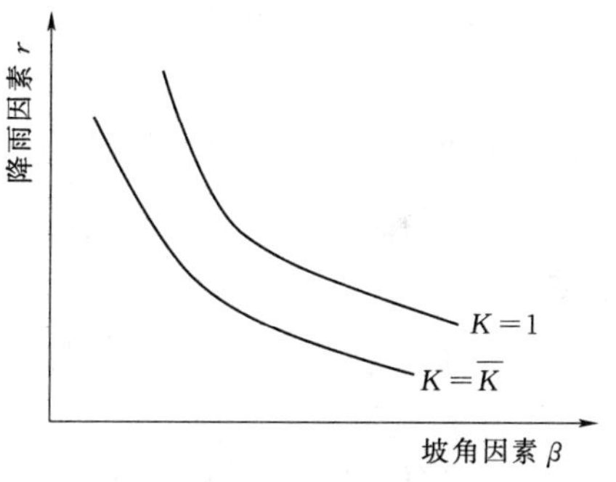

图 6.17 降雨、坡度及安全系数关系示意图

在此基础上，按照近坝库岸边坡安全、基本正常、异常三种状态得到降雨量、坡度的临界值，作为降雨及坡角联合预警指标。

### 6.5.3 基于突变理论的边坡变形监控指标拟定方法

式（6.19）建立了水库近坝库岸边坡临滑时变形量和降雨量的关系，可改写为：

$$\tilde{u}=f(\tilde{w},G_0) \tag{6.27}$$

式中：$\tilde{u}$、$\tilde{w}$ 分别为临滑时的滑动位移和降雨量。当满足式（6.27）时，可以认为近坝库岸边坡状态为异常。

当降雨量未达到临滑降雨量，或位移未达到临界位移量时，则：

$$\tilde{u}>f(w,G_0) \tag{6.28}$$

从近坝库岸滑坡变形的突变特征角度看，认为坡体总体时能未达到最大，坡体未达到临界滑移状态。

通过降雨滑坡的诱发机理可知，强降雨使得滑面岩土体软化，从而降低了近坝库岸边坡的稳定性，导致边坡滑坡的发生。应变软化时刻，伴随应变的增大，切应力达到最大值且不再增大，此时变形速率逐步增大，变形量不再收敛于一个固定值。可认为此刻边坡从安全状态进入基本正常状态。则按照式（6.28）可以得到基本正常状态的预警指标值。按照式（6.19），临滑变形 $\tilde{u}=\sqrt[m]{1+\frac{1}{m}}u_{\tau\max}$。可将边坡安全状况分为三级，对应得到用临滑变形量表示预警指标：

$$\begin{cases} u\leqslant u_{\tau\max} & \text{安全} \\ 2u_{\tau\max}<u\leqslant 2u_{\tau\max} & \text{基本正常} \\ u\geqslant 2u_{\tau\max} & \text{异常} \end{cases} \tag{6.29}$$

### 6.5.4　近坝岸坡预警指标拟定实例

将近坝岸坡滑坡的预报预警研究成果应用于云南省某水库近坝岸坡监控预警中。

#### 6.5.4.1　基于饱和-非饱和渗流理论的边坡稳定监控指标拟定

1. 计算参数

根据室内试验和现场勘察钻探地勘报告，得到各层岩土体的强度参数。滑坡体各岩土层的物理力学性质见表6.5。

表6.5　土层物理力学性质表

| 岩土层名称 | 天然重度 /(kN/m³) | 饱和重度 /(kN/m³) | 有效黏聚力 $c'$ /kPa | 有效内摩擦角 $\varphi'$ /(°) |
|---|---|---|---|---|
| 黏土 | 17.3 | 17.8 | 45.0 | 17.0 |
| 全风化片麻岩 | 18.2 | 18.8 | 47.0 | 23.0 |
| 强风化片麻岩 | 22.6 | 23.0 | 50.0 | 28.0 |

2. 计算剖面及计算边界条件

根据云南省山洪易发区某水库近坝岸坡现场地质勘查情况，选取主滑剖面为计算剖面，剖面的形状及地质剖面见图 6.18。

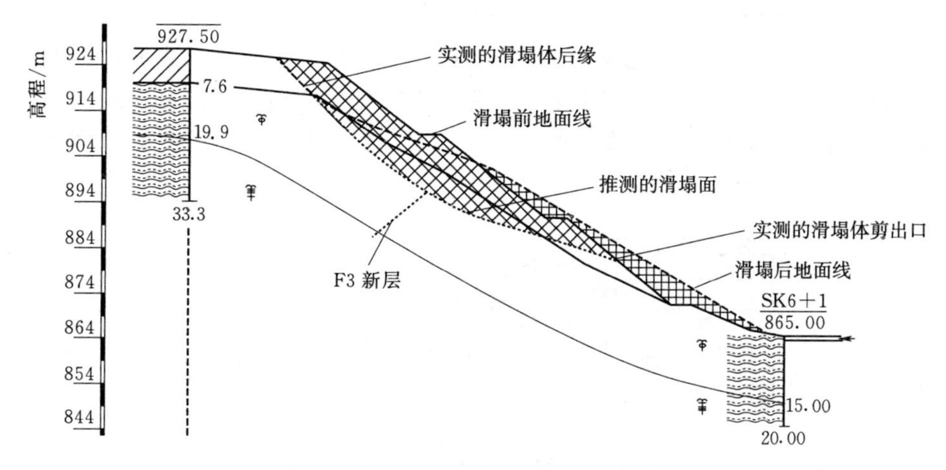


图 6.18 剖面的形状及地质剖面

坡体左右两边和底部为不透水边界，坡面为流量边界，流量大小为降雨强度，根据当地气象资料和实际情况，降雨单宽流量根据云南省山洪易发区某水库气象站降雨资料取值。通过现场调查，建立边坡滑坡体主滑动面有限元模型见图 6.19。假设坡面孔隙气压力为大气压力，这样基质吸力在数值上等于孔隙水压力，可以用孔隙水压力表示。

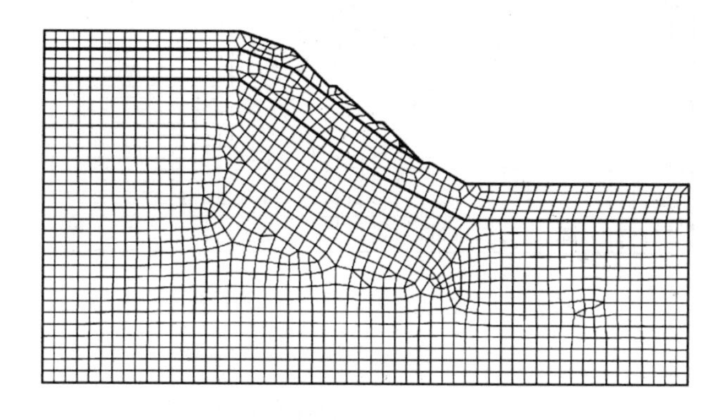

图 6.19 滑坡体主滑面有限元模型

3. 计算工况

(1) 不同降雨量条件下边坡稳定性。不同降雨量条件下边坡稳定性计算采用饱和-非饱和渗流理论和简化的 Bishop 法。不同降雨量见表 6.6。

表6.6 不同降雨量表

| 工 况 | 1 | 2 | 3 | 4 | 5 |
|---|---|---|---|---|---|
| 降雨量/mm | 80.8 | 70.7 | 65.4 | 59.1 | 48.5 |

(2) 不同坡度条件下边坡稳定性。在云南某水库近坝库岸边坡研究基础上，以30°、50°、60° 3个不同坡度为例，选取5种不同工况的降雨量进行不同坡度条件下安全系数计算，坡度30°、50°、60°有限元计算模型分别见图6.20、图6.21和图6.22。

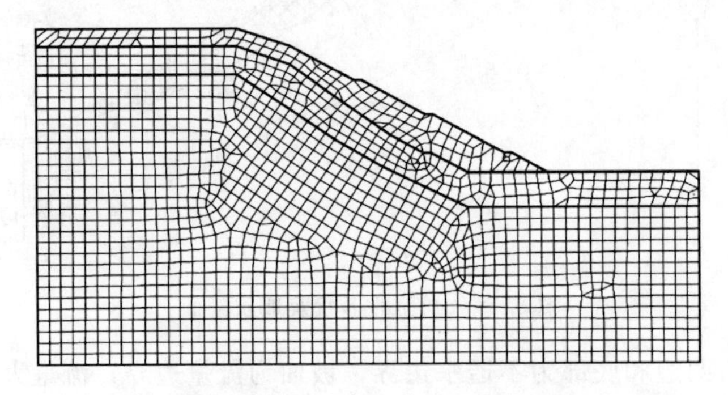

图6.20 坡度30°滑动面有限元模型

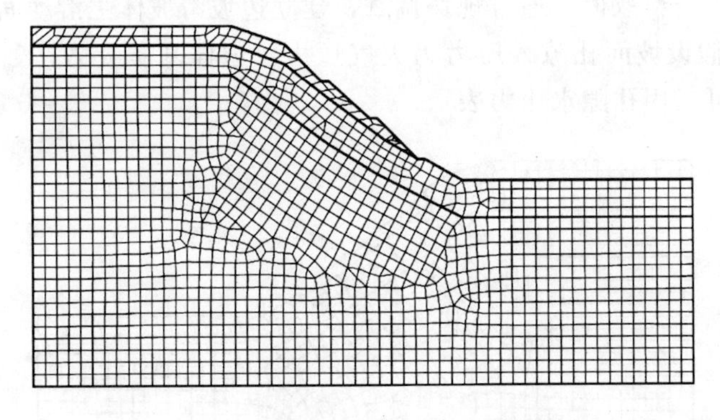

图6.21 坡度50°滑动面有限元模型

4. 计算结果

(1) 不同降雨工况下边坡安全系数。不同降雨量下该近坝库岸边坡安全系数见表6.7，由表可知，降雨量为80.8mm、70.7mm、65.4mm、59.1mm、48.5mm时近坝库岸边坡安全系数分别为0.98、1.04、1.10、1.11、1.20。随着降雨量减小，边坡安全系数增加，临界降雨量为70.7mm。近坝库岸边坡安全系数受降雨量影响明显。

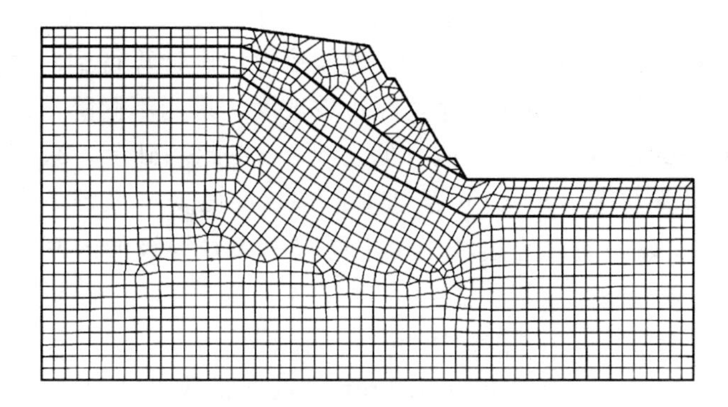

图 6.22 坡度 60°滑动面有限元模型

**表 6.7** 不同降雨量条件下边坡安全系数表

| 工　况 | 1 | 2 | 3 | 4 | 5 |
|---|---|---|---|---|---|
| 降雨量/mm | 80.8 | 70.7 | 65.4 | 59.1 | 48.5 |
| 安全系数 | 0.98 | 1.04 | 1.10 | 1.11 | 1.20 |

(2) 不同坡度工况下边坡安全系数。不同坡度条件下该水库近坝库岸边坡安全系数见表 6.8；由表可知，近坝库岸坡度 30°、降雨量为 152.1mm、106.1mm、91.4mm、75.1mm、48.5mm 时，近坝库岸边坡安全系数分别为 0.97、1.04、1.15、1.34、1.36，临界降雨量为 106.1mm；近坝库岸坡度 50°、降雨量为 80.2mm、66.0mm、65.4mm、59.1mm、48.5mm 时，近坝库岸边坡安全系数分别为 0.98、1.03、1.04、1.05、1.06，临界降雨量为 66.0mm；近坝库岸坡度 60°、降雨量分别为 40.7mm、32.7mm、27.6mm、21.5mm、19.0mm 时近坝库岸边坡安全系数分别为 0.97、1.03、1.10、1.21、1.26，临界降雨量为 32.7mm。相同坡度时，随着降雨量增加边坡安全系数减小；随着坡度增大，临界降雨量减小。降雨作用下近坝库岸边坡坡度对边坡安全系数影响明显。

**表 6.8** 不同坡度条件下边坡安全系数表

| 坡度/(°) | 降雨量/mm | 安全系数 K | 坡度/(°) | 降雨量/mm | 安全系数 K | 坡度/(°) | 降雨量/mm | 安全系数 K |
|---|---|---|---|---|---|---|---|---|
| 30 | 152.1 | 0.97 | 50 | 80.2 | 0.98 | 60 | 40.7 | 0.97 |
| | 106.1 | 1.04 | | 66.0 | 1.03 | | 32.7 | 1.03 |
| | 91.4 | 1.15 | | 65.4 | 1.04 | | 27.6 | 1.10 |
| | 75.1 | 1.34 | | 59.1 | 1.05 | | 21.5 | 1.21 |
| | 48.5 | 1.36 | | 48.5 | 1.06 | | 19.0 | 1.26 |

(3) 降雨量预警指标。按照前述理论，建立满足式 (6.23) 不同条件的降雨最不利荷载组合的荷载，代入降雨数值监控模型中计算得到对应不同边坡安全状态的降雨量。模型采用该水库实际边坡坡度，采用不同降雨量，建立 5 种工况，得到对应的边坡安全系数值，见表 6.8。在此基础上，采用多项式拟合得到对应边坡异常状况 ($K=1$) 及基本正常状况的安全系数 $K=1.1$ 对应的降雨量，见图 6.23。则对应边坡三个不同安全预警等级的降雨量 $r$ 监控指标可表示为：

$$\begin{cases} r\leqslant 65.4\text{mm} & \text{安全} \\ 65.4<r\leqslant 70\text{mm} & \text{基本正常} \\ r>70\text{mm} & \text{异常} \end{cases} \tag{6.30}$$

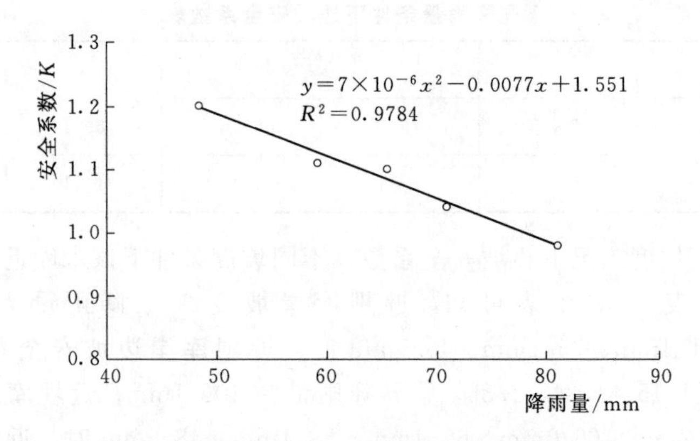


图 6.23 降雨量及安全系数关系曲线图

(4) 降雨量及坡度联合预警指标。按照前述理论，建立满足式 (6.26) 不同条件的降雨及坡度最不利荷载组合的荷载，见表 6-8。确定不同的降雨、坡度荷载组合代入分析模型，得到降雨、坡度和安全系数之间的定量化空间关系，见图 6.24，对应不同安全系数，得到投影在降雨和坡度平面上的多组有效前沿曲线，见图 6.25。令 $K$ 为 1 和 1.1 对应的有效前沿曲线为 $f(r_1, \beta_1)_{K=1}$ 和 $f(r_{1.1}, \beta_{1.1})_{K=1.1}$，则联合预警指标可表示为：

$$\begin{cases} r\leqslant r_{1.1}\text{ 且 }\beta\leqslant\beta_{1.1} & \text{安全} \\ r_{1.1}<r\leqslant r_1\text{ 且 }\beta_{1.1}<\beta\leqslant\beta_1 & \text{基本正常} \\ r>r_1\text{ 且 }\beta>\beta_1 & \text{异常} \end{cases} \tag{6.31}$$

#### 6.5.4.2 基于突变理论的边坡变形监控指标拟定

某水库 2013 年 8 月近坝岸坡滑坡体变形与日降雨量见图 6.26。8 月初突降暴雨，8 月 6 日变形量为 1.5cm，自 8 月 6 日开始边坡变形加速增大，8

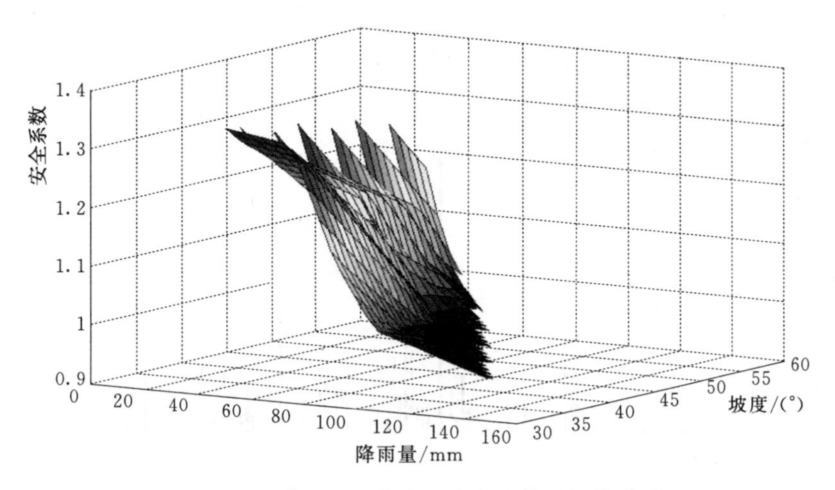


图 6.24 降雨量、坡度及安全系数空间关系图

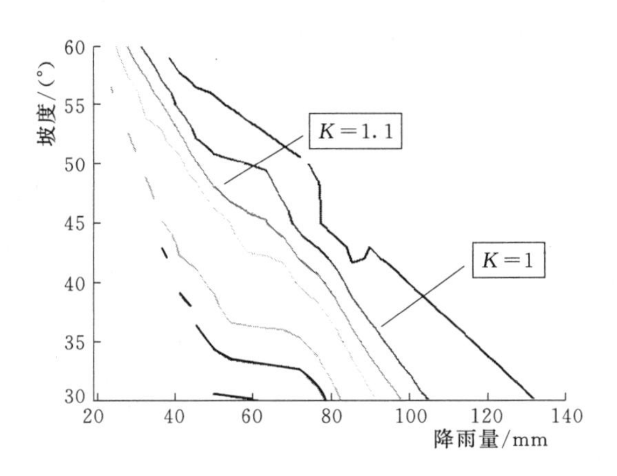


图 6.25 不同等级有效前沿曲线图

月 16 日变形量达到 7.0cm，自 8 月 16 日后变形量增速进一步加快，呈现等速变形向加速变形的转变。通过降雨及变形过程线可以看出，受到降雨影响，变形量的整个变化过程具有突变特征，变化过程近似于滑坡变形演化中的渐变型。

边坡从稳定到失稳，可视为从平衡态到非平衡态的转化。边坡变形量过程线的平衡曲线见图 6.27，边坡变形量过程线的突变尖点见图 6.28。结合前述数值分析模型及实测变形量，计算系统状态势能 V 变化过程，其中 $V'''(\tilde{u})=0$ 处日期对应的边坡变形量可作为边坡的临界位移监控指标值。计算对应 8 月 14—17 日的 $V'''(u)$ 分别为 0.1606、0.1601、−0.036、−0.821，则选择 8 月 16 日作为突变临界日期，8 月 16 日变形

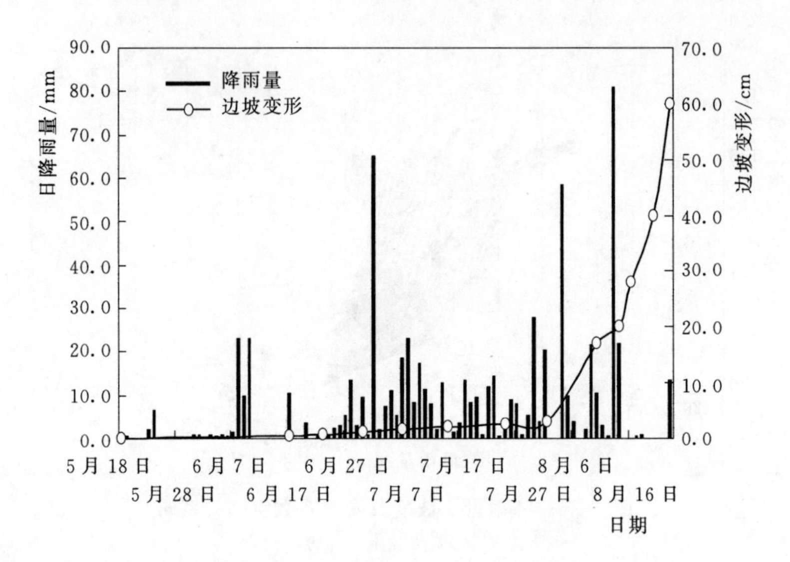


图 6.26　边坡滑坡体变形与日降雨量

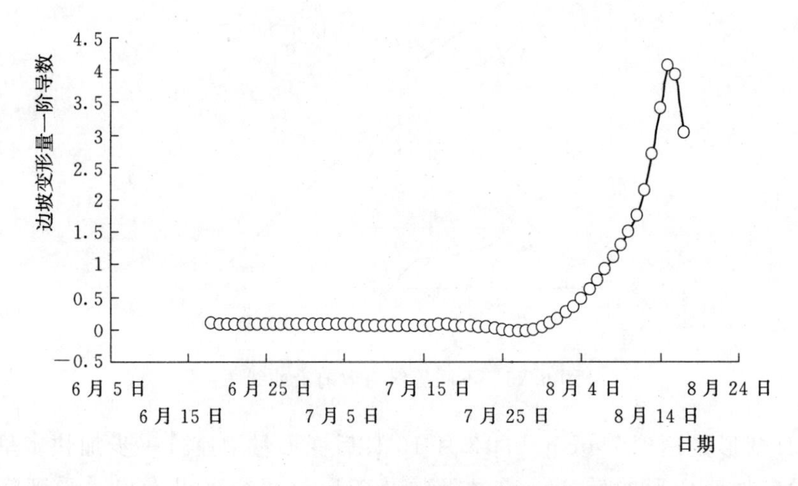


图 6.27　边坡变形量过程线的平衡曲线

量达到 7.0cm，则 $\tilde{u}=7.0$cm。应变软化效应乘数 $m$ 取值为 1，按照式(6.19) 最大变形量 $u_{\tau\max}$ 为 3.5cm。得到滑坡变形监控指标，正常状态判别公式为 $u\leqslant 3.5$cm，当 $u>7.0$cm 进入异常预警状态，应采取临灾应急措施。

$$\begin{cases} u\leqslant 3.5\text{cm} & \text{安全} \\ 35\text{cm}<u\leqslant 7.0\text{cm} & \text{基本正常} \\ u>7.0\text{cm} & \text{异常} \end{cases} \tag{6.32}$$

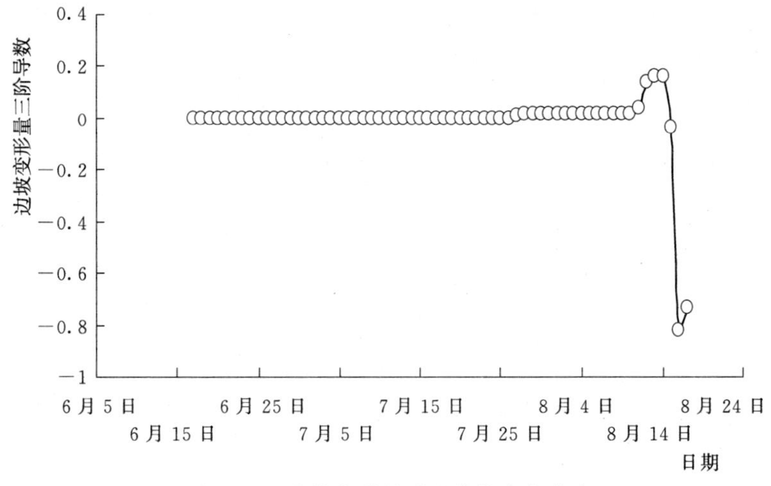


图 6.28　边坡变形量过程线的突变尖点

## 6.6　本章小结

基于边坡预警总体结构，结合影响边坡滑坡的因素，在对近坝岸坡滑坡分析的基础上，研究了近坝岸坡预警指标体系的构建方法；结合近坝岸坡预警指标体系和某水库近坝库岸边坡滑坡特点，选取了降雨量、变形和坡度为预警指标，构建了预警指标体系。

通过坡脚冲刷作用下边坡模型试验研究表明，边坡坡脚受到水流冲刷作用，引起边坡结构发生变化，产生临空面，使得边坡抗滑力减小，坡脚冲刷边坡与正常边坡相比更易产生滑坡，降雨过程中边坡坡面孔隙水压力增加，基质吸力减小。由坡脚冲刷作用下边坡滑坡模型试验可知，坡脚冲刷作用下边坡滑坡属于浅层牵引式滑坡。

根据山洪易发区近坝岸坡变形的不同变化趋势，将边坡稳定状态分为安全状态、基本正常状态、异常状态，提出了近坝岸坡预警的三个等级。通过数值计算建立了不同降雨量条件下边坡稳定安全系数，在此基础上建立了滑坡的降雨监控指标。计算了不同降雨量及坡度影响下边坡稳定系数，建立了山洪易发区近坝库岸边坡滑坡的降雨和坡度联合监控指标，构建了山洪易发区近坝岸坡滑坡降雨量、变形和坡度监控指标。

## 参考文献

[1] Au S W C. Rain - induced slope instability in Hong Kong [J]. Engineering Geology, 1998, 51 (1): 1 - 36.

[2] 廖秋林，李晓，李守定，等．三峡库区千将坪滑坡的发生地质地貌特征成因及滑坡判据研究 [J]. 岩石力学与工程学报，2005，24 (17)：3146-3153.
[3] 钟立勋．意大利瓦依昂水库滑坡事件的启示 [J]. 中国地质灾害与防治学报，1994，5 (2)：77-84.
[4] 刘宏，邓荣贵，张倬元．四川宝珠寺水库库岸滑坡特征及成因分析 [J]. 中国地质灾害与防治学报，2001，12 (4)：48-52.
[5] 中村浩之．论水库滑坡 [J]. 水土保持通报，1990，10 (1)：53-64.
[6] 钟立勋．意大利瓦依昂水库滑坡事件的启示 [J]. 中国地质灾害与防治学报，1994 (2)：77-84.
[7] 王尚庆．长江三峡滑坡监测预报 [M]. 北京：地质出版社，1998.
[8] 宋克强，崔中兴，袁继国等．古刘滑坡的蠕变特征及其预报分析 [J]. 岩土工程学报，1994，16 (4)：56-64.
[9] 陈仲颐，周景星．土力学 [M]. 北京：清华大学出版社，1994.
[10] 方云．土力学 [M]. 武汉：中国地质大学出版社，2002.
[11] Fleureau J M，Kheirbek-Saoud S，Taibi S. Experimental aspects and modelling the behaviour of soils with a negative pressure [C]. in：Taibi，S. Proc. 1st Intl Conf. Unsaturated Soils，Paris，1995：57-62.
[12] Oberg A L，Sallfors G. A rational approach to the determination of the shear strength parameters of unsaturated soils [C]. in：Proc. 1st Intl Conf. Unsaturated Soils，Paris，1995：151-158.
[13] Bolzon G，Schrefler A，Zienkiewicz O C. Elastoplastic soil constitutive laws generalized to partially saturated states [J]. Geotechnique，1996，46 (2)：279-289.
[14] Khalili N，Khabbaz M H. A unique relationship for the determination of the shear strength of unsaturated soils [J]. Geotechnique，1998，48 (5)：681-687.
[15] Jenning J E，Burland J B. Limitations to the use of effective stresses in partly saturated soils [J]. Geotechnique，1962 (12)：125-144.
[16] 马福恒．病险水库大坝风险分析与预警方法 [D]. 南京：河海大学，2006.
[17] 向衍．高坝坝体与复杂坝基互溃的力学行为及其分析理论 [D]. 南京：河海大学，2005.
[18] 郑东健，顾冲时，吴中如．边坡变形的多因素时变预测模型 [J]. 岩石力学与工程学报，2005，24 (17)：3180-3184.
[19] 水利水电工程边坡设计规范：SL 386—2007 [S]. 北京：中国水利水电出版社，2007.
[20] 水电水利工程边坡设计规范：DL/T 5353—2006 [S]. 北京：中国电力出版社，2006.
[21] 崔广心．相似理论与模型试验 [M]. 北京：中国矿业大学出版社，1990.
[22] 黄润秋，戚国庆．非饱和土渗流基质吸力对边坡稳定性的影响 [J]. 工程地质学报，2002，10 (4)：343-348.
[23] Fredlund D G，Huang S K. Matrix suction and deformation monitoring at an expansive soil southern China [A]. In：Proc. Int. Conf. on Unsaturated Soils [C]. Paris：A. A. Balkema，1995：835-862.

[24] 戚国庆，黄润秋．降雨引起边坡位移研究［J］. 岩土力学，2004，25（3）：379-382.

[25] Montrasio L，Valentino R. A model for triggering mechanisms of shallow landslides [J]. Natural Hazards and Earth System Sciences，2008（8）：1149-1159.

[26] Rahardjo H，Lim T T，Chang M F. Shear-strength characteristics of a residual soil [J]. Canadian Geotechnical Journal，1995（32）：60-77.

[27] Wang W F，Zhang M Y，Huo Z T，et al. The July 14，2003，Qianjiangping landslide，Three Gorges Reservior，China [J]. Landslides，2004（1）：157-162.

[28] Huang C C，Lo C L，Jang J S. Internal soil moisture response to rainfall-induced slope failures and debris discharge [J]. Engineering Geology，2008：134-145.

[29] Lee M L，Nurly G，Harianto R. A simple model for preliminary evaluation of rainfall-induced slope instability [J]. Engineering Geology，2009：272-285.

[30] Dou H Q，Han T C，Gong X N. Probabilistic slope stability analysis considering the variability of hydraulic conductivity under rainfall infiltration - redistribution conditions [J]. Engineering Geology，2014：1-13.

[31] Wang G，Sassa K. Factors affecting rainfall-induced flowslides in laboratory flume tests [J]. Geotechnique，2001，51（7）：589-599.

[32] Tsaparas I，Rhardjo H，Toll D G. Controlling parameters for rainfall-induced landslides [J]. Computers and Geotechnics，2002（29）：1-27.

# 第 7 章　山洪易发区水库安全监控指标与安全评价体系

## 7.1　概述

水库安全监控指标与安全评价体系的建立有助于对大坝安全进行合理、科学、真实的评价。在深入分析山洪易发区山洪灾害特点、致灾机理及影响因素的基础上，提出山洪易发区水库大坝安全影响因素综合评价指标的选取原则，并建立水库大坝安全影响因素的多层次评价指标集；在基于模糊集值统计原理的定性指标量化的基础上，构建了水库大坝安全的多层次模糊综合评价模型。

## 7.2　山洪灾害区监控指标

### 7.2.1　山洪灾害区监控指标体系建立的原则

根据第 2 章内容与相关研究成果[1-5]，山洪致灾成因主要与降雨、地形地质条件、人类活动等因素有关。同时山洪灾害在各因素相互作用方式的影响下，表现出的特点为：①分布广泛，发生频繁；②突发性强，防灾难度大；③季节性强，区域性明显等[6,7]。因此，影响山洪灾害区的因素多而复杂，其监控指标的拟定是研究山洪灾害区监测的基础，指标选取是否得当、体系结构建立是否合理，直接关系到最终评价结论是否可靠。以前在对山洪灾害区监控指标选取时，大部分都是根据专家的专业知识和实践经验，选取的监控指标存在的一定的主观性，影响综合评价的准确性。因此，一个合理、完善的指标体系，是山洪灾害区监控指标进行权重赋值的先决条件。科学建立监控指标体系，应遵循以下原则：

(1) 科学性原则。指标选取的科学性是山洪灾害区监控指标体系构架的重要原则。监控指标必须能较客观地反映山洪灾害区监控指标体系内部结构关系。

(2) 层次性原则。山洪灾害区监控指标体系不同于一般系统工程监控指标体系，其特点是层次高、涵盖广、复杂。将山洪灾害区监测管理这个复杂问题中的监控指标分解为多个层次进行考虑，可以在全面了解低层次的基础监控指标基础上抓住重点、兼顾一般。

(3) 全面性原则。要求山洪灾害区监控指标体系覆盖范围广，能够比较全面地反映各种影响因素，从而较全面地反映山洪灾害区状况。

(4) 可行性原则。山洪灾害区监控指标涉及范围较广，要避免随机性和模糊性导致产生重复表述。

(5) 静态性与动态性相结合原则。作为一个大的系统，山洪灾害区的情况也是不断变化的。因此，既要有静态指标，也要有动态指标。

### 7.2.2 山洪灾害区监控指标选取

根据山洪灾害成因，参考规范及技术要求，山洪灾害区的监控指标应当包括以下5个方面[8-10]：

(1) 山洪灾害区的气象水文情况，包括降雨量及强度和降雨历时。

(2) 山洪灾害区的地质条件，包括地形地貌、地层岩性。

(3) 山洪灾害区水库基本情况，包括防洪能力、大坝变形、大坝渗流、大坝结构抗滑稳定性、坝肩渗流稳定性。

(4) 山洪灾害区地表状况，包括地表植被覆盖率及地表径流侵蚀。

(5) 灾害区防灾措施，包括防灾设施、管理制度与人员配置。

设山洪灾害区某一监控指标为 $D_i(i=1, 2, 3, \cdots, n)$，它们的集合构成一级评价因素集 $D$，表示为：

$$D=\{D_i\}=\{D_1,D_2,\cdots,D_n\}$$

并且满足以下条件：

$$\bigcup_{i=1}^{n} D_i=D,\ D_i \cap D_j=\phi,\ i \neq j$$

设山洪灾害区的二级监控指标 $D_{ij}$，对于每个 $i$，$j=1, 2, \cdots, n$，它们所构成的集合为 $D_{ij}$，二级指标集位于一级指标下面，表示为：$D_{ij}=\{D_{i1}, D_{i2}, \cdots, D_{in}\}$，例如：监测区气象水文情况（$D_1$）的监控指标因素表示为：

$$D_1=\{D_{11},D_{12}\}=\{\text{降雨量及强度},\text{降雨历时状况}\}$$

确定监控指标如下：

$$D=\left\{\begin{matrix}\text{气象水文情况} & \text{地质条件} & \text{水库基本情况}\\ \text{地表状况} & & \text{防灾措施}\end{matrix}\right\}$$

其中，隶属于一级指标的二级指标为：

$$D_1=\{D_{11},D_{12}\}=\{\text{降雨量及强度},\text{降雨历时}\}$$

$D_2=\{D_{21},D_{22}\}=\{\text{地形地貌},\text{地层岩性}\}$

$D_3=\{D_{31},D_{32},D_{33},D_{34},D_{35}\}=\{\text{防洪能力},\text{大坝变形},\text{大坝渗流量},$

大坝结构抗滑稳定性，坝肩渗流稳定性}

$D_4=\{D_{41},D_{42}\}=$ {历史洪水频率，历史洪水淹没范围}

$D_5=\{D_{51},D_{52}\}=$ {地表植被覆盖率，地表径流侵蚀}

$D_6=\{D_{61},D_{62}\}=$ {防灾设施，管理制度与人员配置}

### 7.2.3 山洪灾害区监控指标体系的构建

遵循以上描述的监控指标的选取内容，结合山洪灾害区监测与管理过程中的特点，将把影响山洪灾害区的因素逐级分解为多层次结构，山洪灾害监控指标体系示意图见图 7.1。

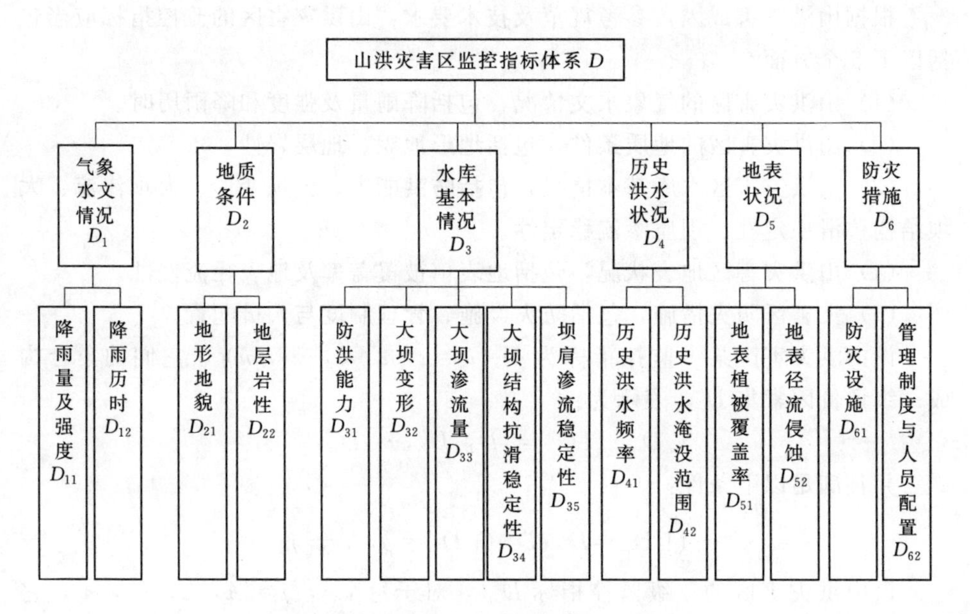


图 7.1 山洪灾害监控指标体系示意图

## 7.3 多层次模糊综合评价模型

### 7.3.1 山洪灾害区监控指标集及评价集的确定

以实际统计得到的山洪发生的原因为基础，综合实际工程经验、相关理论与规范，在对山洪灾害区监控指标体系做出评价时，要对所拟定的评价因素特性的“优劣好坏”做出评定，但在实际评价过程中，评价因素特性的好坏程度较为模糊抽象，难以操作。若等级数量划分得过少，将不利于真实并合理地反映山洪灾害区的安全性。模糊综合评价一般将评价分为 5 个等级，指标评语集

N 的单因素模糊评价定义为：

$N=[N_1,N_2,N_3,N_4,N_5]$=[正常,基本正常,轻度异常,重度异常,恶性异常]

式中：$N_1$、$N_2$、$N_3$、$N_4$、$N_5$ 表示对上述等级的隶属度，$0\leqslant N_i\leqslant 1$，$\sum_{i=1}^{n}N_i=1$，$n=5$。

### 7.3.2 山洪灾害区监控指标体系评价准则

由于山洪发生因素的复杂性，在评价过程中涉及的因素较多，但并不是因素越多越好，因素越多其相对重要性就更加难以比较。在山洪灾害区的安全程度评价中，抓住主要矛盾，选取影响山洪发生的主要因素进行判断，然后逐级综合，得出评价结果。在因素选取的过程中，应按定量和定性相结合的原则进行。根据事物判断模糊性的原则，用模糊隶属函数得出评价因素对应于评价集中每个结果的隶属程度。首先应当确定其切合实际的隶属函数，才能应用模糊数学方法作具体的定量分析[11-13]。

#### 7.3.2.1 气象水文情况评价准则

气象条件是引发山洪的直接原因，气象条件评价主要包括灾害区降雨量、强度及降雨历时状况评价。

（1）降雨量及强度。根据《防汛手册》中的降雨量及强度的等级划分，灾害区降雨量及强度评价准则见表 7.1。

**表 7.1　　降雨量及强度评价准则**

| 评价参数 | 评价等级 | 指标等级 |
| --- | --- | --- |
| 12h 的降雨总量≤5.0mm<br>24h 的降雨总量 0.1～10.0（含）mm | 正常 $N_1$ | (1，0，0，0，0) |
| 12h 的降雨总量 5.0～23.0（含）mm<br>24h 的降雨总量 10.0～33.0（含）mm | 基本正常 $N_2$ | (0，1，0，0，0) |
| 12h 的降雨总量 23.0～50.0（含）mm<br>24h 的降雨总量 33.0～75.0（含）mm | 轻度异常 $N_3$ | (0，0，1，0，0) |
| 12h 的降雨总量 50.0～140.0（含）mm<br>24h 的降雨总量 75.0～250.0（含）mm | 重度异常 $N_4$ | (0，0，0，1，0) |
| 12h 的降雨总量＞140.0mm<br>24h 的降雨总量＜250mm | 恶性异常 $N_5$ | (0，0，0，0，1) |

（2）降雨历时。根据我国山洪灾害高易发降雨区分布研究成果中的暴雨诱发的 80 多处典型滑坡发生时间和降雨历时统计资料，制定灾害区降雨历时评价准则见表 7.2。

表7.2 降雨历时评价准则

| 评价参数 | 评价等级 | 指标等级 |
|---|---|---|
| 降雨历时≤10h | 正常 $N_1$ | (1, 0, 0, 0, 0) |
| 降雨历时10～12(含)h | 基本正常 $N_2$ | (0, 1, 0, 0, 0) |
| 降雨历时12～24(含)h | 轻度异常 $N_3$ | (0, 0, 1, 0, 0) |
| 降雨历时24～48(含)h | 重度异常 $N_4$ | (0, 0, 0, 1, 0) |
| 降雨历时>48h | 恶性异常 $N_5$ | (0, 0, 0, 0, 1) |

#### 7.3.2.2 地质条件评价准则

(1) 地形地貌。根据《地质灾害危险性评估规范》(DZ/T 0286—2015),地形地貌对地区安全影响的主要有:地形坡脚、自然陡坡高度。灾害区地形地貌评价准则见表7.3。

表7.3 地形地貌评价准则

| 评价参数 | 评价等级 | 指标等级 |
|---|---|---|
| 地形坡≤15°自然陡坡高度≤8m | 正常 $N_1$ | (1, 0, 0, 0, 0) |
| 地形坡≤15°自然陡坡高度在8～15m之间 | 基本正常 $N_2$ | (0, 1, 0, 0, 0) |
| 地形坡15°～30°自然陡坡高度在8～15m之间 | 轻度异常 $N_3$ | (0, 0, 1, 0, 0) |
| 地形坡15°～30°自然陡坡高度在15～30m之间 | 重度异常 $N_4$ | (0, 0, 0, 1, 0) |
| 地形坡≥30°自然陡坡高度≥30m | 恶性异常 $N_5$ | (0, 0, 0, 0, 1) |

(2) 地层岩性。根据《地质灾害危险性评估规范》(DZ/T 0286—2015),灾害区地层岩性对灾害区安全影响的主要有土层厚度、岩土层厚度、岩层或土层组合。地层岩性及评价准则见表7.4。

表7.4 地层岩性评价准则

| 评价参数 | 评价等级 | 指标等级 |
|---|---|---|
| 土层厚度<5m,岩土层厚度为巨厚层状,岩层或土层组合为岩性单一,裂隙少于3组 | 正常 $N_1$ | (1, 0, 0, 0, 0) |
| 土层厚度<5m,岩土层厚度为巨厚层状,岩层或土层组合为二元组合,裂隙3～4组 | 基本正常 $N_2$ | (0, 1, 0, 0, 0) |
| 土层厚度5～10m,岩土层厚度中厚～厚层状,岩层或土层组合为二元组合,裂隙3～4组 | 轻度异常 $N_3$ | (0, 0, 1, 0, 0) |
| 土层厚度>10m,岩土层厚度中厚～厚层状,岩层或土层组合多元组合,有断裂带或裂隙超过4组 | 重度异常 $N_4$ | (0, 0, 0, 1, 0) |
| 土层厚度>10m,岩土层厚度为薄层状,岩层或土层组合为多元组合,有断裂带或裂隙超过4组 | 恶性异常 $N_5$ | (0, 0, 0, 0, 1) |

#### 7.3.2.3 水库基本情况评价准则

（1）防洪能力。防洪安全评价主要是对坝体高度的评价。参照有关规范，取坝顶高程评价参数 $Q$=现状坝顶高程值－安全坝顶高程值，则防洪能力评价准则见表 7.5。

表 7.5　防洪能力评价准则

| 评价参数 | 评价等级 | 指标等级 |
| --- | --- | --- |
| $Q \geqslant 1$ | 正常 $N_1$ | (1，0，0，0，0) |
| $Q = 0.5$ | 基本正常 $N_2$ | (0，1，0，0，0) |
| $Q = 0$ | 轻度异常 $N_3$ | (0，0，1，0，0) |
| $Q = -0.5$ | 重度异常 $N_4$ | (0，0，0，1，0) |
| $Q \leqslant -1$ | 恶性异常 $N_5$ | (0，0，0，0，1) |

（2）大坝变形。对于土石坝的变形分析，采用经验方法即相对沉降率小，坝体产生裂缝的概率小；相对沉降率大，则坝体产生裂缝概率大，取评价参数 $\varepsilon$＝竖向总位移量/坝高。则大坝变形评价准则见表 7.6。

表 7.6　大坝变形评价准则

| 评价参数 | 评价等级 | 指标等级 |
| --- | --- | --- |
| $\varepsilon = 0$ | 正常 $N_1$ | (1，0，0，0，0) |
| $0 < \varepsilon \leqslant 1.0\%$ | 基本正常 $N_2$ | (0，1，0，0，0) |
| $1.0\% < \varepsilon \leqslant 2.0\%$ | 轻度异常 $N_3$ | (0，0，1，0，0) |
| $2.0\% < \varepsilon \leqslant 3.0\%$ | 重度异常 $N_4$ | (0，0，0，1，0) |
| $\varepsilon > 3.0\%$ | 恶性异常 $N_5$ | (0，0，0，0，1) |

（3）大坝渗流量。对大坝总体渗漏情况进行定量评价时，取评价参数 $U$＝大坝年渗流量/总库容，则大坝渗流量评价准则见表 7.7。

表 7.7　大坝渗流量评价准则

| 评价参数 | 评价等级 | 指标等级 |
| --- | --- | --- |
| $U \leqslant 1.0\%$ | 正常 $N_1$ | (1，0，0，0，0) |
| $U = 1.5\%$ | 基本正常 $N_2$ | (0，1，0，0，0) |
| $U = 2.0\%$ | 轻度异常 $N_3$ | (0，0，1，0，0) |
| $U = 2.5\%$ | 重度异常 $N_4$ | (0，0，0，1，0) |
| $U \geqslant 3.0\%$ | 恶性异常 $N_5$ | (0，0，0，0，1) |

（4）大坝结构抗滑稳定性。为衡量坝体结构稳定的安全等级，取参数 $\xi = (K_{实} - 1)/(K_{规} - 1)$ 进行评价，大坝结构抗滑稳定性评价准则见表 7.8。

表7.8 大坝结构抗滑稳定性评价准则

| 评 价 参 数 | 评价等级 | 指标等级 |
|---|---|---|
| $\xi \geqslant 1.5$ | 正常 $N_1$ | (1, 0, 0, 0, 0) |
| $\xi = 1.3$ | 基本正常 $N_2$ | (0, 1, 0, 0, 0) |
| $\xi = 1.1$ | 轻度异常 $N_3$ | (0, 0, 1, 0, 0) |
| $\xi = 1.05$ | 重度异常 $N_4$ | (0, 0, 0, 1, 0) |
| $\xi \leqslant 1$ | 恶性异常 $N_5$ | (0, 0, 0, 0, 1) |

(5) 坝肩渗流稳定性。坝肩山体不稳定会导致山体滑坡，坝肩山体滑坡会导致水位突然上升甚至发生漫坝。坝肩山体的渗流稳定变形包括山体坡度、地质渗流情况，参照规范，其评价准则见表7.9。

表7.9 坝肩渗流稳定性评价准则

| 评 价 参 数 | 评价等级 | 指标等级 |
|---|---|---|
| 地形坡≤15°，地质状况好，不渗漏，山体不变形 | 正常 $N_1$ | (1, 0, 0, 0, 0) |
| 地形坡≤15°，地质状况良好，基本不渗流，山体基本不变形 | 基本正常 $N_2$ | (0, 1, 0, 0, 0) |
| 地形坡15°～30°，地质状况一般，有轻微渗流，山体有轻微变形 | 轻度异常 $N_3$ | (0, 0, 1, 0, 0) |
| 地形坡15°～30°，地质状况较差，存在渗流和变形情况 | 重度异常 $N_4$ | (0, 0, 0, 1, 0) |
| 地形坡≥30°，地质状况差，渗流变形严重 | 恶性异常 $N_5$ | (0, 0, 0, 0, 1) |

#### 7.3.2.4 历史洪水评价准则

(1) 历史洪水频率。近年来，由于人类活动，导致山洪灾害发生频率大大增加。根据相关文献，制定评价准则见表7.10。

表7.10 历史洪水频率评价准则

| 历史洪水频率 | 评 价 等 级 | 指 标 等 级 |
|---|---|---|
| $P \leqslant 0.1$ | 正常 $N_1$ | (1, 0, 0, 0, 0) |
| $P = 0.2$ | 基本正常 $N_2$ | (0, 1, 0, 0, 0) |
| $P = 0.3$ | 轻度异常 $N_3$ | (0, 0, 1, 0, 0) |
| $P = 0.4$ | 重度异常 $N_4$ | (0, 0, 0, 1, 0) |
| $P \geqslant 0.5$ | 恶性异常 $N_5$ | (0, 0, 0, 0, 1) |

(2) 历史洪水淹没范围。根据历史洪涝灾害的划分方法，对发生洪涝灾害区域所占比例进行分析，给出评价准则见表7.11。

表 7.11　　历史洪水淹没范围评价准则

| 评价参数 | 评价等级 | 指标等级 |
| --- | --- | --- |
| $S \leqslant 10\%$ | 正常 $N_1$ | (1, 0, 0, 0, 0) |
| $S = 20\%$ | 基本正常 $N_2$ | (0, 1, 0, 0, 0) |
| $S = 30\%$ | 轻度异常 $N_3$ | (0, 0, 1, 0, 0) |
| $S = 50\%$ | 重度异常 $N_4$ | (0, 0, 0, 1, 0) |
| $P \geqslant 50\%$ | 恶性异常 $N_5$ | (0, 0, 0, 0, 1) |

#### 7.3.2.5 地表状况评价准则

(1) 地表植被覆盖率。地表植被可以有效地减少山洪的发生，灾害区的植被情况可以用植被覆盖率来表示，根据灾害区实际状况以及相关资料灾害区的植被覆盖率评价准则见表 7.12。

表 7.12　　地表植被覆盖率评价准则

| 评价参数 | 评价等级 | 指标等级 |
| --- | --- | --- |
| >50% | 正常 $N_1$ | (1, 0, 0, 0, 0) |
| 40% | 基本正常 $N_2$ | (0, 1, 0, 0, 0) |
| 30% | 轻度异常 $N_3$ | (0, 0, 1, 0, 0) |
| 10% | 重度异常 $N_4$ | (0, 0, 0, 1, 0) |
| ≤10% | 恶性异常 $N_5$ | (0, 0, 0, 0, 1) |

(2) 地表径流侵蚀。根据相关资料以及灾害区现状，判断径流对灾害区的侵蚀情况。其评价准则见表 7.13。

表 7.13　　地表径流侵蚀评价准则

| 评　价　参　数 | 评价等级 | 指标等级 |
| --- | --- | --- |
| 灾害区土体未被径流侵蚀 | 正常 $N_1$ | (1, 0, 0, 0, 0) |
| 灾害区土体基本未被径流侵蚀 | 基本正常 $N_2$ | (0, 1, 0, 0, 0) |
| 灾害区土体被径流轻微侵蚀 | 轻度异常 $N_3$ | (0, 0, 1, 0, 0) |
| 灾害区土体被径流侵蚀 | 重度异常 $N_4$ | (0, 0, 0, 1, 0) |
| 灾害区土体被径流侵蚀严重 | 恶性异常 $N_5$ | (0, 0, 0, 0, 1) |

#### 7.3.2.6 防灾措施评价准则

(1) 防灾设施。参照规范以及工程设计情况确定评价的重点内容为：①排水设施是否完善；②输水、泄水结构是否完好；③金属结构是否锈蚀。根据评价重点内容，则评价准则见表 7.14。

表 7.14 防灾设施评价准则

| 评价参数 | 评价等级 | 指标等级 |
| --- | --- | --- |
| 排水设施完善，输水、泄水建筑物结构完好、无裂缝、运行正常，金属结构未见锈蚀、变形，运行正常 | 正常 $N_1$ | (1, 0, 0, 0, 0) |
| 排水设施比较完善，局部破坏，输水、泄水建筑物结构局部破损、有细微裂缝、运行正常，金属结构局部锈蚀，基本运行正常 | 基本正常 $N_2$ | (0, 1, 0, 0, 0) |
| 排水设施局部受到破坏，输水、泄水建筑物结构破损严重、有裂缝、漏水，但不影响其正常运行，金属结构锈蚀，但不影响正常运行 | 轻度异常 $N_3$ | (0, 0, 1, 0, 0) |
| 排水设施受到严重破坏，输水、泄水建筑物结构破损严重、局部坍塌、断裂、漏水，但尚能运行，金属结构锈蚀严重，变形大，基本不能运行 | 重度异常 $N_4$ | (0, 0, 0, 1, 0) |
| 未设排水设施，输水、泄水建筑物结构破损严重、坍塌、断裂变形，漏水老化严重，已不能正常运行，金属结构锈蚀严重，随时可能破坏 | 恶性异常 $N_5$ | (0, 0, 0, 0, 1) |

(2) 管理制度与人员配置。水库管理制度与人员配置评价的重点内容为：①管理制度的制定是否合理；②管理制度的执行情况是否到位；③管理机构的设置是否合理；④专职管理人员的配置是否符合要求。根据评价重点内容，评价准则见表 7.15。

表 7.15 水库管理制度与人员配置准则

| 评价参数 | 评价等级 | 指标等级 |
| --- | --- | --- |
| 管理制度与人员配置合理，执行到位 | 正常 $N_1$ | (1, 0, 0, 0, 0) |
| 管理制度与人员配置情况基本合理 | 基本正常 $N_2$ | (0, 1, 0, 0, 0) |
| 管理制度与人员配置不合理 | 轻度异常 $N_3$ | (0, 0, 1, 0, 0) |
| 管理制度与人员配置不合理，制度执行不到位 | 重度异常 $N_4$ | (0, 0, 0, 1, 0) |
| 无任何管理制度及专职管理人员 | 恶性异常 $N_5$ | (0, 0, 0, 0, 1) |

## 7.4 某水库模糊综合评价

### 7.4.1 权重确定

(1) 指标重要性排序。强降雨是造成洪水最直接的原因。另外，同样的气候条件下，地质条件好、调蓄能力大、植被覆盖率高的流域发生洪水的概率就小。结合该水库实际状况，由于没有历史洪水参数，因此在本次评价中忽略该参数。各项评价指标在山洪灾害区监控指标体系中的重要程度应依次为：气象水文情况、地质条件、水库基本情况、地表状况、防灾措施。

(2) 构造判断矩阵。对该水库山洪监测指标的重要性排序确定指标的两两对比矩阵，在一定程度上减少专家主观偏好与经验的主观性，客观上提高了指标权重值的计算精度。结合图 7.1 山洪灾害监控指标体系，按照层次分析法求第一层指标的权重值。根据第一级 5 个评价指标重要性排序得到山洪监控指标体系中一级指标的 5 阶判断矩阵为

$$\boldsymbol{R}=\begin{bmatrix}1 & 2 & 3 & 4 & 5\\ \frac{1}{2} & 1 & 2 & 3 & 4\\ \frac{1}{3} & \frac{1}{2} & 1 & 2 & 3\\ \frac{1}{4} & \frac{1}{3} & \frac{1}{2} & 1 & 2\\ \frac{1}{5} & \frac{1}{4} & \frac{1}{3} & \frac{1}{2} & 1\end{bmatrix}$$

(3) 确定权重值。根据矩阵 $\boldsymbol{R}$，用和法计算出山洪灾害区一级监控指标。

第一步：将矩阵 $\boldsymbol{R}$ 的元素按列归一化，得到

$$\boldsymbol{M}=\begin{bmatrix}0.438 & 0.490 & 0.439 & 0.381 & 0.333\\ 0.219 & 0.245 & 0.293 & 0.286 & 0.267\\ 0.146 & 0.122 & 0.146 & 0.190 & 0.200\\ 0.109 & 0.082 & 0.073 & 0.095 & 0.133\\ 0.088 & 0.061 & 0.049 & 0.048 & 0.067\end{bmatrix}$$

第二步：将各行相加得到

$$\boldsymbol{M}''=\begin{bmatrix}2.081\\ 1.310\\ 1.218\\ 0.492\\ 0.313\end{bmatrix}$$

第三步：一级指标的权重系数为

$$\boldsymbol{M}=[0.416 \quad 0.262 \quad 0.161 \quad 0.099 \quad 0.062]^T$$

计算过程中，$\lambda_{\max}=5.068$，$CI=0.171$，$RI=1.12$，$CR=0.0159<0.1$，说明计算结果合理。

按照此法，计算第二层指标所对应的判断矩阵，并求得满足限制条件的各二级指标权重。

第一层和第二层指标取上一层次对应因素的结果，则按照判断矩阵以层次分析法（AHP）求得权重值后进行加权平均。各级指标及其权重值见表 7.16。

**表7.16　山洪灾害区监测指标中各级指标及其权重值**

| 目标层 | 一级指标 | 二级指标 | 归一化权重 | 权重排序 |
|---|---|---|---|---|
| 山洪灾害区监测指标中各级指标评价 $M$ | 气象水文情况 $M_1$ (0.416) | 降雨量及强度 $M_{11}$ (0.750) | 0.312 | 1 |
| | | 降雨历时 $M_{12}$ (0.250) | 0.104 | 3 |
| | 地质条件 $M_2$ (0.262) | 地形地貌 $M_{21}$ (0.667) | 0.175 | 2 |
| | | 地层岩性 $M_{22}$ (0.333) | 0.087 | 4 |
| | 水库基本情况 $M_3$ (0.161) | 防洪能力 $M_{31}$ (0.402) | 0.065 | 6 |
| | | 大坝变形 $M_{32}$ (0.244) | 0.039 | 8 |
| | | 大坝渗流量 $M_{33}$ (0.137) | 0.022 | 9 |
| | | 大坝结构抗滑稳定性 $M_{34}$ (0.137) | 0.022 | 9 |
| | | 坝肩渗流稳定性 $M_{35}$ (0.079) | 0.013 | 12 |
| | 地表状况 $M_4$ (0.099) | 地表植被覆盖率 $M_{41}$ (0.800) | 0.079 | 5 |
| | | 地表径流侵蚀 $M_{42}$ (0.200) | 0.020 | 11 |
| | 防灾措施 $M_5$ (0.062) | 防灾设施 $M_{51}$ (0.667) | 0.041 | 7 |
| | | 管理制度与人员配置 $M_{52}$ (0.333) | 0.021 | 10 |

第二层指标的判断矩阵分别为：

$$\boldsymbol{R}_{21}=\begin{bmatrix}1 & 3\\ \dfrac{1}{3} & 1\end{bmatrix}$$

$$\boldsymbol{R}_{22}=\begin{bmatrix}1 & 2\\ \dfrac{1}{2} & 1\end{bmatrix}$$

$$\boldsymbol{R}_{23}=\begin{bmatrix}1 & 2 & 3 & 3 & 4\\ \dfrac{1}{2} & 1 & 2 & 2 & 3\\ \dfrac{1}{3} & \dfrac{1}{2} & 1 & 1 & 2\\ \dfrac{1}{3} & \dfrac{1}{2} & 1 & 1 & 2\\ \dfrac{1}{4} & \dfrac{1}{3} & \dfrac{1}{2} & \dfrac{1}{2} & 1\end{bmatrix}$$

$$\boldsymbol{R}_{24}=\begin{bmatrix}1 & 4\\ \dfrac{1}{4} & 1\end{bmatrix}$$

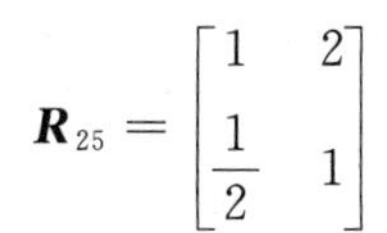

$$\boldsymbol{R}_{25}=\begin{bmatrix}1 & 2\\ \frac{1}{2} & 1\end{bmatrix}$$

第二层指标的权重值分别为：

$$M_{21}=(0.750, 0.250)$$

$$M_{22}=(0.667, 0.333)$$

$$M_{23}=(0.402, 0.244, 0.137, 0.137, 0.079)$$

$$M_{24}=(0.800, 0.200)$$

$$M_{25}=(0.667, 0.333)$$

如表7.16，将二级指标权重进行归一化处理，根据权重排序得到各指标对山洪灾害区该水库洪水的影响程度，即：降雨量及强度、地形地貌、降雨历时、地层岩性、地表植被覆盖率、防洪能力、防灾设施、大坝变形、大坝渗流量、管理制度与人员配置、地表径流侵蚀、坝肩渗流稳定性。也是山洪发生的主要原因排序，为山洪防治提供参考。

### 7.4.2 监控指标体系模糊综合评价

#### 7.4.2.1 气象水文情况评价

（1）降雨量及降雨强度。根据灾害区地质条件评价准则中灾害区降雨量及降雨强度评价准则，对该水库降雨量及强度评价：

$$N_{11}=(N_1, N_2, N_3, N_4, N_5)=(0, 0, 0.7, 0.3, 0)$$

（2）降雨历时。根据灾害区地质条件评价准则中灾害区降雨历时评价准则，对该水库降雨历时评价：

$$N_{12}=(N_1, N_2, N_3, N_4, N_5)=(0, 0.5, 0.5, 0, 0)$$

#### 7.4.2.2 地质条件评价

（1）地形地貌。根据灾害区地质条件评价准则中灾害区地形地貌评价准则，对该水库地形地貌评价：

$$N_{21}=(N_1, N_2, N_3, N_4, N_5)=(0, 0.4, 0.6, 0, 0)$$

（2）地层岩性。根据灾害区地质条件评价准则中灾害区地层岩性评价准则，对该水库地层岩性评价：

$$N_{22}=(N_1, N_2, N_3, N_4, N_5)=(0, 0.5, 0.5, 0, 0)$$

#### 7.4.2.3 水库基本情况评价

（1）防洪能力。根据《碾压式土石坝设计规范》（SL 274—2001），水库大坝超高结果见表7.17。则根据山洪灾害区防洪安全评价准则中灾害区防洪能力评价准则，对该水库防洪能力标准评价：

表 7.17 水库大坝超高计算结果

| 运用情况 | 设计水位/m | 设计波浪爬高/m | 风壅水面高度/m | 安全加高/m | 地震安全加高/m | 坝顶超高/m | 坝顶高程/m |
|---|---|---|---|---|---|---|---|
| 设计洪水位 | 1971.31 | 0.53 | 0.0020 | 0.7 | 0 | 1.2320 | 1972.5420 |
| 正常蓄水位 | 1968.50 | 0.54 | 0.0023 | 0.7 | 0 | 1.2423 | 1969.7420 |
| 校核洪水位 | 1971.81 | 0.53 | 0.0020 | 0.4 | 0 | 0.9320 | 1972.7420 |
| 正常蓄水位+地震加高 | 1968.50 | 0.54 | 0.0023 | 0.5 | 0.5 | 1.5423 | 1970.0423 |

$$N_{31}=(N_1,\ N_2,\ N_3,\ N_4,\ N_5)=(0,\ 0,\ 0,\ 0.7,\ 0.3)$$

(2) 大坝变形。根据灾害区水库结构安全评价准则中灾害区大坝变形评价准则，对该坝大坝变形评价：

$$N_{32}=(N_1,\ N_2,\ N_3,\ N_4,\ N_5)=(0,\ 1,\ 0,\ 0,\ 0)$$

(3) 大坝渗流量。按照《碾压式土石坝设计规范》(SL 274—2001) 规定，结合水库的实际情况，渗流计算结果见表7.18。

表 7.18 渗 流 计 算 结 果

| 水位组合情况 | 剖面单宽渗流量/[$m^3$/(d·m)] | 年渗流量/万 $m^3$ | $U$ = 大坝年渗流量/总库容 |
|---|---|---|---|
| 上游校核洪水位与下游相应水位 | 0.40823 | 2.8638 | 0.26 |
| 上游设计洪水位与下游相应水位 | 0.50304 | 3.5289 | 0.31 |
| 上游正常蓄水位与下游最低水位 | 0.51303 | 3.5990 | 0.32 |

根据灾害区渗流安全评价准则中灾害区水库大坝渗流量评价准则，对该大坝渗流量评价：

$$N_{33}=(N_1,\ N_2,\ N_3,\ N_4,\ N_5)=(1,\ 0,\ 0,\ 0,\ 0)$$

(4) 大坝结构抗滑稳定性。按照《碾压式土石坝设计规范》(SL 274—2001) 的要求，水库大坝各种工况抗滑稳定系数计算结果见表7.19。

表 7.19 水库大坝各种工况抗滑稳定系数计算结果

| 工作条件 | 计 算 工 况 | 简化毕肖普法 | | 评价系数 $\xi$ | 评价等级 |
|---|---|---|---|---|---|
| | | 计算值 | 规范值 | | |
| 下游坝坡 | 校核洪水位1971.81m，无地震 | 2.785 | 1.10 | 17.85 | (1，0，0，0，0) |
| | 设计洪水位1971.31m，无地震 | 2.867 | 1.25 | 7.47 | (1，0，0，0，0) |
| | 正常蓄水位1968.50m，无地震 | 1.723 | 1.25 | 2.89 | (1，0，0，0，0) |
| | 正常蓄水位1968.50m，Ⅶ度地震 | 1.632 | 1.10 | 6.32 | (1，0，0，0，0) |

续表

| 工作条件 | 计算工况 | 简化毕肖普法 | | 评价系数 $\xi$ | 评价等级 |
|---|---|---|---|---|---|
| | | 计算值 | 规范值 | | |
| 上游坝坡 | 校核洪水位 1971.81m，无地震 | 3.114 | 1.10 | 21.14 | (1, 0, 0, 0, 0) |
| | 设计洪水位 1971.31m，无地震 | 3.159 | 1.25 | 8.64 | (1, 0, 0, 0, 0) |
| | 正常蓄水位 1968.50m，无地震 | 1.832 | 1.25 | 3.33 | (1, 0, 0, 0, 0) |
| | 正常蓄水位 1968.50m，Ⅶ度地震 | 1.735 | 1.10 | 7.35 | (1, 0, 0, 0, 0) |

根据灾害区水库结构安全评价准则中灾害区大坝结构抗滑稳定性评价准则，对该坝大坝结构抗滑稳定性评价：

$$N_{34}=(N_1, N_2, N_3, N_4, N_5)=(1, 0, 0, 0, 0)$$

(5) 坝肩渗流稳定性。根据山洪易发区水库山体稳定渗流变形评价准则中坝肩渗流稳定性评价准则，对该坝坝肩渗流稳定性进行评价：

$$N_{35}=(N_1, N_2, N_3, N_4, N_5)=(0.5, 0.5, 0, 0, 0, 0)$$

#### 7.4.2.4 地表状况评价

水库扩建后，实施了水土保护措施，主要体现在以下几项控制性指标，水土流失治理结果见表 7.20。

表 7.20　水土流失治理结果

| 指标 | 治理结果/% | 指标 | 治理结果/% |
|---|---|---|---|
| 扰动土地治理率 | 100 | 拦渣率 | 100 |
| 水土流失治理率 | 100 | 植被恢复系数 | 100 |
| 控制率 | 96.68 | 林草植被覆盖率 | 57.58 |

根据地表状况条件评价准则对该地区地表植被覆盖率评价：

$$N_{41}=(N_1, N_2, N_3, N_4, N_5)=(1, 0, 0, 0, 0)$$

根据地表状况条件评价准则对该地区地表径流侵蚀坏评价：

$$N_{42}=(N_1, N_2, N_3, N_4, N_5)=(1, 0, 0, 0, 0)$$

#### 7.4.2.5 防灾措施评价

(1) 防灾设施。根据水库运行管理评价准则中防灾设施评价准则，对该水库防灾设施评价：

$$N_{61}=(N_1, N_2, N_3, N_4, N_5)=(1, 0, 0, 0, 0)$$

(2) 管理制度与人员配置。根据水库运行管理评价准则中管理制度与人员配置评价准则，对该水库管理制度与人员配置评价：

$$N_{63}=(N_1, N_2, N_3, N_4, N_5)=(1, 0, 0, 0, 0)$$

### 7.4.3 计算结果分析

(1) 二级指标评价结果。

1）确定各个指标的矩阵

$$\boldsymbol{R}'_{12}=\begin{bmatrix}0 & 0.7 & 0.3 & 0 & 0\\0 & 0.5 & 0.5 & 0 & 0\end{bmatrix}$$

$$\boldsymbol{R}'_{22}=\begin{bmatrix}0 & 0.4 & 0.6 & 0 & 0\\0 & 0.5 & 0.5 & 0 & 0\end{bmatrix}$$

$$\boldsymbol{R}'_{32}=\begin{bmatrix}0 & 0 & 0 & 0.7 & 0.3\\0 & 1 & 0 & 0 & 0\\1 & 0 & 0 & 0 & 0\\1 & 0 & 0 & 0 & 0\\0.5 & 0.5 & 0 & 0 & 0\end{bmatrix}$$

$$\boldsymbol{R}'_{42}=\begin{bmatrix}1 & 0 & 0 & 0 & 0\\1 & 0 & 0 & 0 & 0\end{bmatrix}$$

$$\boldsymbol{R}'_{52}=\begin{bmatrix}1 & 0 & 0 & 0 & 0\\1 & 0 & 0 & 0 & 0\end{bmatrix}$$

2）第二层指标的权重值

$$M_{21}=(0.750，0.250)$$

$$M_{22}=(0.667，0.333)$$

$$M_{23}=(0.402，0.244，0.137，0.137，0.079)$$

$$M_{24}=(0.800，0.200)$$

$$M_{25}=(0.667，0.333)$$

3）由 $\boldsymbol{Z}=\boldsymbol{M}\cdot\boldsymbol{R}'$ 计算二级模糊评价结果

$$\boldsymbol{Z}=\begin{bmatrix}0 & 0.125 & 0.650 & 0.225 & 0\\0.433 & 0.567 & 0 & 0 & 0\\0.312 & 0.284 & 0 & 0.282 & 0.122\\0.8 & 0.2 & 0 & 0 & 0\\0.667 & 0.333 & 0 & 0 & 0\end{bmatrix}$$

（2）由二级指标模糊评价结果计算结果

$$\boldsymbol{Z}=\boldsymbol{M}\cdot\boldsymbol{R}=[0.416\quad 0.262\quad 0.161\quad 0.099\quad 0.062]$$

$$\times\begin{bmatrix}0 & 0.125 & 0.650 & 0.225 & 0\\0.433 & 0.567 & 0 & 0 & 0\\0.312 & 0.284 & 0 & 0.282 & 0.122\\0.8 & 0.2 & 0 & 0 & 0\\0.667 & 0.333 & 0 & 0 & 0\end{bmatrix}$$

$$=[0.284\quad 0.287\quad 0.270\quad 0.139\quad 0.020]$$

（3）设等级 $N_1$、$N_2$、$N_3$、$N_4$、$N_5$ 的分值为 100、80、60、40、20，则

取 $k=1$，进行加权平均得出该水库安全程度的分值为 73.53，表示该水库大坝的现状处于正常和轻度异常之间。评价结果与该水库大坝安全监测报告中的结论相符。

## 7.5 本章小结

根据山洪易发区山洪灾害对水库大坝安全影响因素的特点，确定了山洪易发区水库大坝安全影响因素综合评价指标的选取原则，建立了水库大坝安全影响因素的多层次评价指标集，构建了水库大坝安全评价的多层次模糊综合评价模型。通过实例分析验证，评价结果能反映山洪易发区水库大坝安全程度的真实性。

## 参考文献


[1] 张平仓．中国山洪灾害防治区划 [M]. 武汉：长江出版社，2009.

[2] 张平仓，任洪玉，胡维忠．中国山洪灾害区域特征及防治对策 [J]. 长江科学院院报，2007，24 (2)：9-12.

[3] 潘华盛，王春丽，高煜中．山洪灾害发生规律及成因研究 [J]. 黑龙江水专学报，2006，33 (1)：5-9.

[4] 邹翔，任洪玉．陕西省山洪灾害成因与分布规律研究 [J]. 长江科学院院报，2008，25 (3)：49-52.

[5] 刘红雷．石河子地区山洪灾害类型及成因 [J]. 水利科技与经济，2011，17 (2)：71-73.

[6] 张志彤．我国山洪灾害特点及其防治思路 [J]. 中国水利，2007 (14)：14-15.

[7] 章德武，湛宏伟．山洪灾害致灾因子分析与防治措施 [J]. 中国水运，2011，11 (3)：146-147.

[8] 刘昌东．山洪灾害监测预警系统标准化研究 [D]. 北京：中国水利水电科学研究院，2013.

[9] 全国山洪灾害防治规划领导小组办公室．全国山洪灾害防治规划编制技术大纲 [R]. 2003.

[10] 全国山洪灾害防治规划编写组．全国山洪灾害防治规划 [R]. 2006.

[11] 罗谷怀，甘明辉．土石坝安全论证理论与方法 [M]. 北京：科学出版社，2001.

[12] 熊立华，郭生练．频率分析中不定量历史洪水的影响研究 [J]. 水力发电，2003，29 (9)：7-15.

[13] 许建国．秦淮河流域历史洪水检验与变化规律研究 [J]. 南京师范大学学报，1994，17 (2)：89-95.

# 第 8 章　山洪易发区水库致灾快速响应与减灾对策

## 8.1　概述

由于山洪灾害非工程措施相对于其他水利工程建设有其独特的自身特点，在实施与运行过程中暴露出预警指标确定历史资料匮乏、管理维护人员经费不足、群测群防可操作性差等难点问题。现有山洪灾害非工程措施的管理模式是被动的，各个职能部门的分工不明，管理粗放、效率低下，过分地依赖突击式和运动式的建设和管理方式[1]。截至 2013 年 12 月底，山洪灾害非工程措施项目已覆盖全国 29 个省（自治区、直辖市），2058 个项目县，共新建自动监测站点 5.1 万个、简易站点 20.3 万个、无线预警广播 14 万套、简易报警设备 64 万台（套）。同时，根据《全国山洪灾害防治项目实施方案（2013—2015 年)》，非工程措施补充完善项目新建自动监测站 1.38 万个、简易站点 22.72 万个、无线预警广播 11.48 万套、简易报警设备 52.37 万台（套）。如此大规模的设施建设和分布范围给后期维护和管理带来很大困难，“重建轻管”问题突出。

山洪灾害区域监管难点主要表现为以下几个方面：

（1）防洪工程措施建设困难。大江大河以及中下游平原区的洪水，可以通过水库、堤防等一系列防洪工程措施联合调度，合理安排，减小洪灾造成的损失。然而，山区流域面积小、洪水暴涨暴落具有极强的破坏力，缺乏有效的防洪工程措施和调度的空间时间。而且，山区的人口居住分散，防洪工程建设的人均成本极高，经济上也不划算。山区的区位是垂直分布，能态高、稳定性差、工程施工困难、易对生态系统造成不利的影响。因此，山区的洪水防治工程措施建设难度大。

（2）防洪责任体系建设困难。任何防洪管理的措施，都离不开人的管理，防洪责任体系的建设是洪水风险管理中的重要措施。然而由于山区人口分散、受教育水平较低，再加上经济落后等原因，导致山区缺乏技术人员使用和维护防洪设备；而且，防洪设施运行的过程中被毁或被盗事件经常发生，看管难度大。因此，山区的防洪责任体系建设十分困难。

（3）缺乏必要的技术支撑。长期以来，大江大河以及平原地区是防洪安全重点建设区域，相关支撑技术也比较成熟。大部分山区由于山地的阻隔作用，通达性较差、人口比较分散、经济相对落后等原因，导致了山区防洪安全体系建设滞后，山区洪水的风险特性管理缺乏必要的技术支撑。同时山区也缺乏可靠的水文气象观测平台，造成绝大部分山区成为资料短缺或无资料区，对山区洪水特性缺乏科学的研究认识。依据流域面积较大的江河观测站资料建立起来的水文模型，是否能合理反映山区流域的产汇流机制，仍存在着较大的不确定性。由于缺乏对山区洪水机制及特性的研究，使得山区洪水的风险评估、洪水预报等均存在较大的技术难度和不确定性[2-3]。

## 8.2 基于网格化的水库管理与应急响应机制

### 8.2.1 灾情响应一般模式

灾情应急响应，指突发灾害事件的潜伏、暴发、控制、化解、修复、常态化等全过程中的各部门的应对机制，是一种涉及因素多、技术含量高、工作任务重和社会影响大的危机事件管理行为，也是一种跨阶段、高要求、大集成、快反应和求实效的非常规防灾减灾行动。主要解决以下问题：①如何制定预案并有效监控、防御突发事件；②如何化解、缓解和减少突发事件；③如何准备、动员和调配资源；④如何在突发事件过程中回应社会公众愿望、满足社会需求、维护公私利益；⑤如何在突发事件过后恢复管理秩序、重建服务体系等[3]。

水库致灾应急响应分为“险情应急”和“灾情应急”或两者的混合类型，产生威胁者称为“险情”，发生危害者称为“灾情”。水库致灾快速响应指水库及周边已经造成重大危害，并可能扩大或加剧这种危害的范围与程度，为搜救失踪或受伤人员、抢救财产、转移人员避免新的危害发生而采取的一系列紧急处置行动。

为保证水库致灾应急响应的及时性，需建立救灾资金多元投入机制，加大在救灾方面的投入，同时拓宽救灾资金的来源渠道，建立多主体、社会化的救灾体系。

同时建立涉灾部门应急联动机制，综合协调是整个应急响应机制的关键。应急指挥系统在救灾组织机构中的作用就是协调部门利益、融合各部门的资源。指挥系统处于应急联动体系的核心位置，其运行效率直接影响紧急救援的效果。考虑到灾害情况的多样性，一般都要设立应急处置固定、机动、现场指挥系统三者呈梯次分布的线形应急指挥系统，与军队等形成应急联动体系。当出现严重灾害时，各专业委员会的成员单位对该灾种的预防、救援和灾后处理工作按自身的条件进行分工，各有侧重。我国山洪灾害应急响应组织体系与工作职责见图8.1。

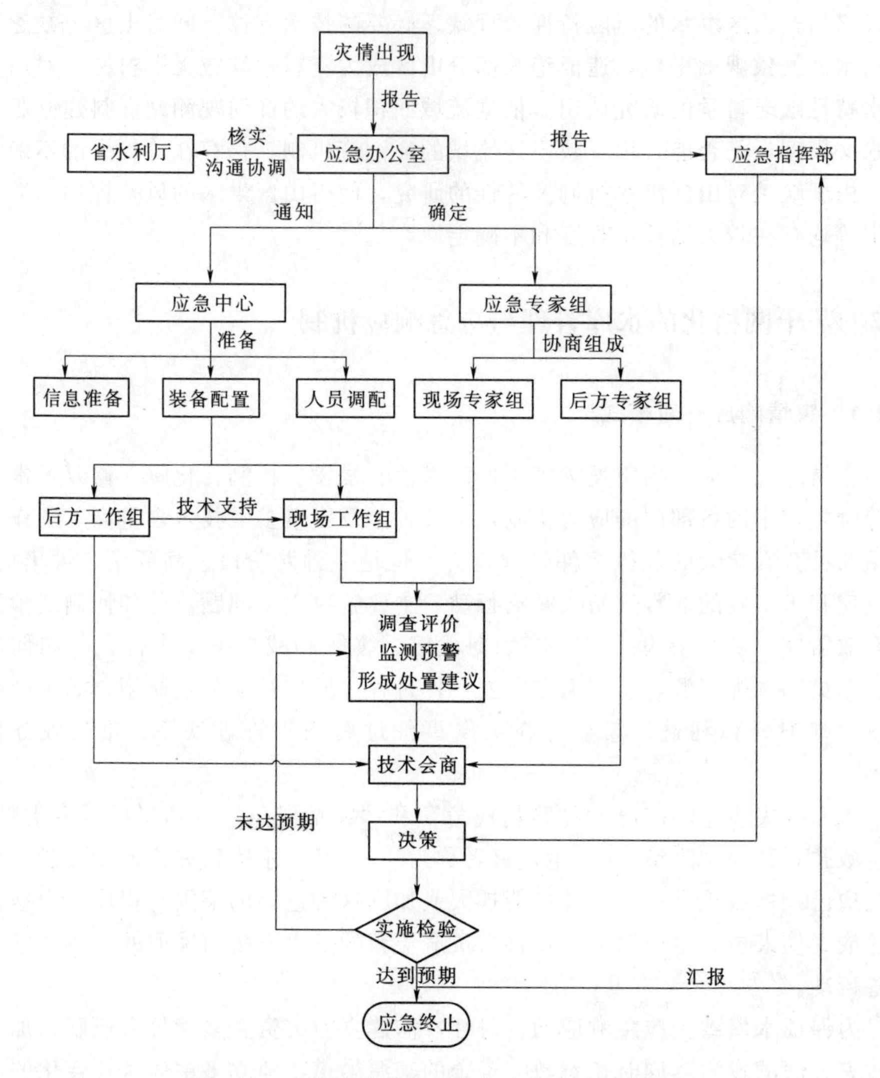


图8.1　山洪灾害应急响应组织体系与工作职责

建立救灾专业紧急救援队伍，根据灾害突发性和灾害应急工作的特点，需要组建一支政府职能的国家灾害紧急救援队伍，还要加强大中城市和各地区灾害紧急救援队建设，通过学习，形成多层次综合抢险救援队。灾情紧急救援队伍应坚持一专多用、平战结合、反应迅速、突击力强的特点，在各项减灾救灾活动中，既自成体系，又互有联系，统一指挥调度，加强组织协调和专业保障，提高队伍快速反应和协调作战能力。

定期组织救灾预案演练，演练是对预案的质量、操作性和实用性的检验，通过演练可以修正、更新预案，使之具有更好的应急准备、指挥与响应能力。紧急求助演练不仅可以锻炼部门之间的协同与配合，更能检验救援队伍的快速反应能力与紧急救援效率，尤其是在我国重点危险监视区需要更多演练。

建立群众性自主防灾组织，在灾害发生的初期，尤其是大型灾难发生后，受难人数多，行政的社会组织暂时瘫痪，政府的紧急救援队伍又不能完全满足救灾需要，建立群众性自主组织是一种对灾难环境积极而现实的解决方式。通过对群众性救援队伍的志愿者队伍培训，可以更好地普及灾害和防灾知识，提高社区群众的防灾能力，并最终提高社会的抗灾能力。

借助媒体科学灾害信息，媒体在当今社会作用巨大，被称为“第四种权力”，理应在防灾救灾上发挥应有作用。我国的灾害应急指挥中心办公室、各有关职能部门，应当在媒体上公布有关突发事件应急知识和报警电话，有组织有计划地为公民提供减灾知识和技能培训，广泛宣传应急预案、法规、预防、避险、自救、互救、减灾等知识和技能，公布各地自然灾害灾情值班电话。政府应科学妥善地传播减灾信息，掌握新闻媒体传播灾情信息的主动权，杜绝小道消息、谣言与误会的传播。

### 8.2.2 基于网格化的水库管理与应急快速响应机制构建

#### 8.2.2.1 可行性分析

以山洪灾害为典型代表的突发公共事件对社会经济和公众生命财产所造成的威胁日益严重。积极应对和科学处置突发公共事件，形成统一指挥、功能齐全、反应灵敏、运转高效的应急管理机制，提高保障公共安全和处置突发事件的能力，是地方政府全面履行职能，特别是加强社会管理和公共服务职能的一项重要工作[4-5]。

随着全国山洪灾害防治县级非工程措施项目的全面实施，我国已初步建成覆盖山洪灾害易发区和重点防治区县的非工程措施体系。但由于山洪灾害非工程措施项目相对于其他水利工程建设有其独特的自身特点，在其实施与运行过程中暴露出预警指标的确定存在历史资料匮乏、管理维护人员经费不足、群测群防可操作性差等难点与问题。现有山洪灾害非工程措施的管理模式是被动的，各个职能部门的分工不明，管理粗放、效率低下，过分地依赖突击式和运动式的建设和管理方式。

相比山洪灾害非工程措施存在的管理困难问题，位于山洪易发区的水库工程在运行管理方面具有独到的优势，大中型水库工程和重要小型水库工程一般都按要求配备了不同规模、数量的管理、运行和巡检人员，并按照有关规范要求定期进行汛前检查和冬季岁修，确保水库大坝汛期安全和长效运行。因此通过省级或地市级水利部门的合理组织调配和人员优化，以位于山洪易发区的水库工程为“支点”，将县级非工程措施的雨量、水位等测点网格化处理，实现水库工程与山洪灾害非工程措施的信息共享、联合管理和协同预报。

网格化管理的核心是对资源的整合以及协同利用，是借用计算机网格管理的思想，将管理对象按照一定的标准划分成若干网格单元，利用现代信息技术和各网格单元间的协调机制，使各个网格单元之间能有效地进行信息交流，透明地共享组织的资源，以最终达到整合组织资源、提高管理效率的现代化管理思想。网格化管理思想的出现与迅猛发展，为创新的预警机制与应急管理模式研究提供了新的思路。

网格以分布式系统为基础，借助共享、虚拟、反馈、协同等机制和手段将离散地分布在网络上的信息存储、信息计算和信息分析能力有机地整合为一体。网格本质上体现的是“部分之和大于整体”的思想，突发公共事件的预警信息收集采用网格化管理，让最被人们所诟病的“信息孤岛”“信息垃圾”“信息缺失”等问题，有望能够得到根本性解决。所以，网格化管理为解决突发公共事件预警信息收集的复杂性问题提供了一套新思维和新方法。

#### 8.2.2.2　网格化管理与应急响应的基本思路和目的

基于水库工程的山洪灾害非工程措施网格化管理与应急响应机制的基本思路是针对日常管理和灾时响应两个时段，对应设备管理和信息融合两个层次。首先将目标防治区域以水库工程分布划分成若干个网格，在每个网格将水库工程的管理人员设置为专门的网格管理员，负责该网格内的水库工程及非工程措施防治测点的运行情况、日常巡视检查和信息收集。在山洪灾害发生时，网格管理员通过监测预警系统正常上报水情、雨情和水库工情预警信息，确保该网格内信息上报的及时性和稳定性。网格内确定应急管理关联部件，实现网格内的预警信息联动，重塑防灾减灾应急突发事件处理流程。因此网格化管理的主要流程是：划分网格→明确管理部件→实现信息联动→重塑处理。

实现山洪灾害非工程措施网格化管理与应急响应的目的是发挥水库工程现有的管理体制优势，通过网格化管理理念实现山洪灾害县级非工程措施的精细化管理，同时通过建立山洪灾害防治非工程措施与水库工程监测预警系统的信息融合与协调联动模式，实现山洪易发区水库致灾的快速响应，为后续采取必要合适的减灾手段提供依据。

防汛突发事件应急响应和防汛业务并重的网格化管理模式，确定以责任制、预案和技术分析定位为主、以技术服务为重点变为以行政服务为重点的管理模式，以防汛突发事件为驱动机制，实现防汛业务的精细化管理。

### 8.2.2.3 基于网格化的水库管理与应急响应机制的基本内涵

1. 网格化管理与应急响应的基本要素

（1）事件。事件即具有基本属性的应急减灾突发事件。事件的基本属性主要包括事件类型、发生地点、事件等级、监测方式，触发条件等。当1件防汛突发事件发生时，作为防汛指挥部门，首先需要明确事件的基本属性，然后根据事件的基本属性，即可寻找到需要对该事件进行反应行动的部门、人员以及物资等，因此事件是防汛应急管理的起点。根据第2章水库致灾因素挖掘与致灾模式分析的主要结论，山洪易发区水库致灾突发事件共分为7大类，即暴雨事件、河道洪水事件、滑坡事件、滑坡涌浪事件、泥石流致水库淤积事件、水库超限泄水事件、水库溃坝事件。

（2）部件。部件是处置突发事件过程中所有涉及的部门、监测点、工程、物资等的统称。山洪易发区部件主要有监测预警设施（含县级防治非工程措施与水库工程监测预警设施）、防汛与水库管理单位、应急预案涉及单位等。

（3）网格。网格是指分析和处置防汛突发事件的基本地理范围。根据网格的用途，可以分为分析网格和处置网格两类。分析网格主要是用于分析事件的起因和发展态势，它是事件动因的包络范围。处置网格则主要用于明确事件的责任单位以实现事件的精细化管理，它是事件涉及部件的包络范围。

2. 网格划分的基本原则

网格可以划分为分析网格和处置网格。前者可以作为水利要素分析的目标域，后者主要用于责任制落实、预案执行以及突发事件处置的基本单元。

目标防治区域以水库工程分布为出发点，通过DEM对山区范围提取子流域，划分成若干个网格。在每个网格将水库工程的管理人员设置为专门的网格管理员，负责该网格内的水库工程及非工程措施防治测点的运行情况、日常巡视检查和信息收集。

处置网格，是在分析网格的基础上，扩充至事件相关部件的空间包络范围，即首先以分析网格为基础，通过空间关系确定事件相关的部件，同时，根据业务关系和经验，对空间关系确定的事件相关部件进行修正。事件的处置网格，则以通过空间关系、业务关系以及专家经验等方式确定的全部关联部件的包络范围。

3. 网格内部件要素的关联关系

根据事件监测的方式把事件分为2大类。

（1）自动监测事件，即通过雨量站、水文站、积水监测点等水雨情监测站点监测到的暴雨、洪水、积水事件。对这类事件，事件地点是固定的，监测站点位置即可视为事件发生的地点。因此，对这类事件，可以预先通过对防汛调度业务关系、防汛事件的特征、专家经验等综合分析，对每一个可监测的防汛突发事件，根据事件原因和影响，分析事件网格范围，确定事件涉及的部件，形成事件—网格—部件关联关系库，从而为防汛事件快速定位、分析、处置提供支持。

(2) 非自动监测的事件，主要是指危旧房、山区泥石流、水利工程出险等事件，对这类事件，只能通过工作人员巡查或群众热线等方式上报到指挥调度中心，再由中心值班人员人工输入至本系统。这类事件发生地点是随机的，不能预先建立其事件—网格—部件的关联关系。可采用动态网格和部件分析的方法，根据事件实际发生地点，动态划分网格，并在网格范围内通过空间分析寻找可能涉及的部件，如危旧房、山区泥石流、水利工程出险等非自动监测事件的网格范围、空间搜索的部件类型。

另外，还有一类非自动监测事件，即现有的雨量站、水文站、积水监测点没有监测到的暴雨、洪水、积水事件等。这类事件也是有人工上报的方式进入系统。这类事件的关联关系，参考第一类自动监测事件，即根据上报的暴雨、洪水、积水事件发生位置，自动适应其所在的第一类自动监测事件的网格。

### 8.2.3 网格化管理的事件分析与处置流程

(1) 事件触发的条件。对暴雨事件、河道洪水事件、滑坡事件、滑坡涌浪事件、泥石流致水库淤积事件、水库超限泄水事件、水库溃坝事件7类突发事件，设定事件自动触发条件。根据雨量站、积水监测点、水文站等监测的实时水雨情数据，当实时水雨情数据满足自动触发条件时，系统将自动触发相应的事件。

(2) 事件信息流的提取。根据生成事件的条件，形成事件信息流。事件信息流应包括事件的类型、触发标准、实时数据、网格坐标、关联部件等信息。因此，需要分析并确定事件信息流生成方法，当系统自动触发事件后，能自动分析识别事件的类型、该事件触发的标准，触发该事件的水雨情数据，以及该事件的网格位置、关联部件的信息，并将这些信息形成结构化数据，存入数据库。事件信息流，将作为事件分析、处置的基本依据。

(3) 网格化管理的事件处置流程。以事件驱动和网格化管理为核心内容，通过对防汛事件、网格、部件及其关联关系的分析和整理，提供规范的处置流程，主要包括洪水分析、影响分析、调度建议、抢险建议、命令生成、快报生成等，每一步流程，系统提供自动生成的模板和计算结果，供用户即时参考。

### 8.2.4 基于网格化的水库管理与应急快速响应机制的优势

基于网格化水库管理与应急快速响应机制以网格化管理为基本模式，为山洪易发区水库致灾应急处置提供了标准流程和模板，实现抢险人员、物资的高效准确调度，并对事件可能产生的影响和后果进行分析，极大地提高应对防汛突发事件的决策、指挥能力，优势明显[6]。

1. 网格化的部件关联

以往的信息和决策支持系统，一般都能查询到所有的水雨工情、防汛单位等信息，但很难找到所有信息之间的关系。当防汛工作需要处理应急事件时，用户不得不在不同的功能组件中查询相关的信息，由此造成工作上的不便。通过网格化的管理实现了网格内所有部件的相互关联。这样，当某个事件发生时，系统能够定位到事件所发生的网格，能够给出与此事件相关的各类部件及其信息，从而缩小事件分析范围，明确事件相关的防汛部件和责任单位[7]。

网格化管理利用数据库，录入了暴雨事件、河道洪水事件、滑坡事件、滑坡涌浪事件、泥石流致水库淤积事件、水库超限泄水事件、水库溃坝事件等突发事件的事件触发条件、网格、部件，以及事件—网格—部件关联关系等丰富的数据，为实现事件驱动的防汛突发事件网格化管理，提供了有力的数据支持。通过网格化的部件关联，平台对事件的管理更为精细，提高了对防汛应急事件的处置效率。

2. 事件驱动的运行控制

网格化管理的运行控制不再使用传统用户交互驱动的方式，而是以防汛应急事件为主线自动进行处置计算。即根据监测数据自动判断是否产生事件，如果产生事件，则以此事件所包含的基本信息决定处置的过程，根据不同的需要依次调用不同的事件处理单元。

在这种结构中网格化管理将不再简单响应使用者的请求，而可以根据防汛应急事件发生的类型和量级，主动地为使用者的事件处理提供流程和结果；也不再是简单地提供实时和基础信息，而是可以智能地参与决策过程。

3. 标准化的处置流程和结果

网格化管理对现有防汛突发事件进行分类，并针对各防汛突发事件的特点，制定出标准化的处置流程。对每一类事件的每一步处置流程，定义了规范化的输入条件，规定了分析计算的方法，制定了一系列的处置结果模板，从而形成标准化的处置结果。通过防汛突发事件应急处置的流程化、规范化和标准化，降低了防汛应急部门处置防汛突发事件的决策风险，提高防汛应急效率。

## 8.3　山洪易发区水库险情特征及等级

### 8.3.1　山洪易发区水库险情特征

山洪易发区水库险情主要包括洪水漫顶、裂缝、滑坡、渗漏等[8]。

（1）洪水漫顶。洪水漫顶失事在土石坝中体现尤为突出。造成洪水漫顶的因素主要有：①水文资料短缺造成洪水设计标准偏低；②泄洪能力不足；③库区冲淤造成库容减小；④施工质量、管理运行也直接影响着大坝的防洪能力。

（2）裂缝。坝体裂缝是水库大坝灾变的最常见现象，大坝裂缝根据分布形式，又可分为纵向裂缝、横向裂缝、弧形裂缝以及其他裂缝。土石坝中常出现成组的纵向裂缝，一般近对称地分布在坝顶及其上下游两侧。坝体的另一种常见裂缝是横缝，即垂直于坝轴向的裂缝。由于坝体的不均匀沉陷变形时，坝体会产生横向裂缝。坝体的弧形裂缝是一种滑坡裂缝，在山洪发生后有可能发展成为坝体滑坡。

（3）滑坡。土石坝在抗滑力抵抗不了滑动力而失去平衡时，就会发生滑坡或崩塌。常常在滑坡初期，先在坝体出现纵向裂缝，随之不断扩展成为弧形裂缝，同时在滑坡体下部坝面或坝脚出现带状隆起或变形，然后产生坝体滑坡。山洪发生后，常常伴随浸润线上升并在下游坡较高部位逸出，增大了土体的滑动力，易于产生坝体滑坡。土石坝出现滑坡后大坝挡水断面变小，危及大坝安全，如果是黏土斜墙坝的上游出现滑坡，则会破坏防渗体，引起大坝溃决。

（4）渗漏。坝体出现贯穿裂缝、坝肩和坝基基岩松动、泄放水设施的四周出现裂缝等，都会导致下游渗水量增大或出现渗漏。如果渗水点位于坝内，则可能在坝内形成贯通的漏渗水通道，随着漏渗水不断带走坝体土颗粒，从而使渗漏通道不断加大，造成管涌流土等，最终使坝体溃决[9]。

### 8.3.2　山洪易发区水库险情等级

险情等级依次划分为溃坝险情、高危险情、严重险情（亦称次高危险情）、一般险情[10-12]。

溃坝险情系指山洪易发区水库大坝及其主体工程发生漫溢、出现较大贯穿性裂缝、上下游坝坡大面积滑坡、大流量集中渗流等情况，短期内可能导致垮坝的险情。

高危险情系指山洪易发区水库及其主体工程发生上述险情，可能直接影响大坝及主要建筑物安全的险情。

严重险情系指山洪易发区水库及建筑物发生一般险情，但不影响主体工程安全运行的险情。

一般险情系指山洪易发区水库出现轻微渗漏问题、大坝及其他主体工程建筑物出现轻微的变形与沉陷，对水库及主体工程建筑物运行基本无影响的险情。

## 8.4 山洪易发区水库险情判别内容及其方法

针对可能影响水库溃坝的洪水、坝体裂缝、坝体滑坡、渗透、坝体变形、近坝岸坡失稳、溢洪道结构破坏、启闭设施损坏等方面的危害进行险情评估和判别，最后得到水库险情类别等级，对判别内容应遵循全面性、科学性原则。

### 8.4.1 山洪易发区水库险情判别内容

#### 8.4.1.1 土石坝险情判别内容

土石坝的主要灾变类型为裂缝、滑坡、渗漏和垮塌，其出险部位主要集中在大坝、溢洪道、放水设施和其他附属设施。详细的分类情况如下：

（1）大坝：上游坝坡、下游坝坡、坝顶、坝脚、排水棱体、防浪墙、马道、排水沟、大坝观测设施。

（2）溢洪道：溢洪道边墙、溢洪道边坡、溢洪道闸房和闸门、启闭设施、消力池等。

（3）放水设施：放水卧管、放水涵管、放水塔、放水竖井、放水闸阀、放水闸门、闸房、闸墩、启闭机螺杆、电机、线路及动力设施等。

（4）附属设施：防汛抢险公路、管理房屋、围墙、临时看守棚、通信设施、通信线路等。

#### 8.4.1.2 混凝土坝险情判别内容

混凝土坝及其他水工混凝土建筑物结构如闸墩、溢洪道、泄洪洞、电站厂房等的主要震害是混凝土裂缝。

裂缝的检测方法分为初查和详查两个步骤，初查一般根据裂缝在表面的暴露情况，观察或采用简单的工具测量其表面特征（长度、宽度），详查时主要对裂缝形态、开张伸展路径、开张宽度变动、裂缝深度检查等。

### 8.4.2 山洪易发区水库险情判别准则

1. 洪水险情判别

防洪标准不足或遭遇超标准洪水是引起山洪易发区水库大坝溃决的常见原因，通过计算水库将达到的水位与设计洪水位、校核洪水位进行比较判断，判别水库洪水险情等级，评级准则见表 8.1。

表8.1　　洪水险情评级准则

| 险情等级 | 评级标准 |
| --- | --- |
| 溃坝险情 | 所在流域发生超标准洪水（或上游水库溃坝洪水），水库水位达到或超过校核洪水位，实测或预测继续上涨，最高水位可能超过坝顶 |
| 高危险情 | 所在流域可能发生超标准洪水（或上游水库溃坝洪水），水库水位达到或超过设计洪水位，实测或预报继续上涨，但最高水位不会超过坝顶 |
| 严重险情 | 所在流域可能发生较大洪水（或上游水库泄洪），水库水位达到或超过设计洪水位（或历史最高水位），实测或预报上涨，但最高水位低于校核洪水位 |
| 一般险情 | 无上述明显的洪水威胁特征，只是受到历史出现过的一般性洪水威胁 |

2. 裂缝险情判别

裂缝险情以现场检查、探查为主，也可结合变形监测资料分析，或采用倾度法和有限元法的变形裂缝分析结果加以判别，其中重点关注裂缝对结构完整性、稳定性和渗流安全的危害程度，评级准则见表8.2。

表8.2　　裂缝险情评级准则

| 险情等级 | 评级标准 |
| --- | --- |
| 溃坝险情 | 裂缝数量多、规模大，已经影响结构完整、稳定和渗流安全，严重危害大坝安全 |
| 高危险情 | 裂缝数量、规模较大，明显影响结构完整、稳定和渗流安全，威胁大坝安全 |
| 严重险情 | 限于局部、浅层，数量、规模有限，对结构完整性有一定影响，不危及大坝安全 |
| 一般险情 | 只是发现一些轻微裂缝现象，未发现因裂缝危害大坝安全的典型条件 |

3. 坝体滑坡险情判别

大坝滑坡险情主要是通过计算坝坡或两岸滑坡抗滑稳定最小安全系数确定，也可通过现场检查发现的滑坡破坏迹象，如隆起、裂缝等显著特征进行判别，评级准则见表8.3。

表8.3　　滑坡险情评级准则

| 险情等级 | 评级标准 |
| --- | --- |
| 溃坝险情 | 计算坝坡稳定安全系数远小于设计值或规范值，或者小于1，现场检查已出现滑坡体上缘塌陷、下缘隆起、裂缝错位等典型滑坡现象，且滑坡规模较大 |
| 高危险情 | 计算坝坡稳定安全系数低于设计值或规范值，现场检查有明显异常变形和滑坡迹象，且观测有发展趋势，但规模有限 |
| 严重险情 | 计算坝坡稳定安全系数不满足设计要求或规范要求，现场检查有明显异常变形，存在滑坡可能，但可能滑坡范围仅限于局部 |
| 一般险情 | 计算坝坡稳定安全系数满足设计要求或规范要求，检查无异常变形或滑坡迹象，只是从一些相关情况中出现的滑坡担扰 |

4. 渗漏险情判别

渗漏险情以现场检查为主，也可以通过防渗设计、施工质量和运行表现综合分析，还可以通过观测资料、数值计算分析和隐患探测等方法进行评判。重点关注防渗体、反滤体的破坏，重要部位渗流压力的异常升高，管涌、流土等渗透破坏的典型表现，渗流量持续增大或夹带泥沙等情况，评级准则见表8.4。

**表8.4　渗漏险情评级准则**

| 险情等级 | 评级标准 |
|---|---|
| 溃坝险情 | 管涌、流土等破坏现象显著，渗漏量大且持续或夹带泥沙，大面积散浸 |
| 高危险情 | 管涌、流土等现象基本形成，渗漏量较大且有增大趋势，散浸面积较大 |
| 严重险情 | 有明显渗流异常迹象，渗流压力或渗流量在局部已不能满足安全要求 |
| 一般险情 | 轻微、初步的异常迹象，检查、监测结果反映大坝渗流无明显异常 |

5. 坝体沉陷险情判别

坝体沉陷主要表现为坝顶下降或坝面下陷，评级准则见表8.5

**表8.5　坝体沉陷险情评级准则**

| 险情等级 | 评级标准 |
|---|---|
| 溃坝险情 | 坝顶沉陷较大，若不进行应急除险，将影响坝体安全 |
| 高危险情 | 坝体内部有沉陷裂缝产生，并且坝顶沉陷较大，并未影响坝体稳定性 |
| 严重险情 | 坝体内部有一定数量的沉陷裂缝产生，坝顶下沉，沉陷量微小，通过肉眼无法判别 |
| 一般险情 | 坝体内部有少量沉陷裂缝产生，裂缝发展缓慢，对坝体安全不能产生影响 |

6. 近坝岸坡险情判别

近坝岸坡受水流冲刷、降雨等因素影响，会导致边坡土体失稳、垮塌，影响水库大坝安全，评级准则见表8.6。

**表8.6　近坝岸坡险情评级准则**

| 险情等级 | 评级标准 |
|---|---|
| 溃坝险情 | 近坝岸坡表面有大面积翻起、坍塌、架空等现象，已造成表面土体流失严重，边坡有冲垮的倾向 |
| 高危险情 | 近坝岸坡表面有大面积翻起、坍塌、架空等现象，垫层土体流失严重，表面土体流失 |
| 严重险情 | 近坝岸坡有一定面积翻起、松动、坍塌、架空等现象，造成垫层部分边坡土体流失 |
| 一般险情 | 满足设计要求，但局部有裂缝、滑坡产生 |

7. 泄洪隧洞险情判别

泄洪隧洞以控制段（闸门、启闭设施）、洞体作为险情判别的主要对象，评级准则见表8.7。

表8.7　　泄洪隧洞险情评级准则

| 险情等级 | 评级标准 |
|---|---|
| 溃坝险情 | 多数闸门变形严重，不能正常开启，严重影响坝体的稳定性；启闭设施重要部分已严重损坏，无法正常控制闸门；洞体产生大量环向裂缝，纵向裂缝长多短少，渗漏严重，局部有坍塌现象，不能发挥其功能 |
| 高危险情 | 少数闸门锈蚀，变形，起落困难，不能满足泄洪的要求；与闸门连接部分及动力、传力机械损坏严重，需要更换部件方能正常运行；洞体产生大量环向裂缝，纵向裂缝长少短多，渗漏增多，影响洞体稳定性 |
| 严重险情 | 闸门面板有轻微变形，不影响开启；钢丝绳或闸门起重链条有损坏，必须大修或更换，需大修后能正常运行；洞体产生局部环向裂缝，轻微渗漏，不影响洞体稳定性 |
| 一般险情 | 闸门周围结构轻微损坏，能够正常起落，无变形；钢丝绳或闸门起重链条略有损坏，但能正常使用，不需要大修；洞体无损坏，或少量裂缝产生，洞内无渗漏，不影响洞体稳定 |

8. 溢洪道险情判别

溢洪道以控制段（闸门、启闭设施）、泄流段作为险情判别的主要对象，评级准则见表8.8。

表8.8　　溢洪道险情评级准则

| 险情等级 | 评级标准 |
|---|---|
| 溃坝险情 | 多数闸门变形严重，不能正常启闭，严重影响坝体的稳定性；启闭机械重要部分已严重损坏，无法正常控制闸门；消能防冲设施损坏严重，大面积碎裂，不能满足其消能防冲的要求 |
| 高危险情 | 少数闸门锈蚀，变形，起落困难，不能满足泄洪的要求；与闸门连接部分及动力、传力机械损坏严重，需要更换部件方能正常运行；溢洪道有大量裂缝、漏筋产生，溢流面一定面积已碎裂，影响水流正常下泄 |
| 严重险情 | 闸门面板有轻微变形，不影响启闭；钢丝绳或闸门起重链条有损坏，必须大修或更换，需大修后能正常运行；溢洪道有大量裂缝产生，有冲刷破坏倾向 |
| 一般险情 | 闸门周围结构轻微损坏，能够正常起落，无变形；钢丝绳或闸门起重链条略有损坏，但能正常使用，不需要大修；溢洪道泄流陡槽段无损坏，或少量裂缝，不影响其正常使用 |

9. 其他破坏险情判别

其他破坏包括坝体防浪墙、水库的管理房、与外部联系的通信设施、监测设施、通往水库的道路设施等破坏作为险情判别的主要对象，评级准则见表8.9。

**表 8.9　　其他破坏险情评级准则**

| 险情等级 | 评级标准 |
|---|---|
| 溃坝险情 | 防浪墙坍塌，已影响其稳定性，不能正常发挥其功能，需重修；通信已经中断，通信设施以及电力设施损坏，大量供电系统中断，需要大修才能使用；交通道路大面积破坏，局部被周围建筑物坍塌造成道路阻拦，影响技术人员以及机械的进入 |
| 高危险情 | 防浪墙裂缝长多短少，局部表面混凝土脱落，影响稳定性；通信设施已经中断，多处破坏，经过专业技术人员修理能够使用；监测设施损坏，经过专业人士修理能够继续使用，交通道路大面积损坏，重型车能够通过 |
| 严重险情 | 防浪墙裂缝长少短多，不影响其稳定性；通信设施已经中断，但经过简单处理，能够使用；监测设施精准度下降，影响其功能，但经过轻微调整能够继续使用，交通道路局部损坏，不影响交通 |
| 一般险情 | 防浪墙无破坏，或轻微破坏，不影响其稳定性；管理房破损；通信设施无破坏，不影响其功能；监测设施无破坏或轻微破坏，精准度轻微下降，不影响其功能，交通道路无损坏或轻微破坏，不影响交通 |

10. 综合判别

险情综合判别是在现场调查和资料分析的基础上，根据洪水险情、裂缝险情、坝体滑坡险情、渗漏险情、坝体沉陷险情、近坝岸坡险情、泄洪隧洞险情、溢洪道险情、其他破坏险情等险情判别的结果，对山洪易发区水库进行综合评价，评定水库险情级别。

水库险情分类的原则和标准如下：

（1）溃坝险情：以上各分项判别中一项满足溃坝险情，应评为溃坝险情。

（2）高危险情：以上各分项判别中一项满足高危险情，应评为高危险情。

（3）严重险情：以上各分项判别中一项满足严重险情，应评为严重险情。

（4）一般险情：其他为一般险情。

### 8.4.3　山洪易发区水库险情判别的步骤和方法

山洪易发区水库险情判别主要分问询、现场检查、资料分析、应急处置和资料整理与上报5个步骤进行，见图8.2[13]。

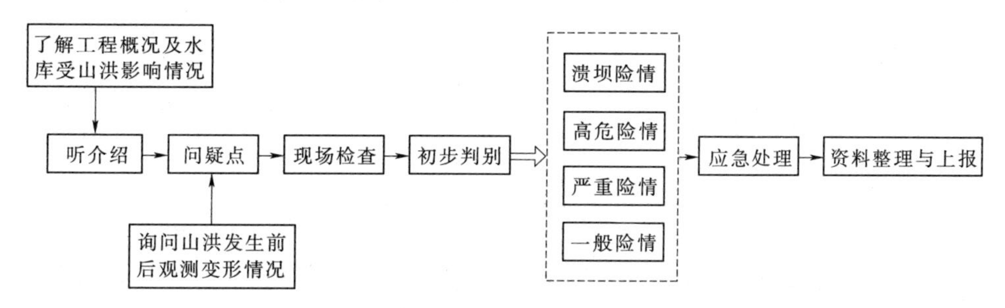


图8.2　山洪易发区水库险情判别工作步骤

1. 问询

成立水库险情检查组，检查组应召集水库管理人员了解水库出险情况，主要出险部位，当时采取的应急处理措施等，为下一步有针对性开展险情排查工作奠定基础。

对无专门管理人员的小型水库的险情排查了解情况时，充分动员当地领导干部，找到水库周边或了解水库险情情况的群众进行询问，以尽快掌握情况和节约相应的工作时间。

2. 现场检查

问询工作结束后，重点对水库大坝、溢洪道、放水设施和附属设施进行检查。具体检查内容参考《土石坝安全监测技术规范》（SL 551—2012）和《混凝土坝安全监测技术规范》（SL 601—2013）。

3. 资料分析

查阅水库基本资料和灾变前观测记录数据。如水库基本资料缺失，可以通过简单的测量和问询，进行大致了解。水库有变形、位移、渗漏观测设施的，要对其灾变前后监测记录数据进行查阅，必要时可对部分重要数据进一步分析。

4. 应急处置

根据现场检查的结果和资料分析，初步确定水库的险情级别，并告知水库管理单位相关注意事项及应急措施。水库下游坝坡或坝脚渗漏水量明显增大，可以根据出流点和出流范围，出流量初步确定渗漏对坝体影响。对坝体产生滑坡、垮塌，坝体稳定性受影响的大坝，放水和溢洪设施受到损毁等情形，应初步确定险情级别，并建议采取的应急处理措施。

5. 资料整理与上报

根据现场检查情况，按要求制作检查图表及文字资料，重点上报水库基本情况、险情情况、当时采取的措施和有关建议等内容。对于水库险情级别不能肯定的，应进一步总结分析。

## 8.5 山洪易发区水库减灾对策

### 8.5.1 灾情评估一般方法

从广义角度讲，灾情是各种灾害发生情况的简称，包括灾害发生的范围、强度、次数及灾害造成的损失情况和社会经济影响等。从狭义角度讲，灾情是灾害造成的各种损失情况。灾情评估经历了较长时间的发展历程，针对不同的需求目的，其评估内容、指标体系日渐丰富，产生了多种类型的灾情评估方法[14-15]。

对于单次灾害过程，可以将灾情评估分为灾前预评估、灾中应急评估和灾后综合评估3个阶段。灾害发生前，应利用风险理论对可能造成的灾情进行预评估，使防灾备灾得以有效开展；灾害一旦发生，则需要对灾情做出快速评估，判断灾情发展变化的形势和灾区需求，及时有效地开展灾害应急救助；灾情稳定或灾害过程结束后，需要综合评估灾害损失情况，为灾区恢复重建和备灾工作提供决策依据，对于影响范围大、程度深的重大灾害事件还需要对其社会经济影响做出全面的分析和评估。

从评估的机理和数据的获取手段方面出发，灾情评估方法包括：基于历史灾情统计资料的评估方法、基于承灾体易损性的评估方法、现场抽样调查统计方法、遥感图像或航片识别法、基层统计上报方法、经济学方法等。

1. 基于历史灾情统计资料的评估方法

该方法主要是探究致灾因子强度和承灾体损失率之间的关系，利用历史灾害资料建立历史灾害矩阵，进而对未来灾害造成的可能损失进行预评估。对于水库致灾，主要是研究洪水重现期，洪水淹没情况（范围、历时、水深）与不同资产洪灾损失率关系。

这类方法相对快速简便，对于承灾体的数据精度要求不高，但对历史资料的要求较高，易受到缺乏较为完备的历史灾害资料的限制，同时要处理好社会经济快速发展使得承灾体发生的变化。

2. 基于承灾体易损性的评估方法

该方法基于承灾体的易损性特征，给出承灾体的易损性参数或曲线，进而模拟某一致灾因子超越概率水平下或某一特定灾害场景下，某一地区可能的受灾情况。与基于历史灾情统计资料的评估方法类似，核心是模拟不同类型灾害场强度下承灾体易损性特征；不同在于，该类方法是通过灾害形成的机理，得出易损性参数或曲线，历史资料主要作为其模型验证数据。在水库致灾中，认为洪水的流速、水深以及受洪水威胁的程度是决定人员伤亡的重要因素。

基于承灾体易损性的分析方法主要通过致灾过程的模拟仿真计算，需要相对全面的承灾体数据和承灾体与致灾因子相互作用的机理模型支持，对模型和数据的要求都较高，且由于各种灾害具有较强的随机性、特殊性，建立一整套技术方法来实现业务化评估还需要较长时间的研究与应用实践。

3. 现场抽样调查统计方法

现场抽样调查方法主要是在灾害发生过程中，对灾害的直接损失情况进行现场抽样调查，再结合其他相关情况，对灾区灾情总体情况做出评判的一种方法，评估对象以人员伤亡、房屋、基础设施受破坏情况以及农作物受灾情况为主。

4. 遥感图像或航片识别法

遥感图像或航片识别法是近年来逐步应用于灾害调查评估的一个重要方法。遥感监测手段能够大范围覆盖受灾地区，并具有高时空分辨率的特点。

遥感虽然具有实时、高效、大范围监测的优点，但是由于受天气状况影响严重、数据价格昂贵、数据处理复杂以及灾害信息本身的复杂性，单纯靠遥感技术不可能实现对灾害的预报、监测和评估，必须紧密结合实时资料以及背景数据库，做到 RS、GIS、GPS 等技术的一体化，真正使遥感技术高效地应用到减灾工作中，为减灾决策提供信息和技术支持。

5. 基层统计上报方法

在我国，涉灾管理部门主要是利用基层统计上报灾情的方法，掌握各类自然灾害详细的损失情况。根据业务需要，各部门均制定了具体的灾情统计方法和规范，在很大程度上促进了灾情统计工作的标准化和规范化。

灾情的基层统计上报法中灾情数据的准确性问题是一个突出问题。目前，我国各涉灾部门已经形成了较为稳定的自然灾害灾情统计内容，但各部门间灾害种类划分不统一、灾情统计内容不统一和标准化程度不一的问题仍十分突出，很大程度上影响了灾情统计数据的准确性。

6. 经济学方法

经济学方法主要用于各类自然灾害的直接经济损失核算和间接经济损失估算中，主要内容包括人员伤亡的价值损失、固定（流动）资产损失、停减产损失、产业关联损失、救灾投入等，主要评估方法有成本核算法、影响价格法、边际成本法。

从方法的原理来说，上述 6 种方法可分为三大类：①包括基于历史灾情统计资料的评估方法和基于承灾体易损性的评估方法；②包括现场抽样调查统计方法、遥感图像或航片识别法以及基层统计上报方法；③经济学方法。由于不同阶段的需求不同，以及可采用技术方法手段的局限性，以上方法的综合是重要发展方向之一。

### 8.5.2　减灾对策方法

#### 8.5.2.1　减灾基本工作程序与任务

初步把水库致灾应急响应技术支撑工作即减灾对策程序划分为 8 个阶段，即响应启动、调查评价、监测预警、会商定性、防控论证、决策指挥、实施检验和总结完善，见图 8.3。

（1）响应启动，接报/收报按应急预案要求的程序逐级报送，随时关注互联网社会舆论和新闻媒体发布的讯息，并及时下达国家管理机构的指令、指示或明电等。值班人员信息查询，技术人员到位，装备调集，智能系统准备，专

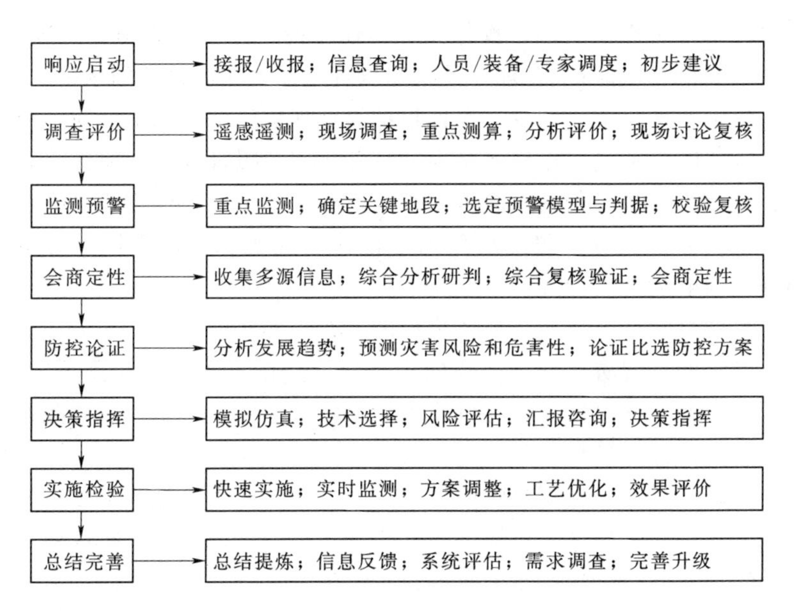


图 8.3 水库致灾应急响应技术支撑

家遴选与集结。确定响应级别后，立即进入防灾减灾响应程序。一旦接到警报后，应急响应系统包括指挥、测报、专家咨询、远程联络会商、现场指挥、应急物资、医疗救护等按照相应级别应急预案进入动作程序。

（2）调查评价，调查任务是基本查明山洪引发水库致灾的规模、分布、破坏类型及其危害状况，工作方法是在充分收集研究现有资料的基础上，对现场进行全面细致的考察，必要时进行不拘形式的明察暗访。在各种条件允许时，可利用实时RS图像、GPS定位、全站仪、探地雷达、数码摄像、高倍数望远镜、激光扫描系统、快速物探技术、轻遥飞机等取得地质体的表面特征(DEM)、空间结构、环境要素等资料。

（3）监测预警，掌握水库致灾后灾害部分的动态与发展趋势，判断水库的稳定状态，灾情的大小，新隐患的位置、危害范围及可能发生时间，为会商定性、处置方案论证和紧急避险提供依据。工作方法采用人工测量与GPS定位、全站仪和激光测距仪相结合。

（4）会商定性，为确定减灾方案和致灾责任提供依据。工作任务是根据调查和监测资料的全面分析论证，判定提出的水库致灾成因机制，包括水库险情或灾情的形成原因。工作方法是现场检查和会议会商相结合。条件允许时可能开通远程传输会商系统，以便听取更多专家的意见，使结论尽可能准确，经得起历史检验。

（5）防控论证，比选提出依据科学、技术可行和经济合理的工程控制方案。“科学”是指应急方案针对险情或灾情的成因机理“对症下药”；“可行”

是指工程技术方法比较成熟，操作流程简便易行，减灾成效显著，便于监测、检测且施工安全有保证；“合理”是指应急资金投入在可接受的水平。

(6) 决策指挥，统一调度，保证报批等管理程序到位和落实应急资金、队伍、技术装备的配备。工作任务是根据应急响应的报批程序，应急指挥机构及时会商相应层级的政府负责人决策批准水库致灾结论。工作方式是应急指挥部和领导小组联络会议等，包括启用卫星传输远程实时会商系统、海事卫星电话、网络传输电话、电传等。

(7) 实施检验，工作任务是按决策的方案立即实施，保证把握应急响应的最佳时机，争取实现防灾减灾效益的最大化。工作方法是调动民兵应急分队、武警部队或专业工程单位实行连续作战、人停机不停，直至控制住险情或达到预期应急响应目标。

(8) 总结完善，一次应急响应结束后，在技术层面总结水库致灾发生的原因、引发因素、产生机理、所属类型、模型、智能系统决策支持成效、经验与教训等。一方面为后续的正常防灾减灾工程提供依据，另一方面为完善减灾规划、评估改进应急预案等提供参考。

以上8个阶段的目的、任务和工作方法是互为联系又彼此相对独立的，有时根据具体灾害事件的情况表现为相互交叉、相互合并，甚至某些环节非常突出，成为重中之重，而另一些环节则不明显，甚至不出现。

#### 8.5.2.2　应急平台

应急平台是支撑日常备灾减灾的基础。它包括基础平台（网络体系、远程视频会商系统和应急信息系统）、应用系统（应急值守、决策支持、预案管理、资源调度、信息处理分析及发布系统）和互联互通体系。

应急基础平台是基于信息技术、信息系统（GIS地理信息系统、GPS全球定位系统、RS遥感遥测系统、电视会议系统等）和水库应急信息资源的多网整合，软硬件结合的应急保障技术系统。

应急信息系统是整个水库减灾体系建设中的核心，是实现日常管理和突发事件应急响应支撑的根本。系统的信息链是连接各项应急活动的纽带，对不同阶段的应急管理提供快速、高效和安全的保障、应急管理的各个阶段根据事件类型设定功能需求。通过公共卫星主站形成多媒体通信、数据自动采集和传输、数据管理和综合分析处理等，服务于水库致灾应急管理全过程。

应急平台应用系统包括应急值守管理系统、数据处理及发布系统、应急资源管理系统、模型分析、数据维护更新系统等。系统采用对象关系数据模型管理综合数据，充分利用RDBMS数据管理的功能，通过SQL语言对空间和非空间数据进行操作，同时利用关系数据库的数据管理、事务管理、记录锁定、并发控制、数据仓库等功能，完成空间数据与非空间数据一体化集成管理。利用成熟的地理信息系统平台，开发 GIS－Web 服务引擎支持各类子系统和不同功能的空间数据库管理、基础图件的操作和展示，并通过网络系统发布空间数据。以地理可拓展标识语言（Geo－XML）为桥梁，实现基于 Web 的空间信息/非空间信息一体化管理、查询、分析、专题制图等服务。

为了实现各级各类应急管理和指挥机构之间的信息共享，需要通过制定信息共享标准规范、开发信息中间件等，以便应急平台之间实时、快速地进行信息系统对接，实现应急平台与水利厅局及相关机构的互联互通，形成水库灾害应急网络系统和通信系统。

### 8.5.3 防御应急预案

水库大坝风险评估、水库大坝安全管理应急预案、水库应急调度等非工程措施已逐步成为降低和控制水库大坝风险的方法和途径，近年来《水库大坝安全管理应急预案编制导则（试行）》《水库调度方案编制导则》等规范导则相继颁布实施，水库大坝的安全管理正逐步从传统的“工程安全管理”向“工程风险管理”理念转化。

同时在山洪灾害防治的非工程措施主要涵盖的监测系统、监测预警平台、预警系统和群测群防等 4 方面内容中，目前国家和地方的主要投入与精力聚焦于监测设备、预警系统等硬件、软件建设上，而对如何通过具有可操作性的应急预案降低山洪灾害导致的安全风险尚处在起步阶段。2014 年水利部发布了《山洪灾害防御预案编制导则》（SL 666—2014），该导则概化规定了山洪灾害防御预案的基本框架。目前在县级非工程措施实施中，能够按照该导则制定行之有效的山洪灾害防御预案的防治县并不多见。与《水库大坝安全管理应急预案编制导则（试行）》相比，两者在编制思路上有诸多共通、相似之处，但 SL 666—2014 中未给出山洪灾害的分级标准和预警级别划分标准，这给地方水利部门在应急预案编制和实际操作中带来了不小的困难。

因此利用山洪易发区水库工程风险管理所积累的经验是有效提高山洪灾害防治县应急预案可操作性的有效途径。特别是应在山洪灾害防御预案编制过程中充分考虑大坝安全管理应急预案中的有关内容，如可通过《水库大坝安全管理应急预案编制导则（试行）》中根据生命损失或社会环境影响确定山洪灾害分级标准（表 8.10 和表 8.11），以表 8.12 初估预警级别，进而充分发挥山洪灾害防治监测预警系统等非工程措施的减灾效益。

**表 8.10　　按生命损失分级标准**

| 事件严重性（级别） | 特别重大（Ⅰ级） | 重大（Ⅱ级） | 较大（Ⅲ级） | 一般（Ⅳ级） |
|---|---|---|---|---|
| 生命损失 L/人 | $L \geqslant 50$ | $10 \leqslant L < 50$ | $3 \leqslant L < 10$ | $L < 3$ |

**表 8.11 按社会环境影响分级标准**

| 社会环境类别 | 特别重大（Ⅰ级） | 重大（Ⅱ级） | 较大（Ⅲ级） | 一般（Ⅳ级） |
|---|---|---|---|---|
| 风险人口/人 | ＞106 | 104～106（含） | 102～104（含） | ≤102 |
| 城镇 | 首都、省会、直辖市 | 地级、县级市府或城区 | 乡镇政府所在地 | 乡村和散户 |
| 重要设施 | 国家重要交通、输电、油气干线及厂矿企业和军事设施 | 省级重要交通、输电、油气干线及厂矿企业 | 市级重要交通、输电、油气干线及厂矿企业 | 一般性 |
| 文物古迹艺术珍品 | 世界级文化遗产和艺术珍品 | 国家级重点文物保护古迹、艺术珍品 | 省市级重点保护文物古迹、艺术珍品 | 县级文物古迹、艺术珍品 |
| 河道形态 | 大江大河改道 | 一般河流改道、大江大河遭受严重破坏 | 一般河流遭受严重破坏、大江大河遭受一般性破坏 | 一般河流遭受一定破坏 |
| 生物及生长栖息地 | 世界级濒临灭绝动植物及其栖息地丧失 | 稀有动植物及其栖息地丧失 | 较珍贵动植物及其栖息地丧失 | 有一定价值的动植物及其栖息地丧失 |
| 人文景观 | 世界级人文景观遭破坏 | 国家级人文景观遭破坏 | 省级人文景观遭破坏 | 自然景观遭轻微破坏 |
| 工业污染 | 剧毒化工厂、核电站、核储库 | 大规模化工厂、农药厂和污染源 | 较大规模化工厂、农药厂和污染源 | 一般性化工厂、农药厂和污染源 |

**表 8.12 预警级别划分标准**

| 事件严重性（级别） | 特别重大（Ⅰ级） | 重大（Ⅱ级） | 较大（Ⅲ级） | 一般（Ⅳ级） |
|---|---|---|---|---|
| 预警级别 | Ⅰ级 | Ⅱ级 | Ⅲ级 | Ⅳ级 |
| 预警级别标识 | 红色 | 橙色 | 黄色 | 蓝色 |

### 8.5.4 应急管理措施

1. 完善山洪灾害应急管理法制，强化安全管理责任

首先，对我国的法律法规体系进行完善，才能实现应急管理工作的法治化，因此，我们特别要注意完善山洪灾害的各级应急预案，将应急管理进一步细化到应急预案之中。要结合山洪易发区的实际情况来编制应急预案，以便更好地发挥应急预案的指导作用。强化山洪易发区水库工程安全责任制，以及水库工程的防汛安全责任制，逐库落实管护人员，强化管理责任制的监管力度。

责任人要严格履行职责，切实承担起工程日常管护任务。

2. 完善山洪灾害应急监测能力建设

由于山洪灾害突发性强，成灾速度快，灾区多为交通不便，经济落后，通信不畅，人口分散的山区。因此，加强山区的通信报警系统以及一些测报监测预警系统和反馈系统的建设，及时准确地预报山洪易发区灾害的发生和发展，为山洪易发区灾害的防御和治理提供可靠的技术支撑，有利于及早防治，减轻灾害损失。另外尽快制定统一的监测技术规范，该技术规范中应包括布点、采样、分析、数据处理、气象监测等应急监测的各个方面；加大对应急监测能力建设的投入，在重点流域安装在线自动监测仪器设备，并实现测定数据的网络传输，购买应急监测仪器及装备，建立移动式监测系统；制定完善的应急监测预案；加强对山洪隐患的调查摸底，建立山洪灾害源应急监测系统数据库，为应急监测工作提供可靠翔实的基础数据。

3. 提升山洪易发区水库大坝自身应急救援能力

(1) 加强山洪易发区水库基础设施建设步伐。山洪易发区大部分属于我国比较贫穷的地区，水库基础设施较差。各级政府要加强通往水库不同等级公路和不同交通设施建设；同时整合水库上各种通信设施，加强通信基础设施建设。

(2) 加强山洪易发区水库基础设施恢复力建设。在当地政府支持下，水库管理单位科学配置恢复基础设施功能的资源，主要包括工程建设人力资源和工程建设设备。也要建立应急联动机制，高效整合跨地区恢复基础设施功能的资源。

(3) 加强特种装备器材建设和配备。积极争取各级政府的财政支持，逐年加大抢险装备配备量，逐步配备必要的适应山洪易发区的抢险车和施工特种车辆等装备器材。

(4) 健全山洪易发区应急抢险联合一体化协同体系。各单位、各部门要制定参加山洪救灾应急救援工作规则、职责及应急预案，适时进行演练，积极争取社会各有关部门的大力支持和积极配合，从而健全山洪易发区水库大坝应急抢险联合一体化协同体系。

4. 科学制订山洪易发区防灾预案

我国国土面积辽阔，地质气候等自然条件复杂，对不同区域自然环境条件应进行差别对待，充分认识各特定区域的特殊性。就山洪易发区，针对其特殊的环境，编辑山洪易发区水库大坝应急预案应具有专门的针对性。应急预案编制与实施和实际情况出入越小，则其可操作性越强。如山洪易发区水库出险后，应急程序不能及时启动，直接影响应急处置工作的快速决策，很多资源都不能快速服务于应急处置工作。现有的应急预案大多不仅考虑山洪灾害对水库大坝安全性影响问题，也要考虑各种应急状态下不确定性因素的应对措施，如信息的传递、除险物资的到位、相应工程风险应急评估等，从而要加强山洪易发区水库大坝应急预案的操作性。

5. 强化山洪易发区应急预案体系建设

强化山洪易发区应急预案体系建设。制定山洪易发区水库大坝对山洪的应急预案三制（应急预案，应急处置的体制、机制和法制）的要求，规范各种部门已制订的应急预案，对不符合应急处置与抢险实际的体制、机制进行调整，推动应急预案的规范化。加快应急预案的公开化，按照政府信息公开法律法规的要求，公开应急预案，让民众充分的了解。

6. 加强对山洪易发区的地质勘查分析

加强对山洪易发区的水文、地形、地质、建筑材料的调查分析与勘测勘探试验工作，这是保证山洪易发区水库大坝安全的基础与前提。山洪易发区水库要认真细致地做勘察设计，进行水文资料分析和洪水分析，清楚地了解地质情况；设计的大坝、输水建筑物或溢洪道，要有明确的工程质量标准（例如坝体料的干密度与含水量，混凝土强度要求等），要有明确的水库运行水位特征值与防洪要求。只有这样才能指出设计质量的好坏，才能够保证山洪易发区水库的安全。

7. 严格建设程序，严把施工质量

严格建设程序，严把大坝施工质量，是保证山洪易发区水库大坝安全运行的重要条件。从一些溃坝事件中可以看出，大部分是由于大坝质量存在一些缺陷。如坝体填筑土体的压实度达不到规范标准，质量检验资料和成果不完善甚至没有，对坝肩与近岸边坡的结合处没有很好地处理，坝基清理不够彻底，建筑材料的选料达不到规范要求，施工过程不能按照规范进行施工，达不到建筑物所要求的强度，施工技术人员素质不高，对一些施工技术、制作工艺不熟练，导致构件的尺寸错误，制作的比较粗糙。对近一段时间发生的溃坝事件的原因总结，坚持实行建设项目法人责任制、加强施工的管理、实行施工招投标制、加强施工监理的管理制度，从而有效地提高了工程质量。

## 8.6　山洪易发区水库减灾业务流程

山洪易发区水库减灾主要围绕水库致灾的监测、水库致灾的预测以及水库致灾以后应急处理三个方面开展，建立灾害数据收集、灾害数据的分析和灾害数据传送一体化的预警和应急系统。根据水库致灾危害级别以及危害范围的不同及时选择预警区域和预警方式，保证山洪易发区水库致灾预警信息能够快速、准确地传达到受灾地区或影响地区，对于山洪易发区水库减灾部门科学、

快速、准确、实时地作出预警发布、应急响应及减灾措施的决策安排，能够将受灾区损失降低到最低化。

### 8.6.1 水库致灾监测预警流程

水库致灾防御系统根据需要分别设置县级、市级和乡镇级指挥部门，县级指挥部门下设各水库分级预警决策机构，分别由市级防御预警系统收集预警基础信息，进行数据处理后整理成统计和预警信息并发布，传达给县级指挥部，然后由县级指挥部再依次向乡镇和水库传递信息。在特殊情况下，县级组织可以直接向水库传达水库致灾预报，以实现信息的快速传达。水库致灾监测预警业务流程见图8.4。

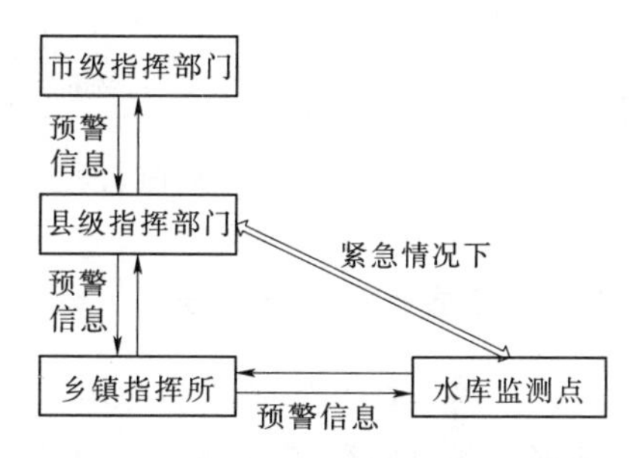


图8.4 水库致灾监测预警业务流程

### 8.6.2 群测群防预警业务流程

群测群防预警工作流程首先需要获取山洪易发区水库致灾预测的基础数据信息，需要以各水库设置灾害监测点，各监测点工作人员根据监测数据，利用山洪易发区水库致灾预测技术进行水库致灾的预警，同时把预警信息通过网络上报给上级单位并逐级汇总。县级指挥中心汇总各水库监测点的预警信息后，上报并逐级发布预警信息。群测群防预警业务流程见图8.5。

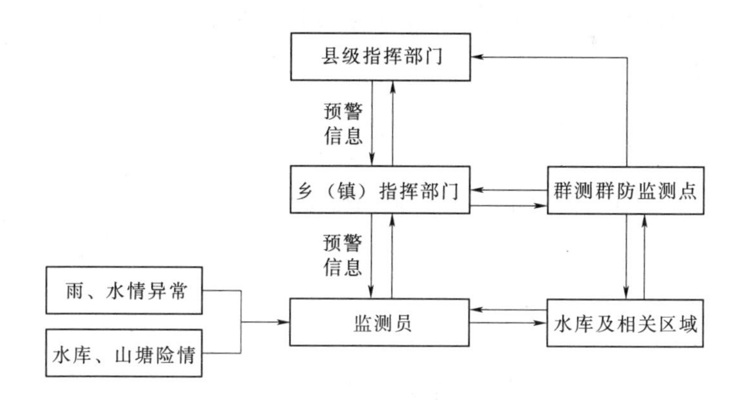


图8.5 群测群防预警业务流程

### 8.6.3 预警信息发布业务流程

预警信息发布包括对内部工作人员信息发布和对社会公众的预警信息发布。系统预测到山洪易发区水库致灾的信息以后，会在水库致灾的区域闪烁提示，工作人员看到提示后，核对预警信息后请示指挥部做出预警区域和预警级别的决策，然后通过系统发布向下级发布信息，同时负责接收灾害上报信息。预警发布可以通过网络进行信息的快速传递，在网络中断的情况下，也可采用无网络的短信和电话发布预警信息，两种预警信息都可以保证预警预报信息的及时传递和发布。预警信息发布流程见图8.6。

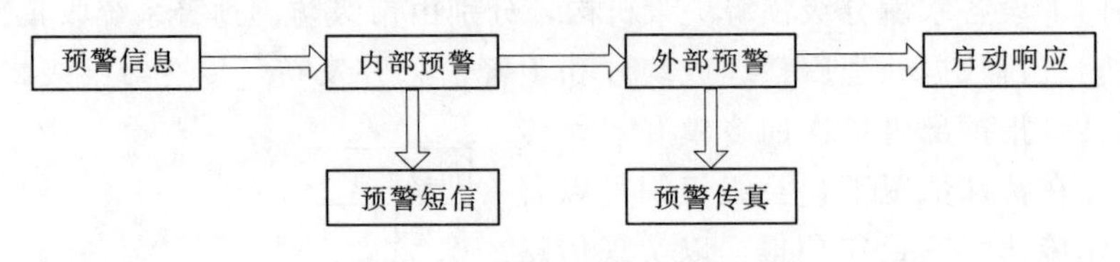


图8.6 预警信息发布流程图

### 8.6.4 应急响应业务流程

山洪易发区水库致灾应急响应体系主要包括预警指标体系，水库致灾信息的预警，各级防御指挥部门的应急响应措施。当出现山洪灾害时，指挥部门根据所收集到的各类信息，确定预警级别，通过各种预警手段向辖区内的公众进行预警。通过预警应急响应体系，确保山洪引发的水库致灾信息及时准确传达到位，减少人员伤亡和财产损失。山洪易发区水库致灾预警信息出现新的预警以后，工作人员首先请示指挥部作出预警级别和范围部署，然后对下级和社会公众发布预警信息，下级机构启动应急响应程序，采取应急响应措施，反馈应急响应结果，最后预警反应结束。山洪易发区水库致灾预警应急响应流程见图8.7。

图8.7 山洪易发区水库致灾预警应急响应流程

## 8.7 本章小结

通过省级或地市级水利部门的合理组织调配和人员优化，以山洪易发区的水库工程为“支点”，再将县级非工程措施的雨量、水位等测点网格化处理，建立了基于水库工程的山洪灾害非工程措施网格化管理与应急响应机制，聚焦日常管理和灾时响应两个时段，划分设备管理和信息融合两个层次，充分发挥水库工程现有管理体制优势。通过网格化管理理念实现山洪灾害县级非工程措施的精细化管理，同时通过建立山洪灾害防治非工程措施与水库工程监测预警系统的信息融合与协调联动模式，实现了山洪易发区水库致灾的快速响应，为后续采取必要合适的减灾手段提供依据。结合水库险情判别和分类方法，开展了山洪易发区水库险情现场调查，有针对性地采取相应的减灾措施，并应用提供的山洪易发区水库减灾相关业务流程实现水库致灾的快速响应与减灾措施，充分有效利用网格化管理提高管理效率，降低灾害对山洪易发区造成的影响。

## 参考文献


[1] 杨婷．我国突发灾害应急响应机制存在的问题及对策 [J]. 西安社会科学，2009，27 (5)：68-70.

[2] 刘传正，陈红旗，韩冰，等．重大地质灾害应急响应技术支撑体系研究 [J]. 地质通报，2010，29 (1)：147-156.

[3] 袁艺．自然灾害灾情评估研究与实践进展 [J]. 地球科学进展，2010，25 (1)：22-32.

[4] 宛天巍，王浣尘，马德秀．网格化管理原则及网格结构模型研究 [J]. 情报科学，2007，25 (3)：456-461.

[5] 孙柏瑛，于扬铭．网格化管理模式再审视 [J]. 南京社会科学，2015 (4)：65-71，79.

[6] 丁娇．山洪灾害监测预警管理系统设计与实现 [D]. 济南：山东大学，2012.

[7] 王毅，刘洪伟，刘舒，等．网格化管理在城市防汛减灾中的应用研究 [J]. 北京水务，2011 (3)：879-884.

[8] 李茂华，朱爱林．水库震害险情与震损特点分析 [J]. 人民长江，2008，39 (22)：19-20.

[9] 王良．小型水库土石坝险情划分及差别方法探讨 [J]. 人民黄河，2010，32 (3)：94-95.

[10] 柳景华，杨火平．震损水库险情判别标准及方法的初步探讨 [J]. 人民长江，2008，39 (22)：21-22.

[11] 孙菲菲．中小型水库震损险情综合评价指标体系研究 [D]. 沈阳：沈阳农业大学，2013.

[12] 张建云，杨正华，蒋金平，等．水库大坝病险和溃坝研究与警示 [M]. 北京：科学出版社，2014.

[13] 喻蔚然，魏迎奇．震损水库应急抢险风险决策和技术 [J]. 中国水利水电科学研究院学报，2013，11 (1)：70-73，80.

[14] 全国山洪灾害防治项目组．全国中小河流治理和病险水库除险加固、山洪地质灾害防御和综合治理总体规划 [R]. 北京，2012.

[15] 潘海平．土石坝险情划分及判别方法探讨 [J]. 中国农村水利水电，2013 (8)，100-103，107.

# 第 9 章　山洪易发区水库致灾预警及减灾集成与应用

## 9.1　山洪易发区水库致灾预警与减灾决策支持系统

山洪易发区水库致灾预警与减灾决策支持系统结合现有电子、电信、传感器和计算机等多学科的有关最新成果，融入多源数据通信技术、洪水预报分析模型、大坝安全评价研究、水库溃坝洪水仿真等最新成果。该系统能够实时采集山洪易发区水库大坝多种类型的关键信息，分析及预测山洪易发区山洪灾变演进过程中相关特征量的准确数值，对大坝安全进行实时分析评价，对可能出现的险情进行预警，为制订有效的应急处置方案、规划安全的避难场所、选择合理的撤退路线等提供辅助支持。

### 9.1.1　系统总体结构

山洪易发区水库致灾预警与减灾决策支持系统综合水库致灾因素挖掘与致灾模式分析、山洪易发区水库大坝脆弱性分析、小流域突发洪水监测与预报研究、水库灾变特征与灾害仿真分析、水库及近坝岸坡安全监控与预警研究、山洪易发区水库致灾快速响应与减灾对策研究的多项研究成果，应用于山洪灾害防治区的水库致灾预警与减灾决策支持，系统分为小流域水雨情监测、水库大坝安全监测、小流域突发洪水预报、水库大坝安全评价分析、水库致灾仿真分析、水库致灾监控与预警、水库致灾快速响应与减灾等多个子部分。其系统结构见图 9.1。

整个系统着眼于水库安全，首先提出水库致灾因素挖掘与致灾模式分析，将山洪易发区水库工程视为承灾体，同时也是致灾体，研究山洪灾害的特征、致灾机理和致灾因素。其分析了山洪灾害的区域分布特点，研究了山洪、水库淤积、库岸滑坡、坝体失稳、地质等因素对水库造成的影响，分析了我国中小型水库溃坝特征和溃决原因，提出了山洪易发区水库致灾的各种模式，以及灾害链的形成与发展。

在水库致灾因素挖掘与致灾模式分析的基础上，从水库大坝脆弱的角度，进一步将影响因素分为水库大坝内在脆弱性和外生脆弱性因素，分析研究各种脆弱性因素与水库大坝的响应机制，分析和挖掘水库大坝脆弱性触发的驱动力

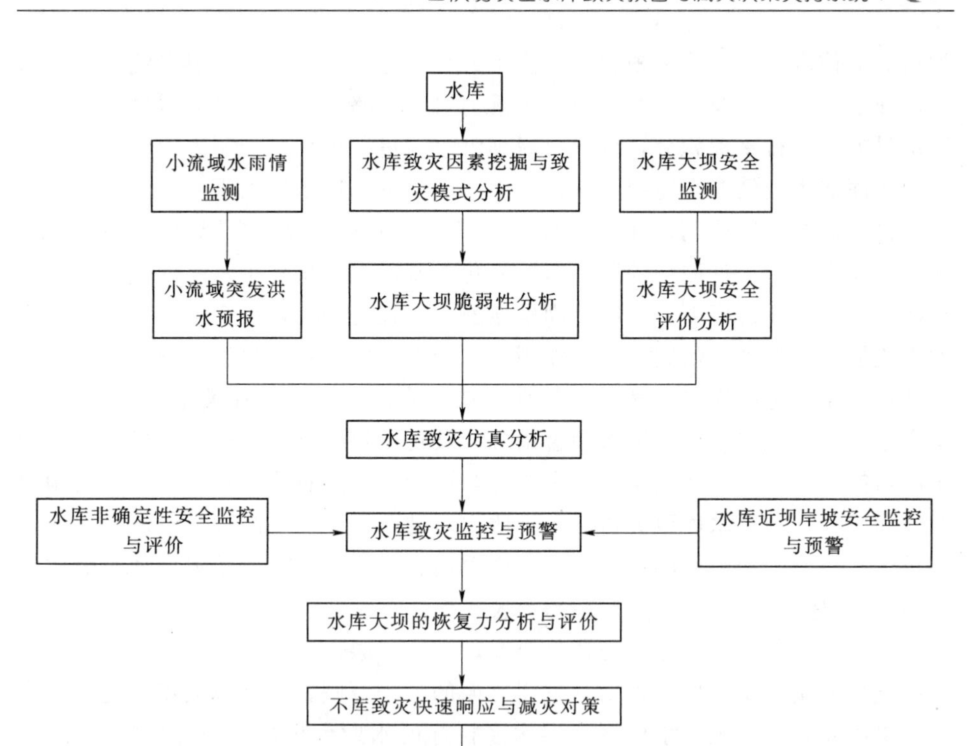


图 9.1 山洪易发区水库致灾预警与减灾决策支持系统结构图

因子，建立符合水库大坝及其脆弱性特性的脆弱性评价指标体系。

小流域突发洪水监测技术研究，针对小流域洪水的降雨集中、区域明显、成灾迅速、时空分布特性复杂等特点，研究小流域监测站网布设、水雨情监测系统及监测方法，通过采集山洪易发区小流域降雨、河道流量等水情信息，为小流域突发洪水预报提供基础数据。小流域突发洪水预报引入人工神经网络（ANN）、支持向量机（SVR）和高斯过程回归（GP）等机器学习算法，建立了多种流域突发性洪水预报的数据驱动模型，引入贝叶斯模型平均方法，建立若干个有足够多样性的模型样本集，对多个模型结果进行融合，提取各种洪水预报模型的优势，最终实现小流域突发性洪水预报的修正融合预报分析。水库大坝安全监测部分，通过采集山洪易发区水库大坝环境量、变形、渗流、应力应变等监测信息，为水库大坝的安全评价分析提供基础数据。实现水库大坝安全评价分析。

在综合小流域区域降雨，洪水径流量，水库水位，大坝变形、渗流、应力应变及大坝脆弱性等特征信息的基础上，水库灾变预估与灾害仿真分析，研究了由超泄洪水导致的下游淹没和由坝体失稳导致的大坝溃决及其引起的下游淹没情况的仿真分析。研究根据二维浅水方程，考虑不可压缩、恒温流体，并假设加速度垂直分量及流体黏性力和科氏力可以忽略不计，通过对质量守恒方程和动量方程进行水深积分，推导出溃坝洪水演进数值模拟控制方程。

水库非确定性安全监控与评价，提出山洪易发区水库大坝安全影响因素综合评价指标的选取原则，并建立水库大坝安全影响因素的多层次评价指标集；在基于模糊集值统计原理的定性指标量化的基础上，构建了水库大坝安全的多层次模糊综合评价模型。水库近坝岸坡安全监控与预警，结合山洪易发区近坝库岸边坡滑坡特点，研究多因素作用引起的近坝库岸边坡滑坡，分析降雨与边坡冲刷作用下近坝库岸边坡滑坡特性，选取降雨量、变形和坡角为预警指标，拟定了降雨量预警指标、变形预警指标和坡角预警指标，实现水库近坝岸坡稳定的监控预警。水库非确定性安全监控与评价、水库近坝岸坡安全监控与预警两方面研究，结合水库致灾仿真分析研究，结合了小流域降雨、径流，水库大坝及库岸边坡的变形、渗流、应力应变等信息，集成了水库致灾多种有效监控指标，综合形成了水库致灾监控与预警整个过程。

水库大坝的恢复力分析与评价研究，主要着眼于水库致灾后的评价分析研究，此部分阐述了水库大坝恢复重建遵循的三个原则，从水库大坝恢复力的影响因素出发，建立极端事件下多层次多目标的水库大坝恢复力评价指标体系，采用模糊聚类和综合分析的方法分别对水库大坝进行分区和定量评价，研究了水库大坝恢复力评级等级标准划分及其赋值评分的确定方法，为水库大坝恢复量化评价的实现提供了技术支持和理论基础。

在研究水库大坝灾后恢复力的基础上，引入网格化管理理念，研究山洪灾害县级非工程措施的精细化管理，通过建立山洪灾害防治非工程措施与水库工程监测预警系统的信息融合与协调联动模式，实现山洪易发区水库致灾的快速响应，为后续采取必要合适的减灾手段提供依据。

### 9.1.2　系统总体功能

山洪易发区水库致灾预警与减灾决策支持系统包括：小流域水雨情与水库大坝监测系统、小流域突发洪水预报系统、水库致灾仿真与分析系统、水库致灾预警系统、灾害应急减灾决策支持系统，共五个子系统组成，五个系统相结合实现水库大坝监测数据采集、流域洪水预报、水库安全评价预警、水库致灾仿真、水库安全应急决策等多种功能。

#### 9.1.2.1　小流域水雨情与水库大坝监测系统

系统通过水雨情监测站网布设、大坝工情监测布置，各类监测信息采集、信息传输、通信组网、自动化分析系统以及相应的基础设施和设备配置，以实现山洪易发区雨量、流量和大坝变形、渗流、水位等信息的监测、

采集、整编和分析的目的。建设小流域水雨情与水库大坝监测系统，扩大了山洪灾害易发区水雨情及大坝工情收集的信息量，提高了水雨情信息的收集时效和大坝安全监测的可靠性，为山洪易发区水库安全监测与预警工作提供准确的基本信息。

1. 小流域水雨情监测

由于山洪易发区主要分布在我国的高山、丘陵地区，受山区局地小气候影响，降雨时空分布极不均匀，所以山洪易发区水雨情监测有别于大江大河的水雨情监测，其监测站密度大，预报作业时间短、精度高。因此，本书的水雨情监测站是在深入研究小流域现有的气象及水文站网特征的基础上，充分考虑小流域的地理地质条件、受山洪灾害威胁的程度，以及暴雨分布特点，合理布设监测站网。选用的监测方法、技术、设备，注重实用、可靠、自动化，符合山洪易发区水库安全监测与预警的实际需求。人工监测与自动监测相结合，根据山洪灾害发生点多面广的特点，通信条件好的地方建设自动监测站，通信差的偏远自然村建设适量的简易监测站。

小流域水雨情监测主要通过布设雨量站和水位站，实现降雨量信息和河道水位、流量等信息的监测。按实际需要，水位站可兼测雨量信息。根据水库大坝的实际需要和流域内各地的建站条件，考虑山洪灾害威胁区地形地貌复杂、降雨分布不均、群众居住分散、地方经济发展不均衡等实际情况，水情监测站可建成简易站和自动站相结合，通过 GPRS、超短波等多种通信方式发送至中心站监测计算机。

2. 水库大坝工情监测

水库大坝工情监测主要是用于获得及时准确的大坝安全监测资料，监视大坝在运行期间的安全状况，为山洪易发区水库致灾的安全评价和预警工作提供科学的数据依据，是本书必不可少的重要环节。

根据山洪易发区水库大坝工情监测目的，系统实现的主要监测项目包括：变形、渗流、压力、应力应变、水力学及环境量等。其中变形和渗流监测作为最为重要的监测项目，因为这些监测量直观可靠，可基本反映在各种荷载作用下的大坝安全性态。同时，应力应变监测能够反映大坝的内部性态，在有条件的前提下，进行监测也是比较重要的。其中，变形监测包括：表面变形、内部变形、坝基变形、裂缝及接缝、库岸边坡位移等；渗流监测包括：坝体渗流、坝基渗流、绕坝渗流、渗流量等。考虑小流域大坝坝型、输泄水建筑物及库岸边坡地质条件，针对不同的小流域水库大坝，实现压力监测（对孔隙水压力、扬压力、土压力和接触土压力）、应力应变及温度监测包括混凝土应力、应变、锚杆（锚索）应力、钢筋应力、钢板应力、基岩应变及温度场监测）、水力学监测和地震监测。

#### 9.1.2.2　小流域突发洪水预报系统

小流域突发洪水预报系统的建设是本书的重要内容之一，能够直接为洪水预报、水库致灾仿真分析服务。系统核心是突发性洪水预报方法，在合理的预报方法和模型基础上，洪水预报子系统能够根据突发洪水形成和运动的规律，利用过去和实时水文气象资料，对未来一定时段的洪水发展情况进行预测，得到最高洪峰水位（或流量）、洪峰出现时间、洪水涨落过程、洪水总量等信息。

系统融合多种最新水文预报分析方法，实现小流域突发性洪水预报的综合分析。其功能包括水情信息采集和管理、洪水预报分析、综合信息查询和数据库管理等部分。

（1）水情信息采集和管理。采集和管理水库所属流域内的雨量、水位、气温等实时监测数据，查询各个水文站点的详细情况。

（2）多模型洪水预报分析。针对水库流域特征，融入多种水文分析预报模型，基于实时水文气象资料，预测未来一定时段内流域洪水发展情况，得到最高洪峰水位（或流量）、洪峰出现时间、洪水涨落过程、洪水总量等预报信息，同时得到多模型对比及综合分析结果。

（3）综合信息查询。依据站点位置、类型，查询各个监测站点当日及历史数据，获得Excel数据、图形、过程线及报表的输出。

（4）数据库管理。查询、存储、修改和存取数据库中的信息，保证数据库系统的正常运行和服务质量。

#### 9.1.2.3　水库致灾仿真与分析系统

水库致灾仿真与分析系统是以实现小流域水库溃坝等诱发的下游洪水演进仿真分析为目的，为山洪易发区水库致灾快速预警、应急响应提供判断依据，为实现洪水灾害评估提供准确的灾情数据。

其功能包括：针对不同高程坝前水位，计算不同工况下水库漫坝洪水、溃坝洪水及水库超泄洪水的仿真分析及水库下游洪水灾害仿真分析等功能。在获得坝前不同高程水位的条件下，对洪水演进过程进行仿真，计算洪水演进过程中河道沿程各处的流量、水位、流速波前和洪峰到达的时间等，得到淹没区的淹没范围和水深分布。

#### 9.1.2.4　水库致灾预警系统

要实现山洪易发区水库大坝的安全评价与预警，需要建立大坝安全诊断指标，并基于多种诊断方法对大坝运行性态进行诊断分析和评价。系统的核心是分析与评价技术，首先需要对采集得到的大坝原型监测资料应用数学、统计学、力学等学科方法，建立关于大坝各种效应量（如变形、渗流、应力等）的分析模型，从而分析大坝运行性态。在此基础上，结合气象、水情及地质灾害监测信息和水库致灾仿真分析结果，建立预警指标，通过预警数据处理、警情分析、警情发布，实现水库致灾的实时预警目标。

系统功能包括：监测系统和数据管理、监测数据分析与评价、监控及预警等功能。

（1）监测系统和数据管理，用于监测项目管理、测点管理，并提供监测数据录入及修改、监测数据自动化定时录入、监测数据查询及输出、监测数据特征值统计等功能。

（2）监测数据分析与评价，选择多种分析评价方法，基于大坝实测数据，对大坝安全进行实时分析与评价。

（3）监控及预警，包含预警数据处理、预警指标拟定、监控预警等几大功能。其中，预警数据处理用于对相关的预警信息进行从输入到输出进行一系列的处理，包括对流域水情信息及大坝监测数据的输入、查询、特征值统计以及输出等操作；预警指标拟定用于对触发山洪灾害的雨水情临界值、流域地质滑坡泥石流等灾害的监测值、大坝在极端荷载条件下的变形及渗流值等信息的指标拟定。监控预警依据已有的监控指标，分析评价工程安全状况，对异常状况进行实时预警。

#### 9.1.2.5 灾害应急减灾决策支持系统

灾害应急减灾决策支持系统，基于水库大坝安全管理应急预案，融合水情、雨情、气象、工情、灾情等防汛信息，能够对水库大坝突发安全事件的发展趋势进行预测和评价，对水库大坝应急预案的运行进行辅助管理，实现应急处置的综合辅助分析决策。

应急预案是为在水库大坝发生突发安全事件时避免或减少损失而预先制订的方案，是提高水库管理单位及其主管部门应对突发事件能力，降低水库风险的重要非工程措施。预案平时是一个计划，突发事件处置时是行动指南，其主要运行过程包括突发事件的预测预警、预案启动、应急处置、应急结束、善后处理、调查与评估、信息发布等，其中的重点是应急处置。由于水库安全应急处置决策的整个分析过程较为复杂，需要在较短的时间内综合大量信息，进行快速分析，并给出有效地决策结果。完全依靠人的分析是较难完成的，借助现有的高性能计算分析技术和大型数据库，建立水库安全应急处置决策支持子系统，能够有效地为水库安全应急处置决策提供支持，提高水库面对突发安全事件的应急能力，降低突发事件的风险。

水库安全应急处置决策支持子系统针对应急处置的各个过程，辅助实现预案启动、应急处置方案、险情报告、应急调度、应急抢险、应急监测、应急转移、临时安置管理、调查与评估、信息发布等功能。

水库安全应急处置决策支持子系统包含水库安全信息综合管理、险情发展趋势预测及评价、应急预案运行辅助管理及决策支持、灾情险情信息查询及数据库管理等部分。

(1) 水库安全信息综合管理。管理水库应急预案，区域社会资源和国民经济信息，水库大坝实时水情、雨情、工情、气象、灾情信息，大坝运行工作状况监测信息，历次病险处置信息、应急管理物质资源，指挥调度、应急保障、事故抢险、灾害影响区区域机构人员等信息。

(2) 险情发展趋势预测及评价。基于工程安全现状，对水库大坝可能突发事件的风险进行分析。基于险情实时状况，分析预测险情的发展趋势，对险情的可能致灾后果及损失进行评估。将水库大坝突发事件按生命损失、社会环境及经济损失的严重程度分为四级：Ⅰ级（特别重大）、Ⅱ级（重大）、Ⅲ（较大）以及Ⅳ（一般）。

(3) 应急预案运行辅助管理及决策支持。针对应急预案的运行过程，对应急预案启动、应急处置、应急结束及善后处理等过程进行辅助支持管理。其包括：①应急预案启动管理，提供直接启动和会商启动支持，并协调属地政府及应急指挥部的信息沟通；②应急处置决策支持，根据突发事件实时情况提供智能的辅助决策支持，提供指挥调度管理、应急保障管理、事故抢险及灾害影响区域的救灾辅助管理；③指挥调度信息综合发布：协调统一管理政府、水利、急救、交通、卫生、公安、公共事业等多个部门以及相关救助资源（如车辆、物资、人员等），通过短信、语音、视频等方法实现指挥调度信息在各个救灾部门的资源信息共享和调度信息快速发布；④应急结束及善后处理管理，实现事故伤亡信息及事故调查信息的管理。

(4) 灾情险情信息查询。提供水库大坝灾情险情信息、上游地质灾害信息、受灾区灾害信息及历史应急措施等信息的快速查询。

### 9.1.3 系统传输通信方式及数据库结构

考虑到山洪易发区区域地质条件复杂、监测项目多样，山洪易发区水库致灾预警与减灾决策支持系统选取有效的多种数据通信传输方式，并建立适用于多种监测数据及分析方法的数据库结构，实现了数据采集、数据处理、资料管理、资料整编、资料分析、网络管理的可扩展性。

#### 9.1.3.1 系统通信方式

系统通过采集层和控制层获得有效的监测数据，并用于处理层等的分析预警工作，传输层的有效数据传输通信手段是整个系统实时有效运行的必要条件。数据采集及通信传输方式见图9.2。系统传输层可选的通信方式有卫星、超短波（UHF/VHF）、GSM短信、GPRS、双绞线及光纤传输等。卫星通信是利用人造地球卫星作为中继站、转发无线电波实现地球站之间相互通信，其覆盖面大、通信频带宽、组网灵活机动。超短波工作于VHF/UHF频段的信道，其视距传播损耗小，受环境的影响也小，接收信号稳定。但是，由于传播距离较短，一般需要建设中继站进行接力。移动通信目前已覆盖我国很多城镇，目前可利用的服务包括中国移动的 GSM 和中国联通的 CDMA。GPRS 是 GSM 系统的无线分组交换技术，不仅提供点对点、而且提供广域的无限 IP 连接，是一项高速数据处理的技术。GPRS 突出的特点是传输速率高和费用低。

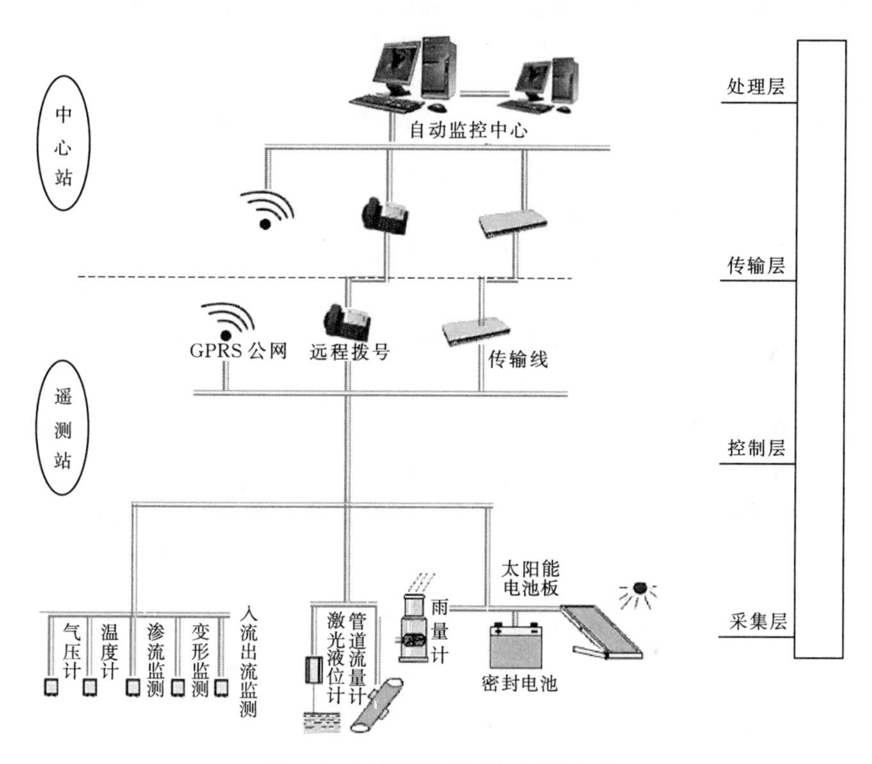


图 9.2 数据采集及通信传输方式

针对不同工程所在流域自然地理情况，结合工程现有通信状况和可利用的通信资源，系统通信方式因地制宜地选用监测站的信息传输通信方式。选用原则为：

(1) 对于有公网覆盖的地区，一般应选用公网进行组网。

(2) 对于公网未能覆盖的丘陵和低山地区，一般宜选用超短波通信方式进行组网。

(3) 对于既无公网，又无条件建超短波的地区，则选用卫星通信方式。

(4) 对于重要监测站且有条件的地区尽量选用两种不同通信方式予以组网，实现互为备份，自动切换的功能，确保信息传输信道的畅通。

(5) 大坝监测系统仍采用 MCU 到监测主机的通信方式，利用双绞线或光纤进行通信。

#### 9.1.3.2 系统网络结构

水库安全监测与预警系统的软件采用三层B/S和C/S混合的系统网络结构。客户端注重用户交互和数据表征，后台数据库完成数据访问和数据管理，应用服务器专门进行业务处理。协调作用构成一个有机的整体。其最大的优点是可以灵活地在客户和服务器之间划分数据和逻辑，并按照客户的需要灵活地修改系统配置，把系统的开发和系统的部署划分开来，提供跨平台、多个异构数据库分布交互的全程保护，同时还具备对分布对象的实时管理和分析功能。

#### 9.1.3.3 系统数据库

数据库是系统的数据源，其软件环境为SQL Server 2005。数据库存储和管理水库大坝及流域的基本数据资料、实时观测数据、系统参数和系统各类分析成果等信息，是整个系统赖以运行的基础。数据库设计包括数据库概念设计、数据库逻辑设计、数据库物理设计、安全管理与性能调优、数据备份与数据恢复等主要内容。系统总体包含三个数据库：数据库（包含监测数据、图形和图像）、模型库（分析模型和算法）、知识库。

1. 数据库

（1）观测站网及测点分布资料。

（2）建筑物、工程部位、观测项目、观测仪器、测点的基本信息及其相互关系。

（3）仪器的埋设参数和特性参数。

（4）系统相关管理操作信息。

（5）环境量数据库：指对观测的效应量有影响的外界条件。其包括水库上游水位、下游水位、气温、水温、降雨量、坝前淤积和流量等信息，主要从气象、水文部门获得。

2. 模型库

（1）水文分析模型：存放水文模型、模型参数及模型分析的结果。

（2）水工水力学分析方法：结构力学、土力学、岩石力学、概率统计等分析方法。

（3）其他分析模型和方法：神经网络及决策树等综合决策分析方法。

3. 知识库

（1）工程档案：包括工程特征资料、工程运行管理资料、工程大事记，声像信息和现场图片，工程出险位置、险情类型、出险程度等，工程抢护措施及其实际效果，以往的安全评估报告，河道和水库工情、地质资料，预报、调度结果及相关会议的现场音视频信息等。通常以多媒体的形式反映，如AutoCAD工程布置图、设计文档和特征报告、图片和照片、视频音频信息。

此类信息从工程的设计单位和管理部门处获得。

（2）流域自然及灾害情况资料：流域内历史山洪灾害情况及典型山洪灾害信息。其包含山洪灾害基本情况信息、历年山洪灾害损失情况统计资料、地质灾害隐患点基本情况资料等信息。

（3）流域社会经济情况资料：区域内行政区划情况、人口数量及分布情况；耕地面积、产业结构、国内生产总值及人均收入等信息。

#### 9.1.3.4 系统数据库表结构设计

数据库中的数据对象按照工程为流域、水库大坝、测点等多个层次。按照《水利信息数据库表结构及标识符编制规范》（SL 478—2010），数据库包含多种数据表，其中小流域代码表、水库基本情况表、雨量监测站基本情况表、水位监测站基本情况表为主要的数据表。

（1）小流域代码表，见表9.1。表标识为 drainage _ code。

**表 9.1　小流域代码表**

| 序号 | 字段名 | 标识符 | 类型及长度 | 有无空值 | 中文计量单位 | 主键 | 索引序号 |
|---|---|---|---|---|---|---|---|
| 1 | 小流域代码 | drnCode | varchar (8) | N | | Y | |
| 2 | 小流域名称 | drnName | varchar (40) | N | | | |

（2）水库基本情况表见表9.2。表标识为 Reservoirs。

**表 9.2　水库基本情况表**

| 序号 | 字段名 | 标识符 | 类型及长度 | 有无空值 | 中文计量单位 | 主键 | 索引序号 |
|---|---|---|---|---|---|---|---|
| 1 | 水库名称代码 | Ennm | char (12) | N | | Y | |
| 2 | 水库所在位置 | dmstatpl | char (40) | | | | |
| 3 | 所在河流 | EnRvnm3 | varchar (40) | | | | |
| 4 | 管理单位 | SupeAdun | varchar (40) | | | | |
| 5 | 建设年份 | Engsdate | int (4) | | | | |
| 6 | 集水面积 | Drbsar | float (8) | | $km^2$ | | |
| 7 | 总库容 | Xhst | float (8) | | 万 $m^3$ | | |
| 8 | 设计洪水位 | Dsfllv | float (8) | | m | | |
| 9 | 正常蓄水位 | Nrwtlv | float (8) | | m | | |
| 10 | 汛限水位 | Flz | float (8) | | m | | |
| 11 | 汛限库容 | Flzst | float (8) | | 万 $m^3$ | | |
| 12 | 坝体类型 | Dmtp | varchar (30) | | | | |
| 13 | 坝长 | Dmtpln | float (8) | | m | | |
| 14 | 坝高 | mxdmhg | float (8) | | m | | |

续表

| 序号 | 字段名 | 标识符 | 类型及长度 | 有无空值 | 中文计量单位 | 主键 | 索引序号 |
|---|---|---|---|---|---|---|---|
| 15 | 坝顶高程 | YhdyDmtpwd | float (8) | | m | | |
| 16 | 设计洪水频率 | FlDS | int (4) | | | | |
| 17 | 溢洪道型式 | dscndtpy | char (40) | | | | |
| 18 | 溢洪道底高程 | inbtcgel | number (8, 3) | | m | | |
| 19 | 溢洪道最大泄量 | mxdsy | number (7, 1) | | $m^3/s$ | | |
| 20 | 校核洪水频率 | FlCh | int (4) | | | | |
| 21 | 现状洪水频率 | FlAc | int (4) | | | | |
| 22 | 设计泄流能力 | XlllDsfllv | float (8) | | | | |
| 23 | 校核泄流能力 | xlllChfllv | float (8) | | | | |
| 24 | 安全泄流能力 | Dwcnstds | float (8) | | | | |
| 25 | 调度主管部门 | Power | varchar (50) | | | | |
| 26 | 近期安全鉴定日期 | Safetm | datetime (8) | | | | |
| 27 | 安全类别 | Safegrade | varchar (10) | | | | |
| 28 | 水库病险情况 | Safefiles | varchar2 () | | | | |
| 29 | 影响社会经济指标 | Dwysqn | varchar2 () | | | | |
| 30 | 预警设施手段 | Xyyjsd | varchar2 () | | | | |
| 31 | 备注 | rm | varchar2 () | | | | |

(3) 雨量监测站基本情况表见表9.3。表标识为 rain _ stcd _ criterion。

**表9.3　　　　雨量监测站基本情况表**

| 序号 | 字段名 | 标识符 | 类型及长度 | 有无空值 | 中文计量单位 | 主键 | 索引序号 |
|---|---|---|---|---|---|---|---|
| 1 | 雨量监测站代码 | stcd | varchar (8) | N | | Y | |
| 2 | 1h 最大雨量 | maxDrp1h | numeric9 (18, 0) | | mm | | |
| 3 | 3h 最大雨量 | maxDrp3h | numeric9 (18, 0) | | mm | | |
| 4 | 6h 最大雨量 | maxDrp6h | numeric9 (18, 0) | | mm | | |
| 5 | 12h 最大雨量 | maxDrp12h | numeric9 (18, 0) | | mm | | |
| 6 | 24h 最大雨量 | maxDrp24h | numeric9 (18, 0) | | mm | | |
| 7 | 1h 最大雨量发生时间 | tm1h | datetime (8) | | | | |
| 8 | 3h 最大雨量发生时间 | Tm3h | datetime (8) | | | | |
| 9 | 6h 最大雨量发生时间 | Tm6h | datetime (8) | | | | |
| 10 | 12h 最大雨量发生时间 | tm12h | datetime (8) | | | | |

续表

| 序号 | 字段名 | 标识符 | 类型及长度 | 有无空值 | 中文计量单位 | 主键 | 索引序号 |
|---|---|---|---|---|---|---|---|
| 11 | 24h最大雨量发生时间 | Tm24h | datetime (8) | | | | |
| 12 | 监测人员姓名 | monitorname | varchar (8) | | | | |
| 13 | 固定电话 | Monitorphoto1 | varchar (16) | | | | |
| 14 | 移动电话 | Monitorphoto2 | varchar (16) | | | | |
| 15 | 备注 | Remark | varchar (200) | | | | |

(4) 水位监测站基本情况表见表9.4。表标识为water _ stcd _ criterion。

**表9.4　　水位监测站基本情况表**

| 序号 | 字段名 | 标识符 | 类型及长度 | 有无空值 | 中文计量单位 | 主键 | 索引序号 |
|---|---|---|---|---|---|---|---|
| 1 | 水位监测站代码 | Stcd | varchar (8) | N | | Y | |
| 2 | 调查最高水位 | Ihz | numeric9 (18, 3) | | m | | |
| 3 | 调查最高水位发生时间 | Ihztime | datetime (8) | | m | | |
| 4 | 实测最高水位 | Thz | numeric9 (18, 3) | | m | | |
| 5 | 实测最高水位发生时间 | Thztime | datetime (8) | | | | |
| 6 | 监测人员姓名 | monitorname | varchar (8) | | | | |
| 7 | 固定电话 | Monitorphoto1 | varchar (16) | | | | |
| 8 | 移动电话 | Monitorphoto1 | varchar (16) | | | | |
| 9 | 备注 | remark | varchar (200) | | | | |

## 9.2　某水库应用示范

### 9.2.1　水库工程概况

某水库坝址以上集水面积75.9km²，总库容5388万m³，正常蓄水位110.00m，死水位98.00m，汛期限制水位108.00m。水库洪水按100年一遇设计、1000年一遇校核。水库工程由拦河枢纽和输水枢纽两大部分组成，拦河枢纽有主坝、副坝等建筑物；输水枢纽有输水涵洞及排洪闸等建筑物。

该流域属热带季风气候，常年无霜，日照时间长，雨量充沛。年平均气温为22～24℃。多年平均年降雨量1800mm，年内有旱季、湿季之分，旱季11月至次年4月，干燥少雨，湿季5—10月，高温重湿。多年平均径流深750mm，多年平均来水量5700万m³，多年平均水面蒸发量1450mm，多年平均陆面蒸发量950mm，多年平均相对湿度80%。多年平均10min最大风速16.4m/s。

水库所属流域地处亚热带季风气候区，暴雨常发生在4—11月，其中5—10月降雨量占全年的80%以上，8—9月占30%～40%。台风雨为主要降雨形式，其范围广，强度大，丰水年份一般有4～5次台风登陆，随之带来暴雨洪水，是造成水库弃水的主要原因。暴雨历时多为1～2d，最长3d，最大1d雨量约占3d雨量的45%～95%。根据水库实测降雨量资料统计，坝址以上最大1d雨量占最大3d雨量的93%，大于200mm的有5次，多年平均年降雨量达1587mm，丰水年份达2580mm。

形成该流域暴雨的天气系统主要有热带气旋（包括低压槽、热带低压、热带风暴和台风）、冷空气和副热带高压脊。其中尤以热带风暴和台风所产生的降雨强度大，覆盖面广，易酿成灾害。该流域较靠近上游的暴雨中心，降雨较频繁，同时流域内地形梯度变化大，对气流的抬升作用明显，暴雨多发生在上游山区一带。再加上台风本身在面上降雨不均匀，故一场降雨的时空变化很大，洪水陡涨陡落。流域的主要河流大致走向为W→E及WS→E。根据多年的观测，台风及台风雨在流域内的移动方向一般为E→W，这对削弱洪峰起到很大的作用。

### 9.2.2　水库致灾预警与减灾决策支持系统总体结构

将山洪易发区水库致灾预警与减灾决策支持研究成果应用于某水库，研发了某水库致灾预警与减灾决策支持系统，系统主界面见图9.3。系统菜单包括：系统管理、工程概况、监测数据采集、洪水预报分析、水库灾变仿真模拟、水库致灾监控预警、水库致灾决策支持及帮助等多个模块。

图9.3　某水库致灾预警与减灾决策支持系统主界面

系统中，系统管理模块用于系统设置、用户管理、数据库管理、用户操作日志等管理；工程概况模块用于显示水库流域及水库大坝基本信息；监测数据采集、洪水预报分析、水库灾变仿真模拟、水库致灾监控预警、水库致灾决策支持五部分是系统的核心模块，用于水库致灾预警与减灾决策的分析和管理；帮助模块用于指导用户使用系统。以下分别说明该系统核心模块的界面功能及分析结果。

### 9.2.3　流域水雨情监测与大坝安全监测

考虑到水库原有2座雨量站，通信方式为超短波通信，站点较少，分布较偏，不足以有效地对此流域洪水进行监测和预报。为此，基于水库现有实际情况，在水库上游流域内增设了多套遥测雨量站。水库大坝在不同高程布置了较为全面的大坝沉降观测标点，能掌握大坝的变形性态，同时布设了渗流监测断面，用于监测大坝各重点部位的渗流性态，并接入自动化监测系统。流域水雨情监测与大坝安全监测系统整合了原有站网已有的水位、雨量测站，将原有大坝安全监测系统完善，新增远程测站均采用电台无线通信，并选择太阳能板、蓄电池实现不间断供电。

在完善流域及水库大坝监测设施的基础上，研发监测数据采集系统，作为该水库致灾预警与减灾决策支持系统中的数据采集子模块。监测数据采集界面见图9.4。系统通过无线电台或数据线缆实时获得监测数据报文信息，对报文信息进行识别和整理，将获取到的有效监测信息存入数据库中。

实时信息　报文信息　网络平台　短信平台　报表保存　站点设置　系统设置　测站控制　报警信息　界面风格　用户管理　登录系统　退出系统

最新报文　2003-12-28

| MCU编号 | 来报时间 | 报文内容 | 报文状态 |
| --- | --- | --- | --- |
| 00001 | 2011-8-2 19:15:53 | 11/08/02 18:40:00 M4ZXN M1=6972.8 T1=5.4 M2=7198.0 T2=7.1 M3=7597.7 T3=6.3 M4= | 正常接收 |
| 00001 | 2011-8-2 19:15:51 | 11/08/02 18:40:00 M3ZXN M1=7252.8 T1=5.7 M2=8449.5 T2=4.7 M3=7061.2 T3=-6.1 M4 | 正常接收 |
| 00001 | 2011-8-2 19:15:50 | 11/08/02 18:40:00 M2ZXN M1=6947.4 T1=5.9 M2=7945.6 T2=--- M3=7165.3 T3=6.5 M4= | 正常接收 |
| 00001 | 2011-8-2 19:15:48 | 11/08/02 18:40:00 M1ZXN M1=828.3 T1=6.8 M2=5880.1 T2=7.0 M3=8737.9 T3=5.3 M4=0 | 测值越限 |
| 00001 | 2011-8-2 19:15:47 | Sn=00001 Air T= 35.3 Supply=13.8 | 正常接收 |
| 00001 | 2011-8-2 19:10:41 | 11/08/02 18:40:00 M4ZXN M1=6972.8 T1=5.4 M2=7198.0 T2=7.1 M3=7597.7 T3=6.3 M4= | 正常接收 |
| 00001 | 2011-8-2 19:10:39 | 11/08/02 18:40:00 M3ZXN M1=7252.8 T1=5.7 M2=8449.5 T2=4.7 M3=7061.2 T3=-6.1 M4 | 正常接收 |
| 00001 | 2011-8-2 19:10:38 | 11/08/02 18:40:00 M2ZXN M1=6947.4 T1=5.9 M2=7945.6 T2=--- M3=7165.3 T3=6.5 M4= | 正常接收 |
| 00001 | 2011-8-2 19:10:36 | 11/08/02 18:40:00 M1ZXN M1=828.3 T1=6.8 M2=5880.1 T2=7.0 M3=8737.9 T3=5.3 M4=0 | 测值越限 |
| 00001 | 2011-8-2 19:10:35 | Sn=00001 Air T= 35.3 Supply=13.8 | 正常接收 |
| 00017 | 2011-8-2 19:08:04 | 11/08/02 19:08:00 M3UIN I1=12.748 I2=-0.488 V3=0.0170 V4=0.0301 I5=0.110 V6=-0 | 正常接收 |
| 00017 | 2011-8-2 19:08:04 | Sn=00017 Air T=--- Supply=10.6 | 正常接收 |
| 00001 | 2011-8-2 19:07:07 | 11/08/02 18:40:00 M4ZXN M1=6972.8 T1=5.4 M2=7198.0 T2=7.1 M3=7597.7 T3=6.3 M4= | 正常接收 |
| 00001 | 2011-8-2 19:07:05 | 11/08/02 18:40:00 M3ZXN M1=7252.8 T1=5.7 M2=8449.5 T2=4.7 M3=7061.2 T3=-6.1 M4 | 正常接收 |
| 00001 | 2011-8-2 19:07:04 | 11/08/02 18:40:00 M2ZXN M1=6947.4 T1=5.9 M2=7945.6 T2=--- M3=7165.3 T3=6.5 M4= | 正常接收 |
| 00001 | 2011-8-2 19:07:02 | 11/08/02 18:40:00 M1ZXN M1=828.3 T1=6.8 M2=5880.1 T2=7.0 M3=8737.9 T3=5.3 M4=0 | 测值越限 |
| 00001 | 2011-8-2 19:06:21 | 11/08/02 18:40:00 M4ZXN M1=6972.8 T1=5.4 M2=7198.0 T2=7.1 M3=7597.7 T3=6.3 M4= | 正常接收 |
| 00001 | 2011-8-2 19:06:20 | 11/08/02 18:40:00 M3ZXN M1=7252.8 T1=5.7 M2=8449.5 T2=4.7 M3=7061.2 T3=-6.1 M4 | 正常接收 |
| 00001 | 2011-8-2 19:06:18 | 11/08/02 18:40:00 M2ZXN M1=6947.4 T1=5.9 M2=7945.6 T2=--- M3=7165.3 T3=6.5 M4= | 正常接收 |

系统数据库正常!　没有远程数据库!　短信通讯：COM1 9600,n,8,1 错误　网络通讯：192.168.1.104 ：7905 侦听

图9.4　监测数据采集界面

系统数据查询管理模块界面见图 9.5，通过对数据的查询管理能够实时了解到监测站点设备的实施工作情况及监测数据的实时变化情况。

某水库流域水雨情监测与大坝安全监测系统 —[] - [实时数据]

实时信息　报文信息　网络平台　短信平台　报表保存　站点设置　系统设置　测站控制　报警信息　界面风格　用户管理　登录系统　退出系统

区域划分 MCU1　测点类型 直接测量　雨量测点

| 测站站号 | 测站名称 | 来报时间 | 测　值 | | | 雨　情 | 设　备 | |
|---|---|---|---|---|---|---|---|---|
| | | 月-日 时:分 | 来报频率 | 来报温度 | 实 时 值 | 累计雨量 | 设备电压 | 设备温度 |
| 1015 | E1-7 | 2011-07-28 10:20 | 0.00 | 0.00 | 0.00 | | 12.00 | 25.00 |
| 1018 | E1-10 | 2011-07-27 18:30 | 0.00 | 0.00 | 0.00 | | | |
| 1022 | E2-4 | 2011-07-27 18:30 | 0.00 | 0.00 | 0.00 | | | |
| 1024 | E2-6 | 2011-07-27 18:30 | 0.00 | 0.00 | 0.00 | | | |
| 1025 | E2-7 | 2011-07-27 18:30 | 0.00 | 0.00 | 0.00 | | | |
| 1026 | E2-8 | 2011-07-27 18:30 | 0.00 | 0.00 | 0.00 | | | |
| 1027 | E2-9 | 2011-07-27 18:30 | 0.00 | 0.00 | 0.00 | | | |
| 1028 | E2-10 | 2011-07-27 18:30 | 0.00 | 0.00 | 0.00 | | | |
| 1030 | P1-2 | 2011-07-27 18:30 | 0.00 | 0.00 | 0.00 | | | |
| 1031 | P1-3 | 2011-07-27 18:30 | 0.00 | 0.00 | 0.00 | | | |
| 1038 | P2-4 | 2011-07-27 18:30 | 0.00 | 0.00 | 0.00 | | | |
| 1039 | P2-5 | 2011-07-27 18:30 | 0.00 | 0.00 | 0.00 | | | |
| 1044 | PB1-2-C | 2011-07-27 18:30 | 0.00 | 0.00 | 0.00 | | | |
| 1058 | PB2-2-A | 2011-07-27 18:30 | 0.00 | 0.00 | 0.00 | | | |
| 1059 | PB2-2-B | 2011-07-27 18:30 | 0.00 | 0.00 | 0.00 | | | |

系统数据库正常!　没有远程数据库!　短信通讯：COM1 9600,n,8,1 错误　网络通讯：127.0.0.1 : 7905 侦听

图 9.5　系统数据查询管理模块界面

### 9.2.4　洪水预报分析

洪水预报分析模块根据突发洪水形成和运动规律，利用过去和实时水文气象资料，对未来一定时段的洪水发展情况进行预测，得到水库洪水涨落过程等预报信息。洪水预报分析模块包含数据处理和预报计算、预报结果查询和分析两大部分。

数据处理和预报计算界面见图 9.6。系统实时获取最新的水雨情信息，同时能够通过人工导入数据，并对这些数据进行前处理和入库洪水预报计算。

预报结果查询和分析界面见图 9.7。针对不同的洪水预报分析模型及洪水预报结果，通过分析不同预报模型的预报精度，系统可以设置较优的洪水预报方法，实现实时洪水预报。

应用洪水预报系统对某水库进行建模分析和洪水预报，选择此水库2005—2012 年降雨、库水位和出流量等数据，对部分缺测数据做插值处理。根据水位和水位—库容关系曲线计算出库容变化，与出流量叠加得到入流量。建立降雨—径流关系的洪水预报数据驱动型模型。

对水库库区的降雨和入库流量数据进行数据分析，具体步骤包括：

(1) 2005—2012 年降雨量和入库流量数据作为数据驱动模型输入变量的

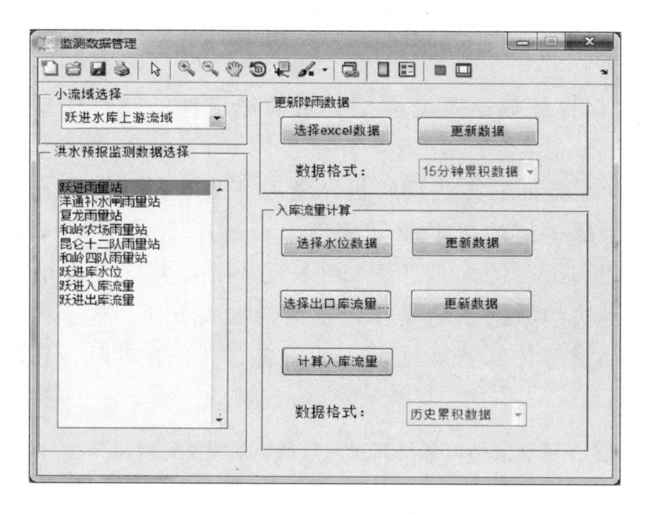


图 9.6 数据处理和预报计算界面

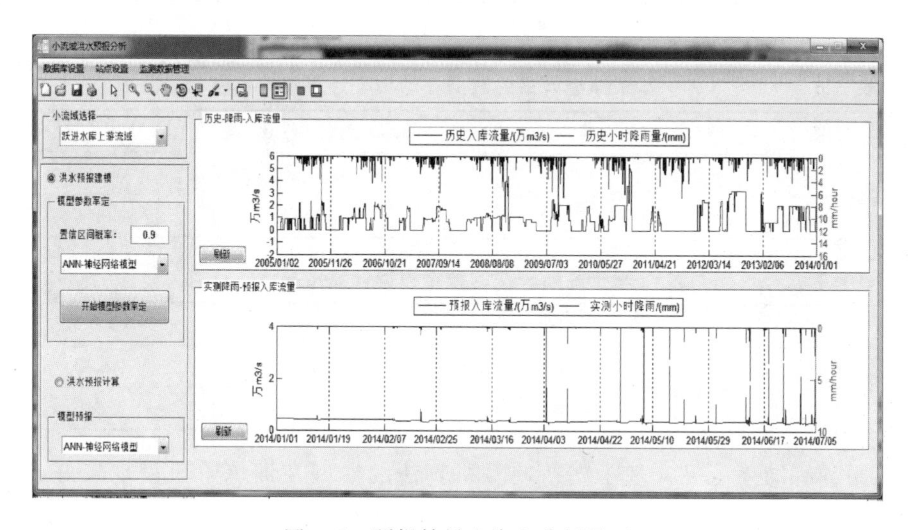


图 9.7 预报结果查询和分析界面

时间序列，分析时间序列的样本自相关，计算不同迟延时间序列间的相关系数和互信息。

（2）将步骤（1）的结果通过交叉验证的方法进行分析，选取数据驱动模型的输入时间序列。选取的时间序列需经过非线性变换，以消除其重尾分布的特征并提高机器学习算法的稳定性。

通过步骤（2）选定作为数据驱动模型的输入参数包括：①距前次超过20mm降雨量的间隔天数 $N$；②前24h累计降雨量 $R_{24}$；③前24h最大降雨量 $R_{24}$；④前48h内最大降雨量 $R_{48}$；⑤前120h累计降雨量 $R_{120}$。输入参数进行变换处理，其中①项取其倒数，从而将较小间隔时段（24～48h）同较大时段区别开来，其他7项取自然对数，最后归一化，将数据线性变换到（0，1）区间，以保证数据驱动模型分析的稳定性，同时模型的输出值做逆变换处理。

（3）运用交互验证的方法调整机器学习算法的控制参数，重新训练机器学习算法，并验证得到的数据驱动模型。模型用2008—2012年共5年的数据进行训练。用训练后的模型预测2005—2007年共3年间的入库流量。基于支持向量机算法的数据驱动模型计算结果见表9.1，基于神经网络和高斯算法的数据驱动模型计算结果见表9.2和表9.3。平均误差和均方差的单位均为$m^2/s$。

**表9.5　基于支持向量机算法的数据驱动模型计算结果**

| 计算阶段 | 平均误差/($m^2/s$) | 均方差/($m^2/s$) | NS系数 |
|---|---|---|---|
| 训练阶段 | 0.329 | 3.207 | 0.841 |
| 验证阶段 | 0.243 | 2.577 | 0.633 |

**表9.6　基于神经网络的数据驱动模型计算结果**

| 计算阶段 | 平均误差/($m^2/s$) | 均方差/($m^2/s$) | NS系数 |
|---|---|---|---|
| 训练阶段 | 0.330 | 3.10 | 0.844 |
| 验证阶段 | 0.450 | 4.510 | 0.311 |

**表9.7　基于高斯算法的数据模型计算结果**

| 计算阶段 | 平均误差/($m^2/s$) | 均方差/($m^2/s$) | NS系数 |
|---|---|---|---|
| 训练阶段 | 0.694 | 4.71 | 0.242 |
| 验证阶段 | 0.610 | 5.71 | 0.215 |

由训练结果可见，基于支持向量机算法的模型在训练阶段表现较好，NS系数大于0.8，误差较小。在验证阶段，模型也相对较好的获得了预报结果，NS系数大于0.6，平均误差接近于0.3。总体上模型基本正确地预测了流量过程曲线。相对于支持向量机算法，基于神经网络算法的模型在训练阶段误差较小，NS系数大于0.8，但用于实际验证，其误差相对训练阶段增大，NS系数较小。基于高斯算法的数据驱动模型，相对前两者预报精度较低，NS系数也较小，预报效果较差。

由于支持向量机模型用于此水库相对其他模型较为精确，因此设置支持向量机算法作为此水库洪水预报的数据驱动模型，用于洪水预报系统的实时预报分析，对水库2013年后的入库洪水进行模拟预报。实例选择2013年10月的一场次降雨，时段为10月3日2：00～10月7日16：00，共110h，系统预报分析后的水库实测降雨流量关系过程线见图 9.8，水库实测—预报流量关系过程线见图 9.9。洪水预报系统预报结果表明，小流域洪水突发性强，流域降雨后往往在 2～24h 之内就形成洪水，前 24h 内的降雨量对于准确预测坝前洪水十分重要。当输入数据中缺少前 24h 降雨量，模型预报结果会出现较大的偏差，因此在进行提前 1h 的洪水预测时，应实时采集预报时刻前 24h 降雨量并进行模型数据的更新。

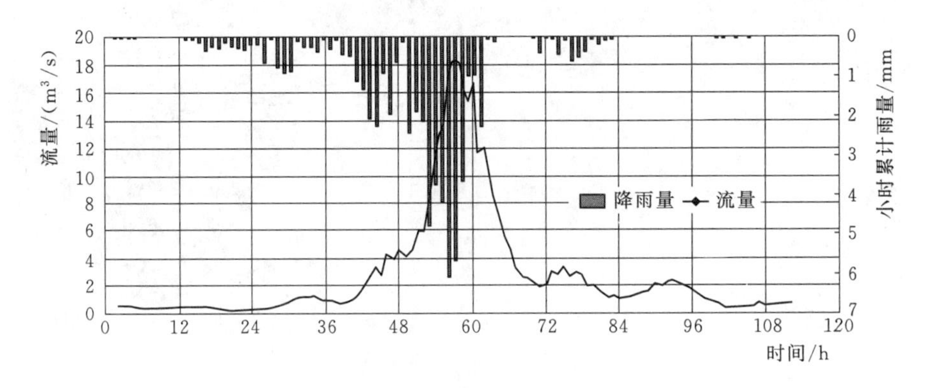


图 9.8 水库实测降雨流量关系过程线

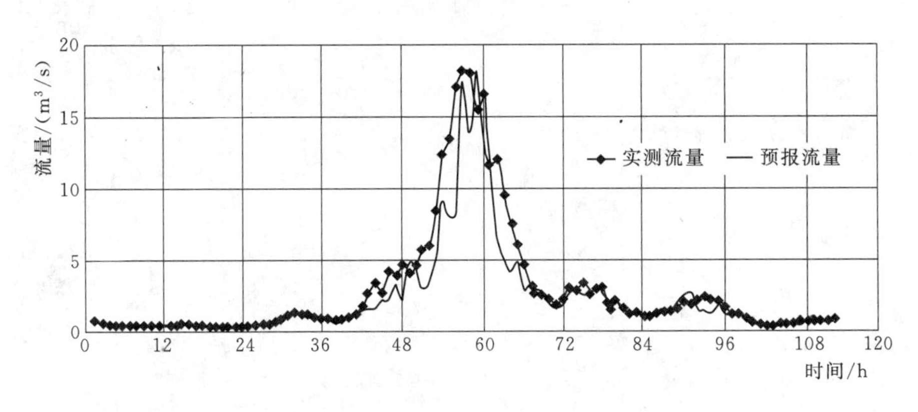


图 9.9 水库实测—预报流量关系过程线

### 9.2.5 水库灾变仿真模拟

#### 9.2.5.1 水库下泄洪水淹没仿真模型

（1）网格剖分。将地形曲面导入 GID 软件中进行网格剖分，网格采用 4 节点空间单元，单元总数为 449960 个，节点总数为 453027 个，网格剖分模型流域与模拟范围见图 9.10。

（2）泄洪模式计算工况。泄洪模式选取上游水位为 110m、闸门开度为

(a) 网格剖分模型流域图

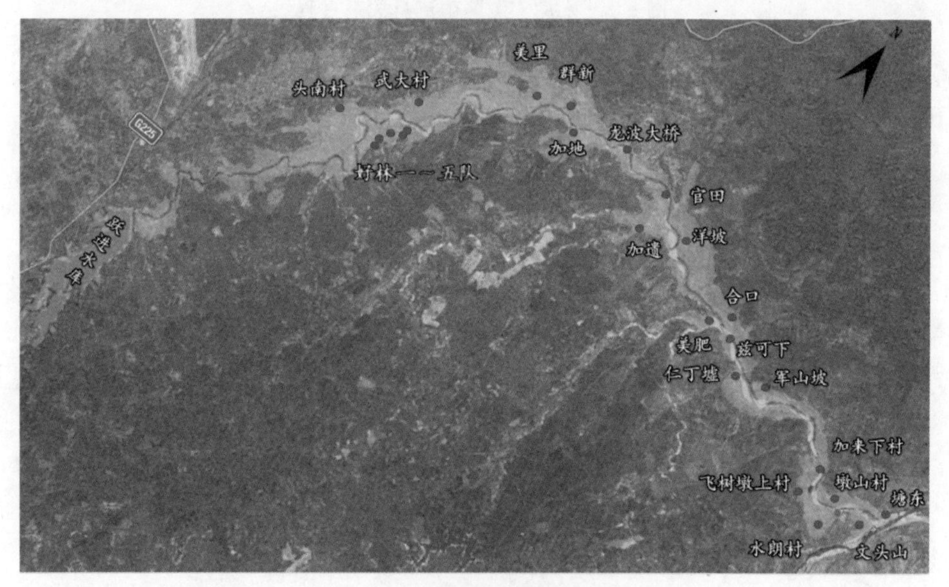


(b) 洪水淹进模拟范围图

图 9.10　水库网格剖分模型流域与模拟范围图

0.2 的工况进行仿真模拟。此时，坝体没有溃决。

(3) 溃坝模式计算工况。溃坝模式共 6 种工况，分别模拟不同上游水位对应不同溃坝程度的洪水演进及下游淹没情况。溃坝模式计算工况见表 9.8。

表 9.8　　溃坝模式计算工况

| 工　　况 | 溃坝程度①/% | 上游水位/m |
|---|---|---|
| 溃坝工况 1 | 100 | 111.83 |
| 溃坝工况 2 | | 110.00 |
| 溃坝工况 3 | | 104.00 |
| 溃坝工况 4 | 75 | 111.83 |
| 溃坝工况 5 | | 110.00 |
| 溃坝工况 6 | | 98.00 |

① 表中溃坝程度指坝体溃决面积占大坝挡水面积的百分比。

（4）边界条件。边界条件包括计算区域上游水库库水边界和下游河道边界：将下游河道边界假设为反射边界，溃坝洪水波传播到岸坡上发生反射，然后继续向对岸传播并与入射波相互叠加和影响；下游出流边界设为自由出流。

（5）糙率的选定。根据水库下游区域的实测资料，模型计算时下游河道糙率取 0.03。

（6）水体参数。参与计算的水体为牛顿流体，密度为 $1\times10^3$kg/m$^3$。

#### 9.2.5.2　水库溃坝洪水演进过程计算成果

（1）溃坝工况 1。溃坝工况 1 为最危险工况，各时刻水深及淹没范围见图 9.11～图 9.17。

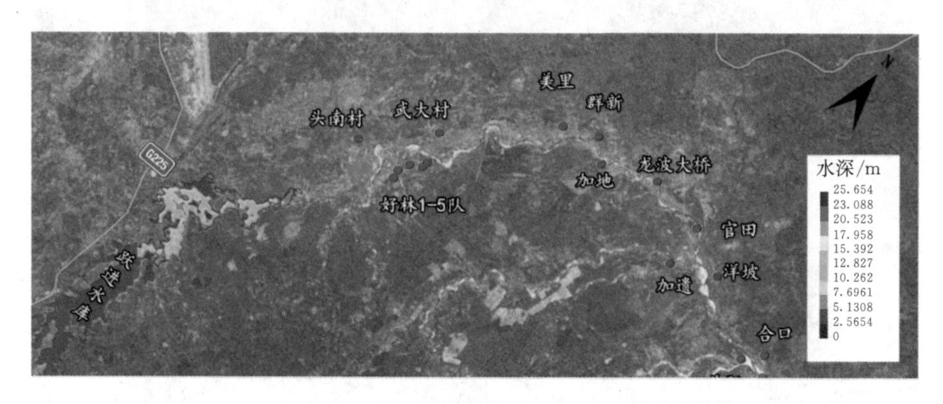


图 9.11　$T$=0.5h 时刻水深及淹没范围

在该工况下，洪水演进时间共分析约 7h。溃坝发生后洪水迅速向下游演进，距离坝址最近的跃新村首先被淹没，在 $T$=2min 时达到最高水位 5.4m；在 $T$=5min 左右，位于坝址北边，距离约 3.5km 的兰堂村达到最高水位 2.4m；$T$=1.5h 左右，洪水演进至好林三队、好林四队等地区，最高水位约为 1.7m；洪水沿河道向西北方向演进至好林五队、武老村等地区，最高水位降至 1.2m 以下；$T$=4h 左右，洪水演进至位于下游的加地村，最高水位维持

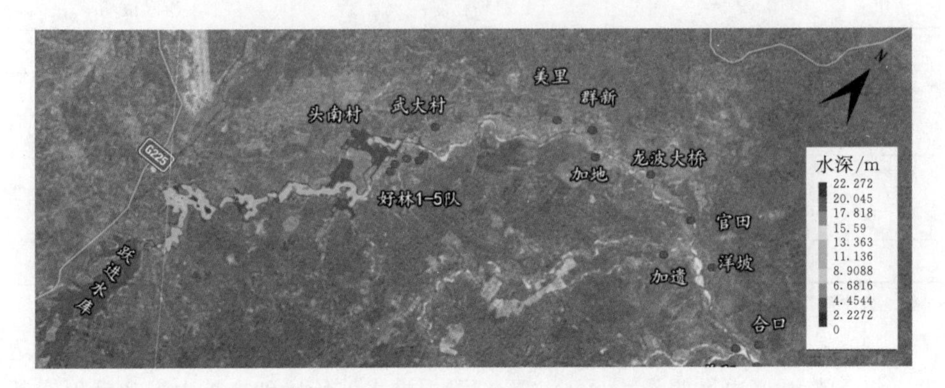


图 9.12 $T=1.5\mathrm{h}$ 时刻水深及淹没范围

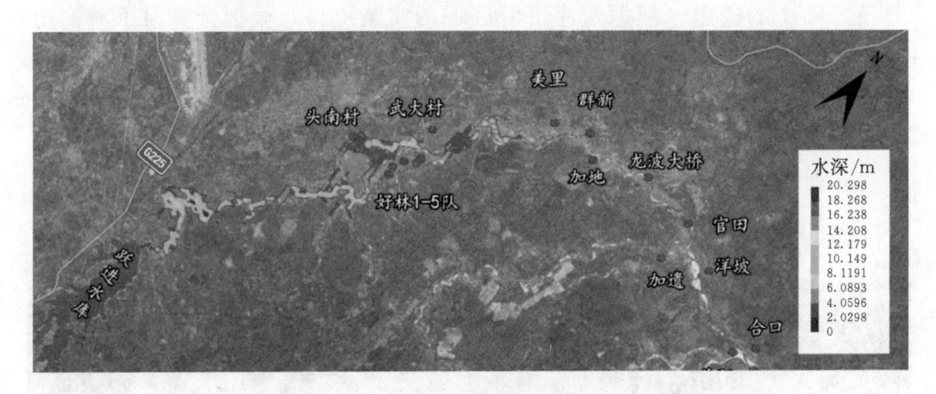


图 9.13 $T=2.5\mathrm{h}$ 时刻水深及淹没范围

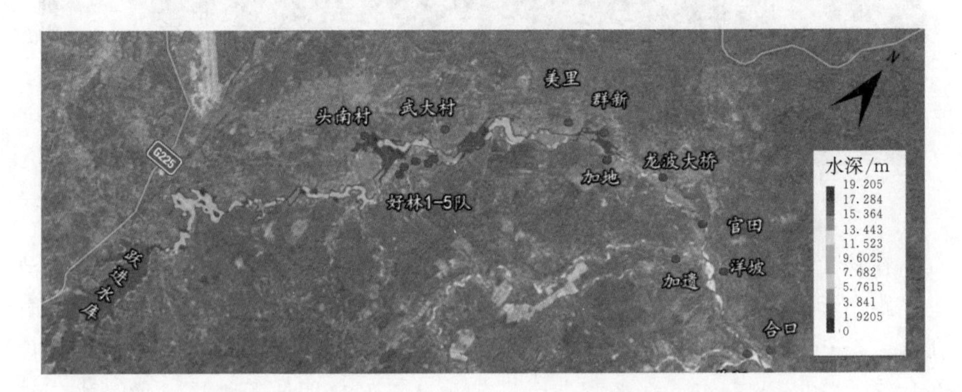


图 9.14 $T=4\mathrm{h}$ 时刻水深及淹没范围

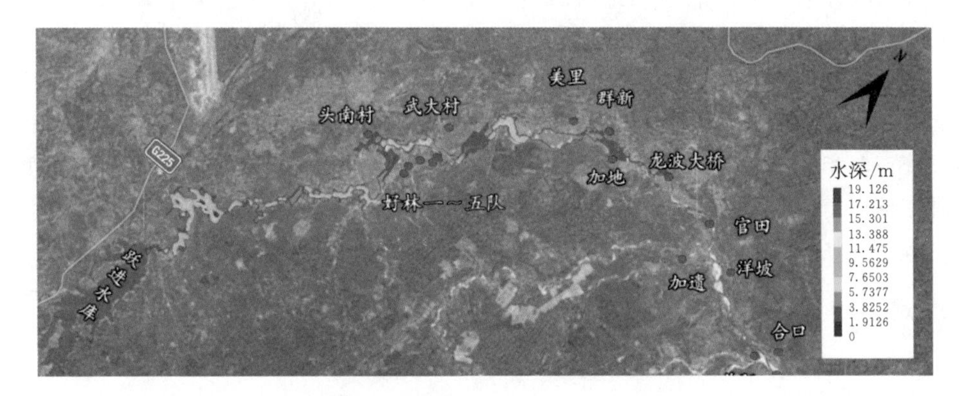


图 9.15 $T=6$h 时刻水深及淹没范围

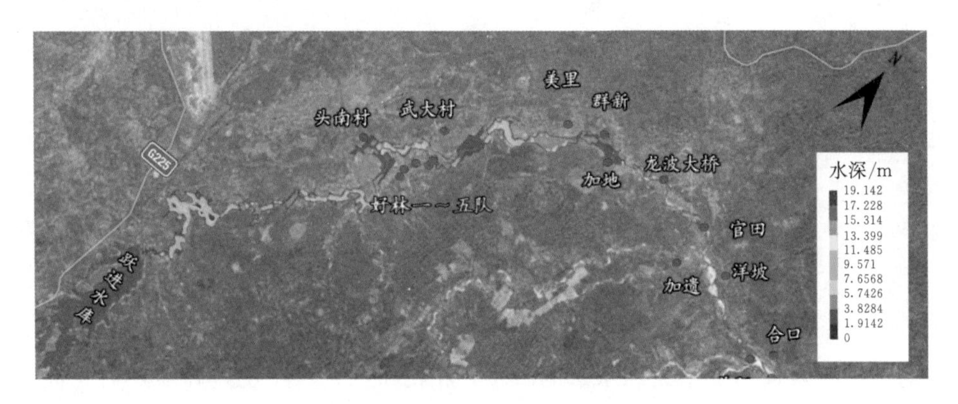


图 9.16 $T=7$h 时刻水深及淹没范围

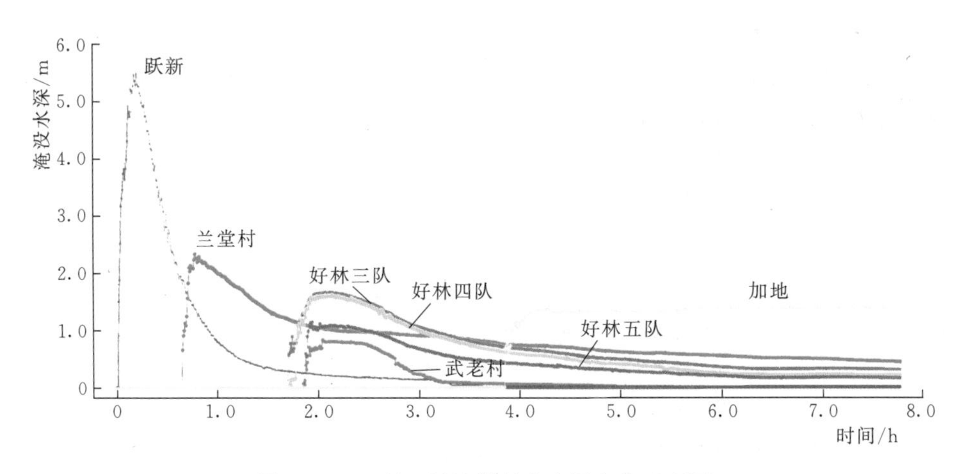


图 9.17 工况 1 被淹没村庄水深变化过程图

在 1.4m 左右，此时靠近坝址区域的村庄水位在 1.0m 以下。随着洪水过程淹进，由于河道蓄积了一定的下泄洪水，因此，河道淹没深度也在逐渐降低。

(2) 溃坝工况 2。溃坝工况 2 比溃坝工况 1 的水位降低 1.83m，由于总库容量减小。溃坝发生后约 13min，距离坝址最近的跃新村达到最高水位 4.55m，相比于工况 1，淹没水深有所减小；在 $T=2.5$h 左右，洪水演进至好林三队、好林四队等地区，最高水位约为 0.65m。工况 2 被淹没村庄水深变化过程图见图 9.18。

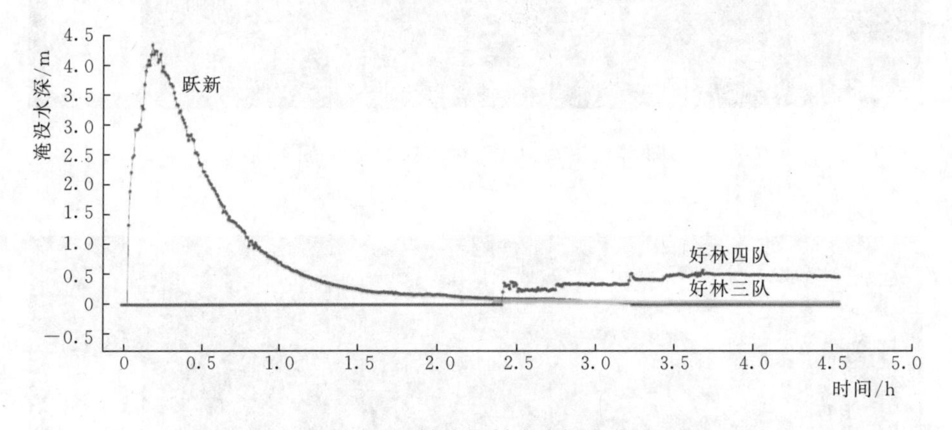


图 9.18　工况 2 被淹没村庄水深变化过程图

(3) 溃坝工况 3。溃坝工况 3 时溃坝水位明显降低，溃坝库容量进一步减小。溃坝发生后洪水沿河道向下游演进，溃坝后 8h，溃坝洪水到达大坝主下游的美里村附近。由于溃坝水量的减小，相比于前两种工况，在溃坝后相同的时间内，溃坝洪水所流经区域明显减小。由于此种工况下的洪水在演进过程中并未淹没下游村庄，故不再模拟溃坝程度为 100%、上游水位为死水位 (98.00m) 的溃坝工况。

(4) 溃坝工况 4。溃坝工况 4～6 为坝体仅 75% 挡水区域溃决的情况。溃坝工况 4 时库水位最高，洪水演进时间取 5.5h。溃坝发生后洪水迅速向下游演进，距离坝址最近的跃新村首先被淹没，在 $T=8$min 时达到最高水位 5.22m，与工况 1 相比，由于坝体溃决面积较小，淹没水深相对减小，同时，达到最大水深的时间也较滞后；在 $T=1$h 左右，位于坝址北边，距离约 3.5km 的兰堂村达到最高水位，约为 2.3m；$T=1.5$h 左右，洪水演进至好林三队、好林四队等地区，最高水位约为 1.9m；洪水沿河道向西北方向演进至好林五队、武老村等地区，最高水位降至 1.3m 以下；$T=3$h 左右，洪水演进至位于下游的加地村，最高水位维持在 1.4m 左右，此时靠近坝址区域的村庄水位在 0.8m 以下。工况 4 被淹没村庄水深变化过程图见图 9.19。

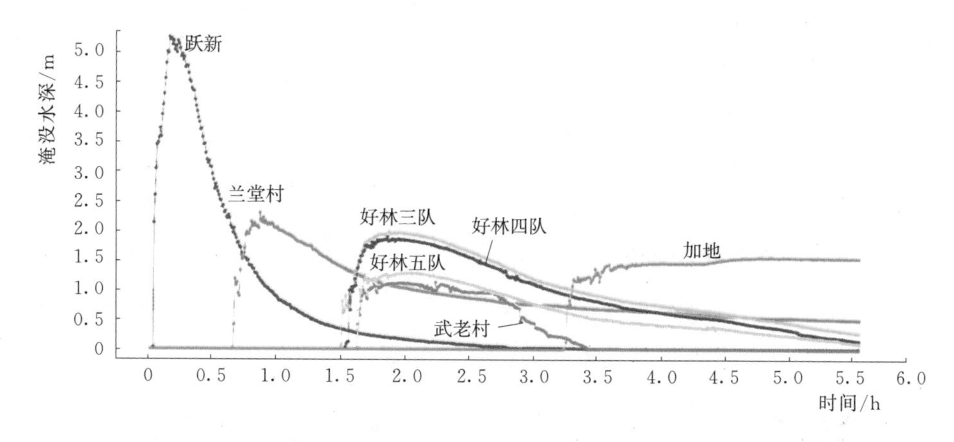


图 9.19 工况 4 被淹没村庄水深变化过程图

(5) 溃坝工况 5。溃坝工况 5 时洪水演进过程共分析溃坝后的 6h 内的洪水演进过程。溃坝发生后约 16min，距离坝址最近的跃新村达到最高水位 4.38m；在 $T=1.5$h 左右，洪水演进至好林三队、好林四队等地区，最高水位约为 1.64m；洪水沿河道向西北方向演进至好林五队、武老村等地区，最高水位降至 1.0m 以下；$T=4$h 左右，洪水演进至位于下游的加地村，最高水位维持在 1.3m 左右，此时靠近坝址区域的村庄水位在 0.7m 以下。工况 5 被淹没村庄水深变化过程图见图 9.20。

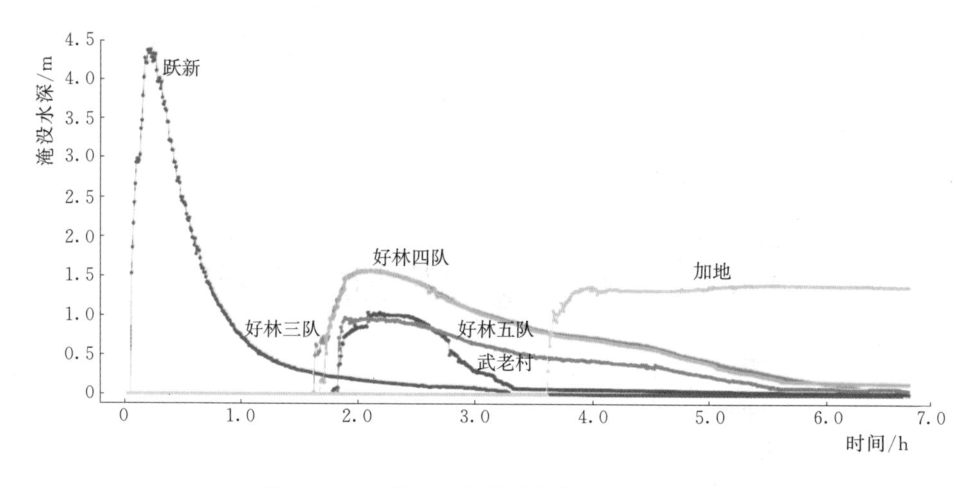


图 9.20 工况 5 被淹没村庄水深变化过程图

(6) 溃坝工况 6。溃坝工况 6 时洪水演进过程共分析溃坝后的 7h 内的洪水演进过程。溃坝发生后洪水沿河道向下游演进，由于此种工况下的洪水在演进过程中并未淹没下游村庄，故不再模拟溃坝程度为 75%、上游水位为死水位（98.00m）的溃坝工况。

（7）小结。分别对比溃坝工况 1 和 4、溃坝工况 2 和 5、溃坝工况 3 和 6 可知：在上游水位一致的情况下，溃坝程度越大，下游水深和淹没范围越大；分别对比溃坝工况 1、2、3 以及溃坝工况 4、5、6 可知：溃坝程度相同时，上游水位越低，下游水深和淹没范围越小。

### 9.2.6　水库大坝及库岸边坡监控预警

水库致灾监控预警包括水库大坝的安全监控和预警、水库近坝库岸安全监控与预警两部分。水库大坝的安全监控预警管理界面见图 9.21。

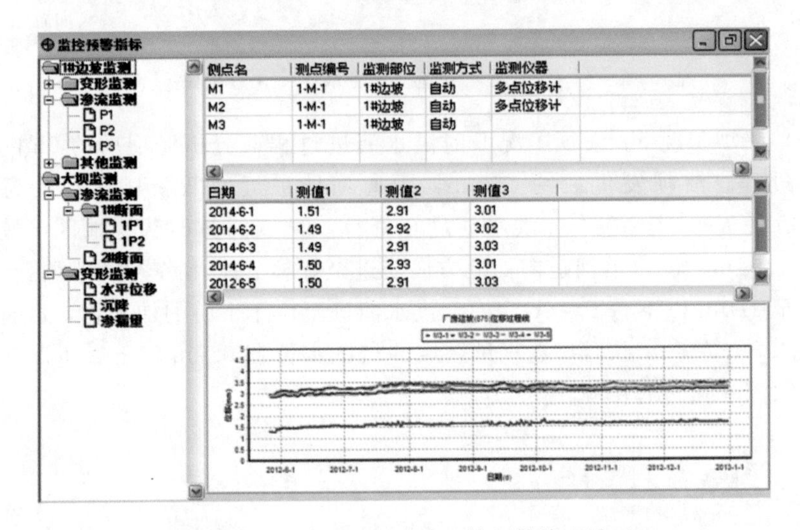


图 9.21　水库大坝的安全监控预警管理界面

某水库预警指标的设置界面见图 9.22。

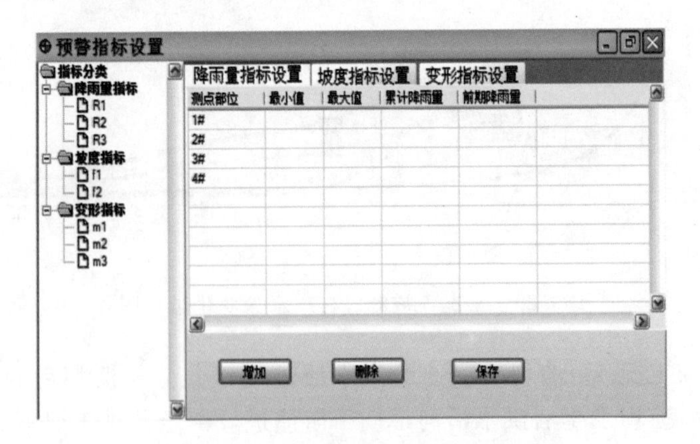


图 9.22　水库预警指标的设置界面

### 9.2.7 水库致灾决策支持系统

水库致灾决策支持系统界面见图 9.23，显示了水库灾后应急响应中的减灾工作程序和任务。基于网格化管理的水库致灾快速响应是将县级非工程措施的雨量、水位等测点网格化处理，建立基于水库工程的山洪灾害非工程措施网格化管理与应急响应机制，通过网格化管理理念实现山洪灾害县级非工程措施的精细化管理，同时通过建立山洪灾害防治非工程措施与水库工程监测预警系统的信息融合与协调联动模式，实现山洪易发区水库致灾的快速响应。

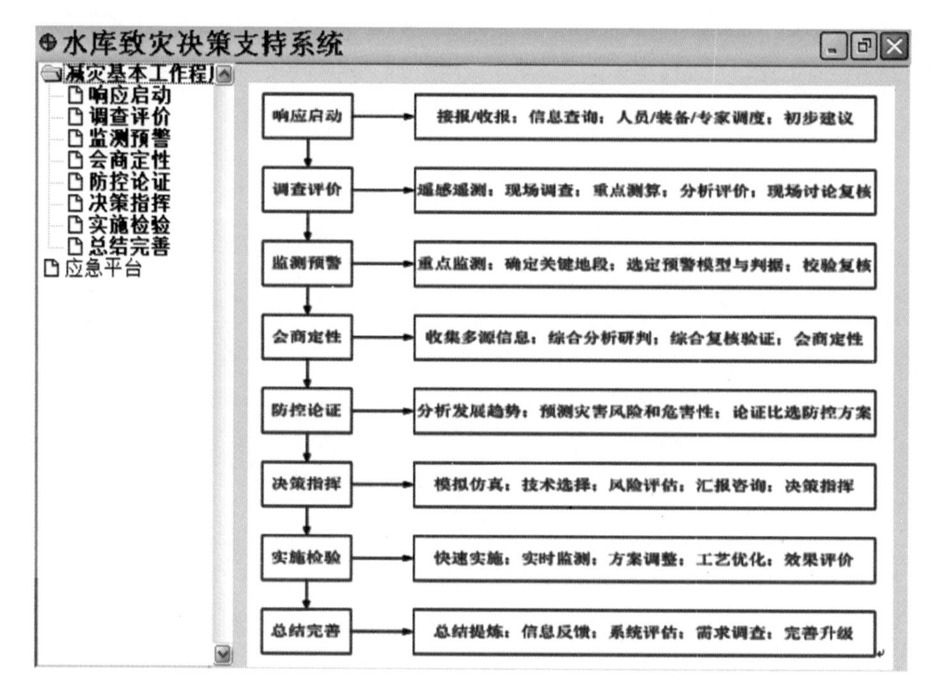


9.23 水库致灾决策支持系统界面